高等学校应用型通信技术系列教材

移动通信无线网络优化

李斯伟 王 贵 主 编
林祥果 王志华 副主编

清华大学出版社
北京

内 容 简 介

本书内容源于移动无线网络优化岗位的实际工作任务,结合职业教育的特点,以无线网络优化实践技能培养为主线,以应用为目的,将无线网络优化各阶段流程的相关知识巧妙地分解到各个章节中,突出思路与方法的阐述,由易到难排序,新颖独特。书中的部分理论以"必须、够用"为度,做到浅显易懂。每一个章节都给出了相应的训练,以帮助读者领会其中要领。

本书既可作为高职高专电子信息、通信工程、计算机等专业相关课程的教学用书,也可供广大工程技术人员阅读参考以及无线网络优化初级代维考试认证用书。

图书在版编目(CIP)数据

移动通信无线网络优化/李斯伟,王贵主编.--北京:清华大学出版社,2014(2016.7 重印)
高等学校应用型通信技术系列教材
ISBN 978-7-302-35723-0

Ⅰ. ①移…　Ⅱ. ①李…②王…　Ⅲ. ①移动通信－无线网－高等学校－教材　Ⅳ. ①TN929.5

中国版本图书馆 CIP 数据核字(2014)第 060827 号

责任编辑:田在儒
封面设计:傅瑞学
责任校对:李　梅
责任印制:何　芊

出版发行:清华大学出版社
　　　　　网　　　址:http://www.tup.com.cn,http://www.wqbook.com
　　　　　地　　　址:北京清华大学学研大厦 A 座　　　　邮　　编:100084
　　　　　社 总 机:010-62770175　　　　　　　　　　邮　　购:010-62786544
　　　　　投稿与读者服务:010-62776969,c-service@tup.tsinghua.edu.cn
　　　　　质 量 反 馈:010-62772015,zhiliang@tup.tsinghua.edu.cn
　　　　　课 件 下 载:http://www.tup.com.cn,010-62795764
印 刷 者:北京鑫丰华彩印有限公司
装 订 者:三河市溧源装订厂
经　　销:全国新华书店
开　　本:185mm×260mm　　　印　　张:16.5　　　字　　数:394 千字
版　　次:2014 年 11 月第 1 版　　　　　　　　印　　次:2016 年 7 月第 2 次印刷
印　　数:1501~2500
定　　价:49.00 元

产品编号:040580-01

出版说明

随着我国国民经济的持续增长,信息化的全面推进,通信产业实现了跨越式发展。在未来几年内,通信技术的创新将为通信产业的良性、可持续发展注入新的活力。市场、业务、技术等的持续拉动,法制建设的不断深化,这些也都为通信产业创造了良好的发展环境。

通信产业的持续快速发展,有力地推动了我国信息化水平的不断提高和信息技术的广泛应用,同时刺激了市场需求和人才需求。通信业务量的持续增长和新业务的开通,通信网络融合及下一代网络的应用,新型通信终端设备的市场开发与应用等,对生产制造、技术支持和营销服务等岗位的应用型高技能人才在新技术适应能力上也提出了新的要求。为了培养适应现代通信技术发展的应用型、技术型高级专业人才,高等学校通信技术专业的教学改革和教材建设就显得尤为重要。为此,清华大学出版社组织了国内近 20 所优秀的高职高专院校,在认真分析、讨论国内通信技术的发展现状,从业人员应具备的行业知识体系与实践能力,以及对通信技术人才教育教学的要求等前提下,成立了系列教材编审委员会,研究和规划通信技术系列教材的出版。编审委员会根据教育部最新文件政策,以充分体现应用型人才培养目标为原则,对教材体系进行规划,同时对系列教材选题进行评审,并推荐各院校办学特色鲜明、内容质量优秀的教材选题。本系列教材涵盖了专业基础课、专业课,同时加强实训、实验环节,对部分重点课程将加强教学资源建设,以更贴近教学实际,更好地服务于院校教学。

教材的建设是一项艰巨、复杂的任务,出版高质量的教材一直是我们的宗旨。随着通信技术的不断进步和更新,教学改革的不断深入,新的课程和新的模式也将不断涌现,我们将密切关注技术和教学的发展,及时对教材体系进行完善和补充,吸纳优秀和特色教材,以满足教学需要。欢迎专家、教师对我们的教材出版提出宝贵意见,并积极参加教材的建设。

清华大学出版社

PREFACE

前言

随着移动通信网络的迅猛发展,网络的服务质量问题已经越来越受到人们的关注。如何合理充分利用现有的网络设备、网络资源与容量,最大限度地提高网络服务质量,提高效益,以及如何使网络在不断发展的过程中,能够保持网络的服务质量不下降,这些要求使得移动通信网络的网络优化工作成为移动通信运营商提高服务水平、保障通信质量的重要工作内容。所谓网络优化,就是指对整个网络的资源根据需求和发展的情况进行调配,以达到合理的运用。同时,对于网络运行中存在的诸如覆盖不好、语音质量差、掉话、网络拥塞、切换成功率低等问题,也可由通信网络优化来解决。网络优化是一个长期和复杂的过程,几乎贯穿于网络发展的全过程。因此,网络优化工作对于从业技术人员提出了很高的要求,需要网络优化人员具备分析问题和解决问题的能力,同时这些人员还应具备有线、无线领域的专业知识,既要熟悉移动通信标准规范,又要熟悉移动通信设备的性能、参数和算法。

本书作者通过调研珠三角 20 多个通信和相近企业,广泛征求了企业用人单位的意见和建议编写了此书。本书内容源于移动无线网络优化岗位的实际工作任务,结合职业教育的特点,以无线网络优化实践技能培养为主线,以应用为目的,将无线网络优化各阶段流程的相关知识巧妙地分解到各个章节中,突出思路与方法的阐述,由易到难排序,新颖独特。书中的理论部分以"必须、够用"为度,做到浅显易懂。每一个章节都给出了相应的训练,以帮助读者领会其中要领。此外,还将高职高专职业技能竞赛的相关内容及企业标准纳入了本书。

本书按无线网络优化流程和简易程度精心设计了 5 章内容。第 1 章主要介绍无线网络优化的概念、目标、内容、流程、考核指标及工程管理等相关基础知识。第 2 章主要介绍 CQT、DT 测试,从语音业务和数据业务两个方面的测试来介绍相关的测试方法和要求。第 3 章主要介绍相关的软件和 DT 数据的分析方法,查找和定位相关无线环境问题。第 4 章主要介绍 BSC 参数优化、天线参数优化、干扰排除、投诉处理以及报告撰写等相关方面的知识。第 5 章主要介绍无线网络优化常用的仪器仪表的基本原理和使用方法。

本书由李斯伟、王贵担任主编,林祥果、王志华担任副主编。第 1 章由李斯伟编写,第 2 章由林祥果编写,第 3 章由王贵和王志华编写,第 4 章由王贵编写,第 5 章由王志华编写。

　　本书是根据企业需求结合高职院校开设的相关通信技术课程而编写的,可作为高职院校通信技术方面的拓展课程以及本科院校的选修课程的参考书籍,也可以作为代维考试认证人员的参考用书。由于本书偏重实践技术,因此建议在阅读本书时,先参阅相关通信技术理论知识方面的相关教材。

　　本书在编写过程中,得到了四川联通的陈科宇、广州工程通信有限公司的杨善庆等人的鼎力支持,在此,对他们的工作和帮助表示深深的感谢,同时,还感谢各位同仁的支持。由于作者水平有限,难免存在纰漏,恳请读者批评指正。

编　者

2014 年 6 月

CONTENTS 目录

CHAPTER 1

第1章

网络优化基础知识

    无线网络优化,无论在网络建设期间,还是在网络完善期间,都是不可缺少的维护手段。网络优化是一门极其复杂的专业,有无线网络优化和核心网网络优化之分。要深入掌握无线网络优化,无论是理论知识要求,还是实践经验要求都比较高,它是多学科、多部门合作的结果。掌握好无线网络优化基础知识,会在实际工作中起到事半功倍的作用,会更容易理解各种参数的含义,也会更容易掌握数据分析方法。

    本章首先介绍网络优化的基本概念;接着,讨论网络优化的目标、内容和流程以及考核指标等;最后,对网络规划、优化中常见的基础理论知识做了简要的注释。

教学参考学时   4 学时

读者学习本章,要重点掌握以下内容:
- 网络优化的概念;
- 工程网络优化和日常网络优化的区别;
- 网络优化的目标、内容及其流程;
- 网络优化所用到的工具;
- 网络评估指标;
- 网络优化工作规范;
- 话务量的概念及计算;
- 切换的理解和分类;
- 号码计划;
- 2G、3G 和 4G 系统结构;
- dB、dBm 等单位的换算。

学习目的与要求

1.1　网络优化概述

    随着社会经济的高速发展,人们对信息的获取方式和内容要求也越来越高,移动通信的业务需求从最初的语音业务需求到简单的低速率业务的需求,再到今天"三网融合"的高速多业务的需求,如何保证通信网络的质量,这对网络规划、优化以及维护保障人员提出了更高的要求和标准。那么,什么是网络优化呢?它是指通过一系列的针对移动系统的专业测试、专业分析,发现问题并解决问题,同时深度开发系统的潜能和提高系统运行的性能。网络优化对象通常包括数据业务核心网、电路交换核心网、无线接入网等(本书主要针对无线

接入网的优化即无线通信网络优化)。影响通信网络的因素比较多,有客观的因素,如无线
环境的不断变化、无线设备的故障等;也有主观的因素,如人为将手机电池在通话中取出导
致掉话、网管人员乱修改无线参数以及非法人员破坏通信设施等。所以,网络优化在保障网
络通信质量中占有重要位置,也是一项坚持不懈的日常维护工作。网络优化一般可以分为
核心网网络优化和无线网络优化两种类型,无线网络优化又可以分工程网络优化和日常网
络优化两种类型。

工程网络优化是指在涉及较大网络投资的工程建设阶段进行的优化,包括新建网络以
及扩容工程的优化,该工作在工程建设完成后、投入运营之前进行,目标是通过调测和优化
使网络达到验收标准并可以正常开通。对于新建网络而言,由于没有正式投入商用,网络中
没有实际的用户,因此优化工作内容是通过大量 DT 和 CQT 的工作了解和验证网络性能,
以保证网络的顺利开通。

日常网络优化贯穿从网络开始商用到被新的网络替代运营维护的全过程。日常网络优
化不涉及较大的网络投资,其工作重点是改善客户的感知度。它根据网络性能的监测、网络
故障的处理、用户投诉的响应和系统升级管理,解决明显的故障性问题。并通过网络性能、
网络故障、用户投诉等信息的统计数据,进行问题分析、定位和处理,其解决的既可以是故障
性问题,也可以是系统性问题,但往往是难以实时发现和解决的问题,是需要通过大量统计
数据筛选才能发现的。表 1-1 为工程网络优化和日常网络优化的对比。

表 1-1   工程网络优化和日常网络优化的对比

类型 项目	工程网络优化	日常网络优化
覆盖范围	主干道及重点保障区域	所有网络规划覆盖范围深度覆盖(居民小区、学校、医院、商场、车站、机场、公共场所)
网络状态	RNC、NodeB 工作正常、主干道切换正常	RNC、NodeB 工作正常,网络状况良好切换正常,网络运行平稳,用户感知度高
实际话务量	话务量低,通过大量的 DT 和 CQT 模拟实际用户话务量	逐渐上升
工作重点	保障基站能正常工作,按照工程进度对网络进行优化	网络性能监控、故障处理、指标统计、投诉处理、KPI 指标提升

1.2   网络优化的目标

网络优化工作就是指通过对设备、参数的调整等对已有的网络进行优化,尽可能地利用
系统资源,使系统性能达到最佳。网络优化过程的结果是寻找一系列系统变量的最佳值,优
化有关性能指标参数,最大限度地发挥网络的能力,提高网络的平均服务质量。

网络优化的基本目标是提高或保持网络质量,而网络质量是各种因素相互作用的结果,
随着优化工作的深入开展和优化技术的提高,优化的范围也在不断扩大。事实上,优化的对
象已不仅仅是当前的网络,它已经渗透到包括市场预测、网络规划、工程实施直至投入运营
的整个循环过程的每个环节。从不同的角度来看,网络优化的目的各有所不同。

从网络的角度来看,网络优化的主要目的如下。

（1）提高网络的服务质量。主要包括高质量的语音和其他业务服务、足够的覆盖和接通率等。

（2）尽可能地减少运营成本。主要包括提高设备的利用率、增加网络容量，减少设备和线路的投资等。

从企业角的角度来看，网络优化的主要目的如下。

（1）创造竞争优势。全方位确保网络的高质量运行，为保持原有市场份额和发展新的市场份额创造竞争优势。

（2）降低成本。采用科学的方法和先进的支撑手段，降低运营成本，提高企业的综合竞争力。

从用户的角度来看，网络优化的主要目的如下。

（1）随时随地都可方便地进行移动通信。

（2）掉话次数减少。

（3）呼叫建立失败次数减少。

（4）通话时语音质量不断改善。

（5）使网络有较高的可用性和可靠性。

从运营者的角度来看，网络优化的主要目的如下。

（1）降低掉话率。

（2）提高切换成功率。

（3）提高小区覆盖率。

（4）降低拥塞率。

（5）提高接通率。

（6）提高上网速率。

（7）降低断线率。

（8）减少用户投诉。

虽然观看的角度不同，网络优化的目的也不尽相同，但归根结底，网络维护和优化都是为市场服务的，而市场是为用户服务的，因此网络优化的最终目的是提高用户满意度，从而使企业效应最大化。

1.3　网络优化的主要内容

网络优化工作的主要内容是无线网络优化和交换网网络优化，这两大优化内容在日常网络优化和工程网络优化中都有体现。

1. 无线网络优化

由于无线环境的复杂性以及维护人员的多样性，给网络优化带来了诸多不确定因素。为了保证网络覆盖、运行参数与设计参数相符，要对无线参数及 RF 参数进行优化。无线网络优化的主要内容如下。

（1）设备排障。通信网络发展到一定规模，覆盖已经得到相当的改善，但网络质量仍然不能满足用户的要求，主要原因如下：扩容频繁中存在较多质量问题，还有就是设备的老化导致的隐性故障逐渐增多以及设备在运行过程中出现的人为损坏等。

（2）网络规划。网络规划是网络优化中很重要的一个环节,网络规划决定着日后网络优化的范围,合理的频率规划能有效降低系统干扰,提高用户通话质量,降低用户投诉;合理的链路预算能避免许多盲区的产生;合理的站址分布能有效减少干扰、节约网络成本;良好的初期站址选择可减轻后期大量的网络优化工作量。

（3）网络测试。利用各种测试设备和软件,根据无线电波传播特性和天馈系统传输特性以及 DT、CQT 测试和分析结果,对网络进行优化工作。

（4）统计数据分析。当前各个设备生产厂家对网络系统的运行统计是由大量计数器完成的,并定期向 OMC 报告计数结果。观测和分析 OMC 各计数器数值,就可掌握网络的运行质量并进行故障分析。

（5）话务平衡。调整网络中各小区之间及 900MHz 和 1800MHz 之间的话务均衡,减少网络拥塞发生的次数。合理调整网络资源可以增加网络容量,提高设备利用率,提高频谱利用率、每信道话务量等。

（6）覆盖优化。利用微蜂窝、直放站、塔顶放大器等设备对网络覆盖进行优化,减少网络盲区。

2. 交换网网络优化

交换网网络优化主要是提高交换机接通率、长途来话接通率、调整网络负荷均衡(包括信令负荷均衡、设备负荷均衡和链路负荷均衡等)的优化以及对交换机路由进行优化,使信令、话务路由畅通,消除路由死循环的情况发生。

1.4　网络优化的工作流程

网络优化的工作流程要视具体情况而定,工程网络优化和日常网络优化以及单项(专项)网络优化其方法有一些区别。图 1-1 所示为网络优化的一般工作流程,图 1-2 所示为专项网络优化的工作流程。

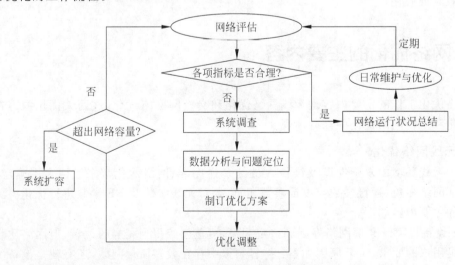

图 1-1　网络优化的一般工作流程

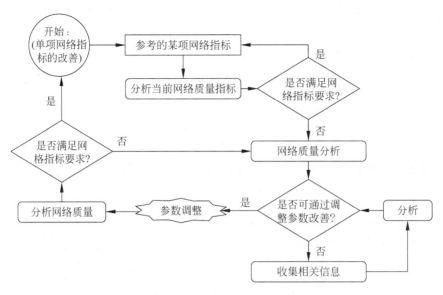

图 1-2　专项网络优化的工作流程

1.5　网络优化的工具

网络优化所用到的工具相对而言比较多，有 DT、CQT、OMC 以及干扰、信令等方面的工具，具体的网络优化工具如图 1-3 所示。

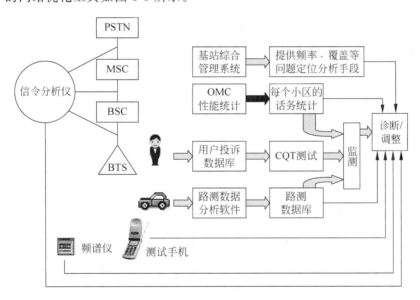

图 1-3　网络优化工具

其中，问题定位工具主要有如下几种。

（1）路测仪：它是由测试软件、测试手机、GPS、电子地图以及车辆等构成的路测系统。需要注意的是，对于测试手机而言，不同的厂家对其的要求不一样，有些厂家的测试手机限于市场上普遍使用的多款手机,但有些厂家仅限于厂家自己生产的专业测试工程手机。

(2)信令分析仪:在无线网络优化中一般很少使用,多用于核心网网络优化。

(3)分析软件:它和测试软件配套使用,一般需要硬件加密狗才能使用。

(4)基站勘察仪器:罗盘、倾角测量仪、SiteMaster、GPS 接收机、数码相机。

(5)报表分析:Excel 的公式、宏、图、格式。

(6)干扰分析:频谱仪。

1.6　无线网络优化的考核指标(网络评估)

无线网络优化的考核指标,根据不同的制式系统(GSM、GPRS、WCDMA、CDMA200、TD-SCDMA),其要求会有所不同。不同运营商在不同时间里,其要求也不同。表 1-2 所示为是中国联通 WCDMA 系统 2009 年 5 月的考核评价标准。

表 1-2　中国联通 WCDMA 系统 2009 年 5 月的考核评价标准

评估项目		目标值	良好值		较好值		一般	很差
指标	要求		通用标准	单项指标最低标准	通用标准	单项指标最低标准	通用标准	零分界限
RSCP	>-85dBm的比例	(85%,100%]	(80%,85%]	75%	(75%,80%]	65%	(65%,75%]	55%
Ec/No	>-10dB的比例	(94%,100%]	(88%,94%]	84%	(82%,88%]	76%	(75%,82%]	70%
接通率	语音接通率	(95%,100%]	(90%,95%]	85%	(85%,90%]	80%	(80%,85%]	75%
接通率	RRC连接成功率	且100%	且100%					
DT语音掉话率		[0,0.8%)	[0.8%,1.2%)	2%	[1.2%,2%)	3%	[2%,3%)	5%
MOS	MOS平均值	(3.7,5]	(3.5,3.7]		(3.3,3.5]		(3.2,3.3]	3
DT语音BLER	<3%的比例	(99%,100%]	(98%,99%]		(96%,98%]		(94%,96%]	93%
Tx_Power	<0dBm的比例	(98%,100%]	(97%,98%]		(95%,97%]		(92%,95%]	90%
建立成功率		(95%,100%]	(90%,95%]		(85%,90%]		(80%,85%]	75%
掉线率		[0,5%)	[5%,10%)		[10%,15%)		[15%,20%)	25%
HSDPA 平均吞吐率		>1.2Mbps	(1,1.2]Mbps	800Kbps	(800,1024]Kbps	500Kbps	(600,800]Kbps	500Kbps
平均吞吐量低于1Mbps的比例		[0,20%)	[20%,25%)		[25%,30%)		[30%,40%)	50%
质量等级基本分		100	80		60		40	0
服务等级建议		2009年年底前优化目标	基本可以商用		一定范围内放号试商用		优化难度较低	优化难度较高

1.7　网络优化的工作规范

1.7.1　网络优化项目档案管理

项目档案管理的目的是建立统一的管理平台,从而对测试采集的数据、分析报告以及实施方案等进行有效的管理和维护;对工作的进程进行有效的记录;对网络的变动情况进行有效的跟踪;对网络配置的更改进行跟踪和记录,以督促项目组全面地、有条不紊地开展各项工作。

项目档案由项目经理负责创建和维护。待项目结束后,由项目经理将项目档案归档到项目管理工程师处。

项目数据库的管理要求如下。

(1) 当天数据当天归档。

(2) 对于参数配置和基站库的变化,一定要及时记录,及时刷新。

(3) 项目档案要经常备份,以防数据意外丢失。

项目数据库一般包括如下内容。

(1) 项目合同书。

(2) 项目建议书。

(3) 项目立项报告。

(4) 项目管理规定。

(5) 作业指导书。

(6) 基站数据库。

① 初始基站数据库。

a. 小区名、CI、LAC、归属 BSC、经纬度、天线型号、分集方式、天线挂高、水平角、俯仰角。

b. 电子地图(标明基站位置和站名)。

c. 网络拓扑结构(GMSC、MSC、HLR、PSTN、SMC、BSC、BTS 的信令/业务的链路/中继)。

② 变动说明。

③ 最新基站数据库。

(7) 配置参数。

① 初始配置参数。

a. 频率配置(BCCH 频率、其他 TRX 频率配置、是否跳频、跳频方式、MA、HSN)。

b. 信道配置(SDCCH/4、SDCCH/8 的数量、位置,GPRS 专用信道配置、TCH 的数量)。

c. 小区选择和重选参数配置。

d. 寻呼参数配置(寻呼复帧、保留块数、寻呼次数、间隔、IMSI/TMSI 寻呼方式)。

e. 系统接入参数(Tx、M、T3122、周期性位置更新定时器)。

f. 切换参数配置(包括邻区配置)。

g. 功率控制参数配置(包括基站发射功率)。

h. 其他。

② 变动说明。

③ 最新配置参数。

(8) 参数。

① 参数分析报告。

② 参数调整方案。

(9) DT/CQT。

① DT/CQT测试数据。

② DT/CQT统计分析报告。

(10) 基站勘察。

① 勘察数据(勘察记录及照片)。

② 勘察报告。

(11) 干扰测试(测试图及报告)。

(12) 投诉处理数据库。

(13) 调整方案。

① 工单。

② 执行情况。

③ 效果评估。

(14) 技术培训资料库。

(15) 项目总结验收报告。

(16) 项目验收证书。

(17) 项目总结(内部,包括案例的总结、周报、月报和年度工作报告等)。

(18) 设备相关资料。

(19) 项目奖金分配方案及人员评估报告。

1.7.2　网络优化设备管理

网络优化设备也是一个公司的固定资产,主要包括测试计算机、测试手机、测试软件(和配件)、GPS以及相关的仪器仪表等,其使用和日常维修以及报废都应该由专人负责管理,不同公司会根据设备量的情况来分配人员管理。

网络优化设备的管理流程大致有如下几个程序。

(1) 设备申报。

(2) 设备领取与入库。

(3) 设备领用。

(4) 设备归还。

(5) 设备的维护与报废。

(6) 设备的丢失。

在每个程序中,各个企业具体的处理流程可能不尽相同,这在企业入职培训中都有详细的介绍。

1.8 网络规划、优化基础理论知识

1. 话务量的单位

话务量 A 的单位是 erl(爱尔兰),即单位时间(1h)内平均发生的呼叫次数 λ 和每次呼叫平均占用信道时间 S 的乘积,计算公式为 $A = S($小时/次$) \times \lambda ($次/小时$)$,1erl 表示平均每小时内用户要求通话的时间为 1h。

2. Ec/Io

E 是 Energy(能量)的简称。

c 是 Chip(码片)的简称,其指的是 3.84Mcps 中的 Chip。

I 是 Interfere(干扰)的简称。

o 是 Other Cell 的简称。

Ec 是指一个 Chip 的平均能量,其单位是焦耳。

Io 是来自于其他小区的干扰的意思,也是指能量。

Ec/Io:它体现了所接收信号的强度和相邻小区干扰水平的比值,它是一个反映手机端当前接收的导频信号(Pilot)的水平的值。

3. 软切换

软切换是指移动台在从一个小区进入另一个小区时,首先建立与新基站的通信,直到接收到的原基站信号低于一个门限值时再切断与原基站的通信的切换方式,简单地讲,就是"先连后断"。在 3G 系统同频组网中,不同小区之间的切换都是软切换,它是由 UE 发起,RNC 执行的。

4. 硬切换

硬切换是指移动台在从一个小区进入另一个小区时,首先断掉与原基站的联系,然后再寻找新进入的小区基站进行联系的切换方式,简单地讲,就是"先断后连"。GSM 系统内的切换、GSM 系统和 3G 系统的切换以及 3G 异频网络之间的切换都是硬切换,它是由 UE/MS 发起,RNC/BSC 执行的。

5. 服务区

服务区是指移动台可获得服务的区域,即不同通信网(如 PLMN、PSTN 或 ISDN)用户无须知道移动台的实际位置而可与之通信的区域。

一个服务区可由一个或若干个公用陆地移动通信网(PLMN)组成,它既可以是一个国家或是一个国家的一部分,也可以是若干个国家。

6. 小区的概念

小区是指采用基站识别码或全球小区识别进行标识的无线覆盖区域。在采用全向天线结构时,小区即为基站区。

7. 位置区

位置区是指移动台可任意移动而不需要进行位置更新的区域。位置区可由一个或若干个小区(或基站区)组成。为了呼叫移动台,可在一个位置区内所有基站同时发寻呼信号。

8. 位置更新

当移动台由一个位置区移动到另一个位置区时,在新的位置区必须进行登记,即移动台发现之前的 LAI 与当前接收到的 LAI 号不同时,就会通知相关的网络实体来更改它所存储的移动台的位置信息。

9. 导频污染

当手机收到 4 个或更多个 Ec/Io 的强度都大于 T_add 的导频,且其中没有一个导频的强度大到可作为主导频时会发生导频污染。它会引起频繁切换而导致掉话。

10. 频段和频点

(1) GSM900 规划频率

GSM 规划频率共 124 个频点,绝对载频号(ARFCN)为 1～124,在两端留有 200KHz 的保护带。按照国家无线电管理委员会规定:中国移动占用 890～909/935～954MHz,对应的 ARFCN 为 1～95(通常频点 95 保留不用);联通占用 909～915/954～960MHz,对应的 ARFCN 为 96～124。频率与载频号(n)的关系如下。

基站收:$f1(n)=890.2+(n-1)\times0.2\text{MHz}$

基站发:$f2(n)=f1(n)+45\text{MHz}$

(2) DCS1800 规划频率

DCS1800 规划频率共 374 个频点,ARFCN 为 512～885。频率与载频号(n)的关系如下。

基站收:$f1(n)=1710.2+(n-512)\times0.2\text{MHz}$

基站发:$f2(n)=f1(n)+95\text{MHz}$

移动占用 1710MHz～1720MHz,对应的 ARFCN 为 512～561;联通占用 1745MHz～1755MHz,对应的 ARFCN 为 687～736。

(3) 800MHz CDMA 规划频率

825～835MHz / 870～880MHz:其中,825～835MHz 为上行频率(移动台发、基站收),870～880MHz 为下行频率(基站发、移动台收),共 2×10MHz。

(4) 第三代公众移动通信系统的工作频段

① 主要工作频段如下。

a. 频分双工(FDD)方式:1920～1980MHz/2110～2170MHz。

b. 时分双工(TDD)方式:1880～1920MHz、2010～2025MHz。

② 补充工作频段如下。

a. 频分双工(FDD)方式:1755～1785MHz/1850～1880MHz。

b. 时分双工(TDD)方式:2300～2400MHz,与无线电定位业务共用,均为主要业务,共用标准另行制定。

③ 卫星移动通信系统工作频段:1980～2010MHz/2170～2200MHz。

11. 同频干扰

同频干扰指无用信号的载频与有用信号的载频相同,并对接收同频有用信号的接收机造成的干扰。在 GSM 规范中,一般要求 C/I>9dB;工程中一般加 3dB 余量,即要求 C/I>12dB。

12. 邻频干扰

邻频干扰是指干扰台邻频道功率落入接收邻频道接收机通带内造成的干扰。在 GSM 规范中,一般要求 C/A>−9dB。

13. 编号系统

(1)移动台的国际身份号码 ISDN(MSISDN)

它是用于在公用交换电话网编号计划中唯一地识别移动电话的鉴约号码。CCITT 建议结构为

$$MSISDN=CC+NDC+SN$$

其中,CC 代表国家码,即在国际长途电话通信网中的号码(86);NDC 代表国内目的地码;SN 代表用户号码。

(2)国际移动用户识别码(IMSI)

它是用于唯一地识别 GSM PLMN 网中某一用户的信息的号码。

$$IMSI=MCC+MNC+MSIN$$

其中,MCC 代表移动网的国家号码(与 CC 不同);MNC 代表移动网号;MSIN 代表移动台识别号,最长为 15 位。

(3)移动台漫游号码(MSRN)

它用于一次呼叫的路由选择。

$$MSRN=CC+NDC+SN$$

其中,CC 代表国家号;NDC 代表国内目的地号码(用于识别 MSC/VLR);SN 代表用户号,对应于用户的 IMSI 号码。

(4)临时移动用户识别码(TMSI)

它用于保护 IMSI 码,该号码只在本 MSC 区域有效,其结构可由各电信部门选择,长度不应超过 4 个字节。

(5)国际移动台设备识别码(IMEI)

它是唯一用来识别移动台终端设备的号码,称作系列号。

$$IMEI=TAC+FAC+SNR+SP$$

其中,TAC 代表型号论证码;FAC 代表最终装配码,用于识别制造厂家;SNR 代表序号;SP 代表备用。

(6)位置区识别码(LAI)

LAI 代表 MSC 业务区的不同位置区,用于移动用户的位置更新。

$$LAI=MCC+MNC+LAC$$

其中,MCC 代表移动国家号,用于识别一个国家;MNC 代表移动网号,用于识别国内的 GSM 网;LAC 代表位置区号码,用于识别一个 GSM 网中的位置区。

(7)小区全球识别码(CGI)

它用于识别一个位置区内的小区。

$$CGI＝MCC＋MNC＋LAC＋CI$$

（8）基站识别码（BSIC）（6b）

$$BSIC＝NCC＋BCC$$

其中，NCC代表国家识别码，用于识别GSM移动网（3b）；

BCC代表基站识别码，用于识别基站（3b）。

14. GSM系统结构

图1-4所示为GSM系统结构图。

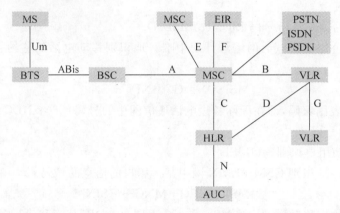

图1-4　GSM系统结构图

15. 3G系统结构

图1-5所示为3G系统结构图。

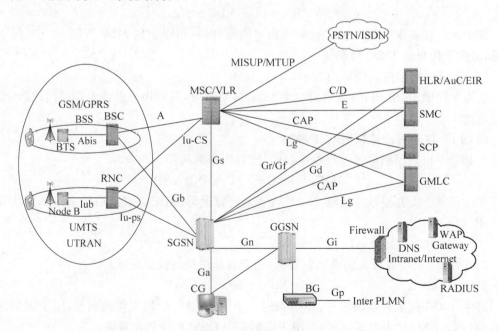

图1-5　3G系统结构图

16. TD-LTE 系统结构

图 1-6 所示为 TD-LTE 系统结构图。

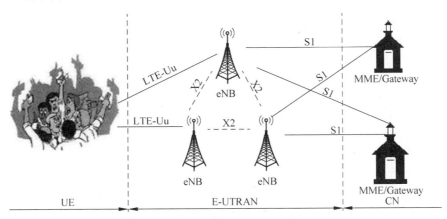

图 1-6　TD-LTE 系统结构图

TD-LTE 系统采用了"扁平"的无线访问网络结构,取消了 RNC 节点,简化了网络设计,实现了全 IP 路由。各个网络节点之间与 Internet 没有什么太大的区别,其网络结构趋近于 IP 宽带网络结构。

1.9　同步练习

1. 无线网络优化中的工程网络优化和日常网络优化有什么区别?

2. 无线网络优化的目标是什么?

3. 无线网络优化主要优化的内容有哪些?

4. 无线网络优化的一般流程是什么?

5. 在无线网络优化中用到了哪些优化工具?

6. WCDMA 系统考核评价标准有哪些?

7. 简单介绍一下网络优化项目档案的管理。

8. 下面公式正确的是(　　　)。

　　A. dBi＝dBd＋2.15　　　　　　　　　　B. dBi＝dBd＋2.50

　　C. dBd＝dBi＋2.15　　　　　　　　　　D. dBd＝dBi＋2.50

9. 一个用户在忙时的一小时内先后进行了 2min 和 4min 的通话,那么这个用户产生的话务量为(　　　)。

　　A. 33merl　　　　　　B. 66merl　　　　　　C. 100merl　　　　　　D. 10merl

10. 软切换、硬切换的定义是什么?

11. GSM 每个频点的带宽是(　　　)。

　　A. 10GHz　　　　　　B. 1GHz　　　　　　C. 200KHz　　　　　　D. 2GHz

12. 如果一个网络运营商分别有 15MHz 的上、下行频宽,那么它可以获得(　　　)个 GSM 频点(减去一个保护频点)。

  A. 600　　　　　　B. 599　　　　　　C. 75　　　　　　D. 74

13. 1W＝(　　)dBm。

  A. 10　　　　　　B. 20　　　　　　C. 30　　　　　　D. 33

14. 移动公司 GSM 使用的频率范围是(　　)。

  A. 450M　　　　　　　　　　　B. 900M 和 1800M

  C. 2G　　　　　　　　　　　　D. 3G

15. GSM900 中的上、下行频率间隔为(　　)。

  A. 25MHz　　　　B. 200KHz　　　　C. 900MHz　　　　D. 45MHz

16. 在 DCS1800 和 GSM900 中,下行的频段是(　　)。

  A. 1710～1785KHz　　890～915KHz

  B. 1785～1850KHz　　935～960KHz

  C. 1805～1880MHz　　935～960MHz

  D. 1820～1870MHz　　925～970MHz

17. 某载波的频率号是 95,其对应的频点是(　　)。

  A. 954M　　　　B. 953M　　　　C. 952M　　　　D. 951M

18. GSM 系统可大致分为(　　)。

  A. 传输系统和交换系统　　　　　B. 交换系统和基站系统

  C. 传输系统和基站系统　　　　　D. 交换系统和寻呼系统

19. 在 GSM 系统中,BSC 与 BTS 之间的接口称为(　　),它是(　　)。

  A. I/O 接口,开放的　　　　　　B. Air 接口,不开放的

  C. A 接口,开放的　　　　　　　D. A-Bis 接口,不开放的

CHAPTER 2

第2章

移动无线网络优化测试

无线网络优化测试是无线网络优化的一个最基本和日常的工作,是采集无线数据的一个重要方法。它有 DT 和 CQT 测试之分,分别完成室外和室内的语音和数据信号强度的测试。在无线网络优化测试中,会涉及测试软件、测试设备以及测试规范等方面的内容。

本章首先介绍 CQT 测试方法;接着,讨论 DT 测试方法;然后,对测试报告和测试资料的归档等相关问题做了介绍;最后又介绍了 TD-LTE 测试的相关知识。

教学参考学时 8 学时

学习目的与要求

读者学习本章,要重点掌握以下内容:
- 工程测试手机的使用;
- CQT 测试指标要求;
- CQT 测试方法;
- CQT 测试数据记录要求;
- DT 测试流程;
- 前台测试软件的安装和使用;
- 单系统、多系统和 4G 系统的测试方法;
- 测试报告和测试数据归档要求。

对于移动无线网络优化而言,网络测试是极其重要的一项工作,如何准确反映实际网络情况,掌握测试工具,了解测试相关指标,熟悉测试方法等,对做好测试工作具有极大的指导作用,本章内容参考《中国联通 WCDMA 无线网络 DT/CQT 测试技术指导书》,就以 GSM 网络和 WCDMA 标准为代表的 3G 网络进行相关的说明。

2.1 CQT 测试

CQT 全称 Call Quality Test(即拨打测试),就是选择一定数量的测试点,在每个点进行一定数量的呼叫,并记录每次呼叫的接通情况及测试者对通过质量的评估情况的一种测试形式。

2.1.1 工程测试手机的使用

工程测试手机是测试软件和信号处理设备的一个桥梁,主要完成信号的采集作用。不同的制式可能需要不同类型的测试手机完成信号的采集。具体测试工具、测试业务以及测试设备见表 2-1。

表 2-1　测试工具、测试业务以及测试设备

测试工具	测试业务	典型设备
测试系统	通常由测试手机、安装有测试软件的笔记本电脑、GPS、Scanner 等设备组成 测试系统在相关硬件和 License 的支持下能够同时进行 CS 业务、PS 业务以及语音 MOS 测试	TEMS Investigation 测试系统 Nemo Outdoor 测试系统 Genex Probe 测试系统 CSD 测试系统
测试手机	通常指具备工程模式的测试手机,能够独立完成 CQT 测试任务	SAGEM OT 系列测试手机 Probe PHU 测试手机 Nemo Handy 测试手机
端到端测试系统	专业的端到端测试平台,进行 MOS 语音质量类的 QoE 测试,通常配备强大的后台分析工具	QVoice QVM 测试系统 SwissQual 测试系统 DSLA 测试系统

一般手机都可以通过工程模式来测量网络无线信号的各种参数。市场上各种制式测试很多,这里以 CDMA 制式为例,介绍相关工程测试手机方面的知识。CDMA 工程测试手机各项测试参数的范围值见表 2-2。

表 2-2　CDMA 工程测试手机各项测试参数的范围值

参　数	含　义	推 荐 值
TxPower	手机发射功率($-63\sim+23$dBm)	$-40\sim+10$dBm
RxPower	手机接收功率($-20\sim-105$dBm)	$-40\sim-85$dBm
Ec/Io	1bit 的能量与接收总频谱密度(信号加噪声)的比值	$-2\sim-8$dB
FER	误帧率($0\%\sim100\%$)	$0\%\sim3\%$
Tx_Adjust	手机调整增益($-60\sim+60$dB)	$-20\sim+10$dB

以三星 X199 手机为例,具体介绍工程测试手机是如何进入的,里面相关内容代表什么意思,三星 X199 手机如图 2-1 所示。

1. 三星 X199 工程测试手机进入、退出的方法

(1)进入工程模式的方法

按"M"+"8"+" ＊ "→输入密码 123580→出现诊断画面→按 OK 键→出现所有诊断画面→按 OK 键。

(2)退出工程模式的方法

按"M"+"8"+" ＊ "→输入密码 123580→出现诊断画面→按 OK 键→出现所有诊断画面→按 OK 键。

2. 测试模式的显示

(1)测试模式的第一页:CDMA Monitor

S14136 N000011

CH0283 P6 SLOT_I:0

PN438 D064 －05 N

图 2-1　三星 X199 手机

T-63 wc01 S02

(F)SCHAN-00X

SO:0000 BS 00371

L1:ON L2:ON

RSSI069

S14136 N000011

CH0283 P6 SLOT_I:0

PN438 D064 －05 N

T-10 wc08 S02

F000.35％ TE1RE1

SO:0003 BS 00371

L1:OFF L2:ON

RSSI066

待机时画面通话中画面。

① S14136：系统识别码（SID）。一般一个地市只有一个 SID 码,用于辨别手机是否漫游,每个地市的 SID 码不一样。

② N000011：网络识别码（NID）。中国只有一个 CDMA 网络,所以在全国范围内 NID 码都一样。

③ CH0283：表示信道号为 283,对应的频率为 878.49MHz。

④ CDMA 网络共有 7 个信道号,分别是 37、78、119、160、201、242、283。频率与信道号的换算关系：F＝870＋CH×0.03。

⑤ PN438：表示 PN 码为 438,属于第三扇区。

⑥ PN 码用于区分不同的小区。一个基站有 3 个小区,每个小区相差 168 个 PN,当 PN 偏置为 4 时,第一个小区的 PN 码范围为 4～168,第二个小区的 PN 码范围为 172～340,第三个小区的 PN 码范围为 344～511。

⑦ D064：表示手机接收功率为 －64dBm。

⑧ －05：表示 Ec/Io 值为 －5dB。

⑨ T-10：表示 TxAdj 的参数,即手机自动调整增益。在手机待机情况下,显示为 T-63,TxAdj 与 RxPower、TxPower 的关系为 RxPower＋TxPowe－TxAdj＝－73。

⑩ wc08：表示前向信道,使用业务信道 08。Walsh 码用于区分不同的前向信道,W00 为导频信道,W01～W07 为寻呼信道,W32 为同步信道,W08～W31 和 W33～W63 为业务信道,在手机待机情况下,显示为 wc01。

⑪ GC 网测试手机。

⑫ F:0.35％表示 FER 误帧率。

（2）测试模式第二页：Pilot Sets

I03 A01 C00 N19

438/06A 102/13C

270/31N 177/31N

285/31N 018/31N

00010×01012

Sleep：0×206FC

UIM：0×2

I03 A01 C00 N19

438/06A 102/13C

270/31N 177/31N

285/31N 018/31N

11010×01012

Sleep：0×60EF4

UIM：0×0

待机时画面通话中画面。

① 438/06A：表示激活集的 PN 码和 Ec/Io 值。

② 102/13C：表示候选集的 PN 码和 Ec/Io 值。

③ 270/31N：表示邻集的 PN 码和 Ec/Io 值。

主要参数说明如下。

① S-SID：系统代码。广州为 13828,如果不是则为漫游。

② N00117：MID 交换机码。

③ CH0283：拥有 30 频点,目前 283 为第一频点,201 为第二频点。

④ PN249：基站小区识别码。

⑤ D061：Rx 接收电平,在−38～−105 之间。

⑥ −08：Ec/Io,在−1～−20 之间,越大越好。

⑦ T-63：发射电平,在−20～+23 之间,越小越好。

2.1.2　CQT 测试相关指标

CQT 测试相关指标有语音业务方面的,也有数据业务方面的。针对 GSM 系统,CQT 测试指标主要关心语音业务方面的,而对于 WCDMA 系统刚还需要关心数据方面的指标,但在语音业务方面无论是 GSM 系统,还是 WCDMA 系统所关心的指标都相同。具体相关指标如下。

1. 语音业务 CQT 测试指标

语音业务测试指标按指标分类,可分为覆盖类、接入性类、保持性类和质量类等类型。其中,覆盖类指标主要是指覆盖率;接入性类指标主要是指接通率和平均呼叫时延;保持性类指标主要是指掉话率;与通话质量有关的指标主要有语音质量 RQ 和单通/串话率。具体说明如下。

（1）覆盖率

定义：
$$\text{覆盖率（城区）} = \frac{\geqslant -90\text{dBm 的采样点数}}{\text{总采样点数}} \times 100\%$$

对于具体的采样电平值,不同运营商根据自身网络建设、规划等因素会给出不同的电平值,因此,在代维不同运营商测试时,须了解其相关参数。

（2）接通率

定义：
$$接通率 = \frac{接通总次数}{呼叫尝试次数} \times 100\%$$

（3）平均呼叫时延

定义：
$$平均呼叫时延 = \frac{A_1 + A_2 + \cdots + A_i + \cdots + A_n}{n},$$

式中 A_i 为第 i 次的呼叫时延。

（4）掉话率

定义：
$$掉话率 = \frac{掉话总次数}{接通总次数} \times 100\%$$

这里的接通总次数与掉话总次数均应以主叫手机作为统计结果，而且不论是主叫还是被叫原因引起的掉话都应视为掉话。

（5）语音质量 RQ

定义：
$$语音质量\,RQ = \frac{(Rx\_Quality \leqslant 4)采样点比例}{(Rx\_Quality = 1 \sim 7)总采样点数} \times 100\%$$

$$语音质量\,RQ = \frac{[RxQual(0级) + RxQual(1级) + RxQual(2级)] \times 1 + [RxQual(3级) + RxQual(4级) + RxQual(5级)] \times 0.7}{总采样点数} \times 100\%$$

RxQual 等级是由主观语音质量 MOS 确定的。根据 P.830 协议，主观语音业务的通话质量被分为 5 个等级，每个等级对应一个 MOS 得分。MOS 主观评定等级表见表 2-3。

表 2-3　MOS 主观评定等级表

语音质量	MOS 分数	收听注意力级别
Excellent	5	可完全放松，不需要注意力
Good	4	需要注意，但不需要明显集中注意力
Fair	3	中等程度的注意力
Poor	2	需要集中注意力
Bad	1	即使努力去听，也很难听懂

（6）单通/串话率

定义：
$$单通/串话率 = \frac{单通总次数 + 串话总次数}{接通总次数} \times 100\%$$

2. PS 数据业务 CQT 测试相关指标

PS 数据业务 CQT 测试相关指标，对于 GSM 系统主要指的是 GPRS，而对于 WCDMA 系统则主要指的是 HSPA。具体相关指标如下。

（1）GPRS 性能类指标

① 附着成功率（CQT）

定义：
$$附着成功率(CQT) = \frac{Attach 成功次数}{总尝试次数} \times 100\%$$

② 平均附着时间（CQT）

定义：
$$平均附着时间(CQT) = \frac{各次\,Attach 成功的时间相加}{Attach 总成功次数}$$

③ PDP 激活成功率（CQT）

定义：
$$PDP 激活成功率(CQT) = \frac{PDP 激活成功次数}{总尝试次数} \times 100\%$$

④ WAP 登录成功率(CQT/DT)

定义：　　　WAP 登录成功率$(CQT/DT) = \dfrac{WAP\ 登录成功次数}{尝试\ WAP\ 登录次数} \times 100\%$

⑤ WAP 登录时延(CQT/DT)

定义：WAP 登录时延$(CQT/DT) = \dfrac{各次\ WAP\ 首页成功显示的时间相加}{WAP\ 首页显示成功次数}$

⑥ WAP 下载成功率(CQT/DT)

定义：　　　WAP 下载成功率$(CQT/DT) = \dfrac{WAP\ 成功下载次数}{尝试下载次数} \times 100\%$

⑦ WAP 下载速率(CQT/DT)

定义：　　　　WAP 下载速率$(CQT/DT) = \dfrac{实际成功下载总数据量(B)}{实际成功下载总时间}$

⑧ Ping 成功率(CQT)

定义：　　　　　Ping 成功率$(CQT) = \dfrac{Ping\ 成功的次数}{Ping\ 尝试次数} \times 100\%$

⑨ 下行应用层吞吐率(CQT)

定义：　　　　下行应用层吞吐率$(Kbps) = \dfrac{下载文件字节数 \times 8}{下载所消耗的时间(s)}$

⑩ 上行应用层吞吐率(CQT)

定义：　　　　上行应用层吞吐率$(Kbps) = \dfrac{上传文件字节数 \times 8}{上传所消耗的时间(s)}$

⑪ 下行 RLC 层吞吐率(CQT)

定义：　　　　　在 FTP 下载时间内,RLC 层的平均每秒吞吐率

⑫ 上行 RLC 层吞吐率(CQT)

定义：　　　　　在 FTP 上传时间内,RLC 层的平均每秒吞吐率

⑬ MMS 发送成功率(CQT)

定义：　　　MMS 发送成功率$(CQT) = \dfrac{成功发送\ MMS\ 次数}{尝试发送\ MMS\ 次数} \times 100\%$

⑭ MMS 发送时长(CQT)

定义：　MMS 发送时长$(CQT) = $发送开始的 PDP 激活时间 ＋ 消息被确认的时间

(2) HSPA 性能类指标

① 分组业务建立成功率

定义：　　　分组业务建立成功率 $= \dfrac{PPP\ 连接建立成功次数(分组)}{拨号尝试次数(分组)} \times 100\%$

② 平均分组业务建立时延

定义：　　　平均分组业务呼叫建立时延 $= \dfrac{分组业务呼叫建立时延总和}{分组业务接通总次数}$

③ FTP 下载掉线率

定义：　　　　　FTP 下载掉线率 $= \dfrac{异常掉线总次数}{业务建立总次数} \times 100\%$

④ FTP 下行吞吐率

定义：

$$FTP\ 下行吞吐率=\frac{FTP\ 下载应用层总数据量}{总下载时间}$$

⑤ HSDPA 占用比例

定义：

$$HSDPA\ 占用比例=\frac{实际分配\ HSDPA\ 资源进行下载的总时长}{总下载时长}\times100\%$$

⑥ FTP 上传掉线率

定义：

$$FTP\ 上传掉线率=\frac{异常掉线总次数}{业务建立总次数}\times100\%$$

⑦ FTP 上行吞吐率

定义：

$$FTP\ 上行吞吐率=\frac{FTP\ 上传应用层总数据量}{总上传时间}$$

以上是 CQT 测试所关心的指标，但在实际网络运营中，代维公司比较关注运营商的考核指标，表 2-4 列出了 CQT 测试所涉及的考核指标。

表 2-4　CQT 测试方法及对应的指标

测试类型	城区 CQT 测试	
测试方法	语音	数据
考核指标	覆盖率	下行 FTP 吞吐率
	掉话率	上行 FTP 吞吐率
	语音 MOS 值	附着成功率
	接通率	/
非考核指标	平均呼叫建立时延	/
	单方通话、串话率	/

2.1.3　CQT 测试方法

根据《中国联通 2009 年移动网络第三方测试评估服务技术规范书》的要求，就单系统 CQT 测试方法做如下介绍。

1. 2G 语音测试方法

1）测试时间

CQT 测试主要时段原则上选择非节假日的周一至周五 9：00～20：00 进行，新疆和西藏的测试时间由于时差须延后两个小时。

2）测试范围

（1）选取原则。CQT 测试点应重点在话务量相对较高的区域、品牌区域、市场竞争激烈区域、特殊重点保障区域内选取。地理上应尽可能地均匀分布，场所类型应尽量多。重点选择有典型意义的大型写字楼、大型商场、大型餐饮娱乐场所、大型住宅小区、高校、交通枢纽和人流聚集的室外公共场所等。测试选择的住宅小区、高层建筑入住率应大于 20％，商业场所营业率应大于 20％。测试选择的相邻建筑物应在 100m 以外。

（2）CQT 点数。每个 CQT 点需测试联通 GSM 网络、联通 WCDMA 网络、移动 GSM 网络、电信 CDMA 网络。每个测试城市，不分大小，各选取 50 个 CQT 点，CQT 点应尽量分布在整个城区范围内，不允许过于集中。在每个 CQT 测试点选择一个具有典型意义的位置点进行定点测试即可，选取原则可参考下面将介绍的"采样点的选择"的相关内容。

（3）选取比例。各类型的测试点选取比例可参考表 2-5。

表 2-5　测试点类型选取比例表

测试区域类型	测试点类型	测试点所占比例
人流密集类	商业会展中兴、大型商场、主干街道商铺、步行街、专业市场、机场候机楼、车站、学校、重要旅游点、大型医疗机构等	30%
餐饮娱乐类	大型餐饮娱乐场所、三星级以上酒店、酒楼、饭店、大型电影院等	20%
商务办公类	政府机关等事业单位、商务中心、企业、厂矿、农林场、大型办公场所等	20%
居民住宅类	主要大型住宅小区、普通民居密集区、宿舍、公寓等	30%

（4）采样点的选择。

① 每个测试点选择一个典型采样点。

② 机场和火车站是必测点。

③ CQT 测试点选择应合理分布，尽可能选取人流量较大和移动电话使用频繁的地方，能够暴露区域性覆盖问题，而不是孤点覆盖问题。

④ 室外公共场所和大型独体建筑物（除地下室和客梯外），选择人多的地点。

⑤ 酒店和写字楼要求人流密集的位置，包括大堂、餐厅、娱乐中心、会议厅、商场和休闲区等。

⑥ 成片住宅小区重点测试深度、高层、底层等覆盖难度较大的场所，以连片的 4～5 幢楼作为一组测试对象选择采样点。

⑦ 医院的采样点重点选取门诊、挂号缴费处、停车场、住院病房、化验窗口等人员密集的地方。有信号屏蔽要求的手术室、X 光室、CT 室等场所不安排测试。

⑧ 风景区的采样点重点选取停车场、主要景点、购票处、接待设施处、典型景点及景区附近大型餐饮、娱乐场所。

⑨ 火车客站、长途汽车客站、公交车站、机场、码头等交通集聚场所的采样点重点选取候车厅、站台、售票处、商场、广场。

⑩ 学校的采样点重点选取宿舍区、会堂、食堂、行政楼等人群聚集活动场所，如学生活动中心（会场/舞厅/电影院等）、体育场馆看台、露天集聚场所（宣传栏）、学生宿舍/公寓、学生/教工食堂、校部/院系所办公区、校内商业区等。

⑪ 步行街的采样点应该包括步行街两旁的商铺。

3）测试要求

（1）每组至少配备测试人员两名，至少需准备 4 部 GSM 和两部 CDMA 商用手机，GSM 终端需支持锁频功能，并具有工程模式，手机需为市面上流行型号。

（2）测试卡必须使用当地联通 GSM 签约用户卡、移动 GSM 签约用户卡和电信 CDMA 签约用户卡。

（3）每个采样点拨测前，以联通 GSM 网络为标准，要连续查看手机空闲状态，若手机不满足信号强度连续 5s RxLev＞－94dBm，则判定该采样点覆盖不符合要求，不再做拨测，同时记录该采样点为无覆盖，并纳入覆盖率统计，但需要另外选点进行补测，以保证实际测试点为 50 个；若联通 GSM 网络满足覆盖要求，而其他网络不满足覆盖要求，则该点按照满足覆盖要求进行测试，但需记录其他网络无覆盖，不测试无覆盖的网络；GSM 和 CDMA 网络覆盖情况应分开进行记录。

（4）每组测试人员按照选点原则各自选取一个 CQT 测试点，在两个不同的测试点分别做主被叫互拨测试。每个测试点每网主被叫各呼叫 10 次，每次通话时长 45～60s，且不能少于 45s，呼叫间隔 15s；如出现未接通或掉话，应间隔 15s 进行下一次试呼，接入超时为 15s。联通 GSM、移动 GSM 与电信 CDMA 的相关测试同理。

（5）测试过程由人工操作，测试人员应模拟用户正常讲话，并手工记录通话过程中出现的异常情况，包括未满足覆盖条件、单通、串话、回声、背景噪声、断续等。

（6）在测试过程中，应作一定范围的慢速移动和方向转换，模拟用户真实感知通话质量。

2.3G 语音测试方法

（1）测试时间

CQT 测试主要时段原则上选择非节假日的周一至周五 9:00～20:00 进行，新疆和西藏的测试时间由于时差须延后两个小时。

（2）测试范围

① 测试范围选取原则。CQT 测试点应重点在话务量相对较高的区域、品牌区域、市场竞争激烈区域、特殊重点保障区域内选取。地理上应尽可能地均匀分布，场所类型应尽量多。重点选择有典型意义的大型写字楼、大型商场、大型餐饮娱乐场所、大型住宅小区、高校、交通枢纽和人流聚集的室外公共场所等。测试选择的住宅小区、高层建筑入住率应大于 20%，商业场所营业率应大于 20%。测试选择的相邻建筑物应在 100m 以外。

② CQT 测试点总体选取原则。每个 CQT 点需测试联通 WCDMA 网络、移动 TD-SCDMA 网络。每个测试城市，不分大小，各选取 30 个 CQT 点，CQT 点应尽量分布在整个城区范围内，不允许过于集中。在每个 CQT 测试点选择一个具有典型意义的位置点进行定点测试即可，选取原则可参考前面所介绍的"采样点的选择"的相关内容。

③ CQT 测试点选取比例。各类型的测试点选取比例可参考表 2-5 所示的测试点类型选取比例表进行选取。

（3）测试要求

① 每组配备测试人员两名，需准备两部 WCDMA 和两部 TD-SCDMA 商用手机，4 部手机都锁定在 3G 网络。

② 测试卡必须使用当地联通 WCDMA 签约用户卡、移动 TD-SCDMA 签约用户卡。

③ 每个采样点测试前，以联通 WCDMA 网络为标准，要连续查看手机空闲状态，若手机不满足信号强度连续 5s RSCP≥－94dBm & Ec/Io≥－13dB，则判定该采样点覆盖不符合要求，不再做测试，同时记录该采样点为无覆盖，并纳入覆盖率统计，但需要另外选点进行补测，以保证实际测试点为 30 个；若联通 WCDMA 网络满足覆盖要求，而 TD-SCDMA 网

络不满足覆盖要求,则该点按照满足覆盖要求进行测试,但须记录 TD-SCDMA 网络无覆盖,不测试无覆盖的网络。

④ 每组测试人员按照选点原则各自选取一个 CQT 测试点,在两个不同的测试点分别做主被叫互拨测试。每个测试点每网主被叫各呼叫 10 次,每次通话时长 45~60s,且不能少于 45s,呼叫间隔 15s;如出现未接通或掉话,应间隔 15s 进行下一次试呼,接入超时为 15s。移动 TD-SCDMA 网络测试同理。

 注意 | 测试时长各个运营商会根据自身的网络情况自行设定。

⑤ 测试过程由人工操作,测试人员应模拟用户正常讲话,并手工记录通话过程中出现的异常情况,包括未满足覆盖条件、单通、串话、回声、背景噪声、断续等。

⑥ 在测试过程中,应作一定范围的慢速移动和方向转换,模拟用户真实感知通话质量。

3. VP 测试方法

(1) 测试时间

CQT 测试主要时段原则上选择非节假日的周一至周五 9:00~20:00 进行,新疆和西藏的测试时间由于时差须延后两个小时。

(2) 测试范围及采样点选取原则

① 测试范围选取原则。CQT 测试点应重点在话务量相对较高的区域、品牌区域、市场竞争激烈区域、特殊重点保障区域内选取。地理上应尽可能地应均匀分布,场所类型应尽量多。重点选择有典型意义的大型写字楼、大型商场、大型餐饮娱乐场所、大型住宅小区、高校、交通枢纽和人流聚集的室外公共场所等。测试选择的住宅小区、高层建筑入住率应大于 20%,商业场所营业率应大于 20%。测试选择的相邻建筑物应在 100m 以外。

② CQT 测试点总体选取原则。每个 CQT 点需测试联通 WCDMA 网络、移动 TD-SCDMA 网络。每个测试城市,不分大小,各选取 30 个 CQT 点,CQT 点应尽量分布在整个城区范围内,不允许过于集中。在每个 CQT 测试点选择一个具有典型意义的位置点进行定点测试即可,选取原则请参考前面所介绍的“采样点的选择”的相关内容。

③ CQT 测试点选取比例。各类型的测试点选取比例可参考表 2-5 所示的测试点类型选取比例表进行选取。

(3) 测试要求

① 使用仪表连接测试终端进行测试,需准备两部 WCDMA N85 手机和两部 TD-SCDMA 终端手机,4 部手机都锁定在 3G 网络。

② 测试卡必须使用当地联通 WCDMA 签约用户卡、移动 TD-SCDMA 签约用户卡。

③ 每个采样点测试前,以联通 WCDMA 网络为标准,要连续查看手机空闲状态,若手机不满足信号强度连续 5s RSCP≥−94dBm & Ec/Io≥−13dB,则判定该采样点覆盖不符合要求,不再做测试,同时记录该采样点为无覆盖,并纳入覆盖率统计,但需要另外选点进行补测,以保证实际测试点为 30 个;若联通 WCDMA 网络满足覆盖要求,而其他网络不满足覆盖要求,则该点按照满足覆盖要求进行测试,但须记录其他网络无覆盖,不测试无覆盖的

记录。

④ 每个测试点每网主被叫各呼叫 10 次，每次通话时长 90s，呼叫间隔 15s，呼叫建立时长 15s；如出现未接通或掉话，应间隔 15s 进行下一次试呼，接入超时为 15s。移动 TD-SCDMA 测试同理。

⑤ VP 测试须采用软件自动拨测，不得手工拨测或者使用第三方工具。

4. 3G 数据测试方法

（1）测试时间

CQT 测试主要时段原则上选择非节假日的周一至周五 9:00～20:00 进行，新疆和西藏的测试时间由于时差须延后两个小时。

（2）测试范围及采样点选取原则

① 测试范围选取原则。CQT 测试点应重点在话务量相对较高的区域、品牌区域、市场竞争激烈区域、特殊重点保障区域内选取。地理上应尽可能地均匀分布，场所类型应尽量多。重点选择有典型意义的大型写字楼、大型商场、大型餐饮娱乐场所、大型住宅小区、高校、交通枢纽和人流聚集的室外公共场所等。测试选择的住宅小区、高层建筑入住率应大于 20%，商业场所营业率应大于 20%。测试选择的相邻建筑物应在 100m 以外。

② CQT 测试点总体选取原则。每个 CQT 点需测试联通 WCDMA 网络、移动 TD-SCDMA 网络、电信 EVDO 网络。每个测试城市，不分大小，各选取 30 个 CQT 点，CQT 点应尽量分布在整个城区范围内，不允许过于集中。在每个 CQT 测试点选择一个具有典型意义的位置点进行定点测试即可，选取原则可参考前面所介绍的"采样点的选择"的相关内容。

③ CQT 测试点选取比例。各类型的测试点选取比例参考表 2-5 所示的测试点类型选取比例表进行选取。

（3）测试要求

① 准备两个 WCDMA 数据卡，测试开始前需将数据卡预先锁定到 WCDMA 制式；其中，一张作 WCDMA HSDPA，另一个 WCDMA 数据卡用于 HSUPA 的测试；一部 TD 测试终端，测试前，将手机锁定在 TD 网络；一张 EVDO 数据卡，测试前，将手机锁定在 EVDO 网络。

② 同一台计算机上连接 4 个数据卡；华为数据卡分别用作 WCDMA HSDPA 的下载测试和 WCDMA HSUPA 的上传；TD 终端用于 TD HSDPA 的下载测试；中兴 8710 数据卡用于 EVDO 的下载。

 注意　　测试设备可以由各个代维公司或运营商自行选购，一般来说，代维公司所用的测试软件最好与自己业务有关的运营商所用的测试软件相同，其目的主要是沟通、交流方便。

（4）测试步骤

① 获取一个 FTP Server 配置，并在路测软件上完成相应测试计划设置，要求 FTP 服务器支持断点续传，并提供给用户下载和上传权限。

② 第一个华为 E180 数据卡用作 WCDMA HSDPA 的下载测试：通过测试软件控制测试终端以拨号方式建立 PPP 连接。利用测试软件中的内置 FTP 中的 GET 命令,控制测试卡通过已经建立的 PPP 连接,从 FTP Server 上下载一段足够大的文件(600MB 以上),当文件下载 5min 后,断开 PPP 连接,等待 15s,重新进行下一次下载,记录下载的总时间和总数据量;当发生拨号连接异常中断后,应间隔 15s 后重新发起连接。

③ 第二个华为 E180 数据卡用作 WCDMA HSUPA 的上传测试：通过测试软件控制数据卡以拨号方式建立 PPP 连接。利用测试软件中的内置 FTP 中的 PUT 命令,控制数据卡通过已经建立的 PPP 连接,从本地上传一段足够大的文件(600MB 以上),当文件上传 5min 后,断开 PPP 连接,等待 15s,重新进行下一次上传,记录上传的总时间和总数据量;当发生拨号连接异常中断后,应间隔 15s 后重新发起连接。

④ TD 终端用作 TD HSDPA 的下载测试：通过测试软件控制测试终端以拨号方式建立 PPP 连接。利用测试软件中内置的 FTP 中的 GET 命令,控制测试终端通过已经建立的 PPP 连接,从 FTP Server 上下载一段足够大的文件(600MB 以上),当文件下载 5min 后,断开 PPP 连接,等待 15s,重新进行下一次下载,记录下载的总时间和总数据量;当发生拨号连接异常中断后,应间隔 15s 后重新发起连接。

⑤ 中兴 8710 数据卡用作 EVDO 的下载测试：通过测试软件控制测试终端以拨号方式建立 PPP 连接。利用测试软件中内置的 FTP 中的 GET 命令,控制测试卡通过已经建立的 PPP 连接,从 FTP Server 上下载一段足够大的文件(600MB 以上),当文件下载 5min 后,断开 PPP 连接,等待 15s,重新进行下一次下载,记录下载的总时间和总数据量;当发生拨号连接异常中断后,应间隔 15s 后重新发起连接。

⑥ 在测试过程中,FTP 服务器如果 15s 内登录不成功,应连续进行重新登录,连续 5 次登录失败后,应断开连接,重新进行测试。

⑦ 在测试过程中,若超过 3min FTP 没有任何数据传输,且尝试 GET 后数据链路仍不可使用,此时,须断开拨号连接并重新拨号来恢复测试,并记为一次掉线。

小贴士

根据中国联通公司企业标准 QB/CU《中国联通 GSM、WCDMA 网络性能评估规程——部级分册》对测试数量的要求见表 2-6。

表 2-6　DT/CQT 测试数量要求

城市	DT 测试基本量/次			CQT 测试基本量/次			
类型	语音	VP	数据	语音室内	语音室外	数据室内	数据室外
A 类	800	800	300	25×1×10	10×210	25×1×2	10×2×2
B 类				22×1×10	8×2×10	22×1×2	8×2×2

说明：25×1×10 的含义为选取 25 个质量监控点,其中有 1 个典型的采样位置,每个质量监控点的典型采样位置进行 10 次语音拨打测试,如果是数据,则是 10 次联通 WCDMA 网络的 FTP 上传测试和 10 次下载测试。

2.1.4　CQT 测试数据记录要求

CQT 测试时，须按相关的测试模板完成测试数据，测试结束前须检查测试记录的完整性和准确性，最后做好测试数据编号归档。在测试模板中，一般须提供测试时间、测试城市、测试业务、测试人、测试路线、测试终端类型、测试终端号码、测试异常情况说明等信息，目的是为了便于维护。表 2-7 所示为 CS CQT 测试数据记录表，表 2-8 和表 2-9 所示为 PS CQT 测试数据记录表。

表 2-7　CS CQT 测试数据记录表

测试地点	测试时间	空闲场强	C_1/C_2 值	空闲态 BCCH	空闲态 CI	通话态 BCCH	通话态 TCH	通话态 CI	通话态场强	通话态 RQ	T_A 值	通话质量问题
地点 1												
地点 2												

注意	某个采样点的次数应符合不同运营商的测试规范要求。

表 2-8　PS CQT 测试数据记录表(1)

城市名称：					测试日期：		测试人员：		测试手机类型及版本：			
测试地点编号	测试开始时间				Attach 测试		PDP 激活测试		WAP 测试			
									网站登录测试		页面刷新测试	
		Cell ID	BCH\BSIC	BCH 信号强度	GPRS Attach 平均时间/s	GPRS Attach 成功率/%	PDP 激活时间	PDP 激活成功率	WAP 平均首页显示时间	WAP 网站登录成功率	WAP 页面刷新平均时间	WAP 页面刷新成功率
测试地点名称：												

表 2-9　PS CQT 测试数据记录表(2)

城市名称：				测试日期：			测试人员：			测试手机类型及版本：				
测试地点编号	测试开始时间	铃声、图片下载测试		Ping 测试		MMS 测试			SMS 测试		FTP 测试		备注	
		下载成功率	下载平均速度/Kbps	平均时延	成功率	彩信端到端成功率	彩信 push 消息成功率	彩信 push 消息平均时延	SMS 点到点成功率	SMS 点到点平均时间	平均下载文件速率	平均上传文件速率	小区重选次数	路由更新次数
测试地点名称：														

表 2-10 所示为爱立信对海口某地的室内 CQT 测试典型记录表。

表 2-10　爱立信对海口某地的室内 CQT 测试典型记录表

单站验证		扇区 1	扇区 2	扇区 3
基站名称		HKW0022E0	HKW0022F0	HKW0022G0
CI		50540	50550	50560
PSC		438	499	455
测试地点		海景湾大厦一楼电梯旁	海景湾大厦地下车库	海景湾大厦 18 楼
经度		110.321	110.321	110.321
纬度		20.0367	20.0367	20.0367
RSCP/dBm		−51	−60	−71
(Ec/Io)/dB		−2.5	−2.5	−2.5
语音业务	呼叫次数	5	5	5
	接通次数	5	5	5
	通话质量	好	好	好
视频业务	呼叫次数	5	5	5
	接通次数	5	5	5
	通话质量	好	好	好
R99 业务 /Kbps	上传	63	64.5	61
	下载	383	381	383
HSPA 业务 /Kbps	上传	1500	1200	1300
	下载	3500	2900	3500

2.1.5　CQT 测试案例

CQT 测试过程中会出现很多情况,对于 GSM 使用工程手机进行测试,测试结果比较直观,若出现呼叫不了、掉话、有杂音等情况,如实记录就可以了,但对于 PS 域而言,一般来说,相对比较复杂,在测试时,需要了解相关的设置以及测试要求,否则得到的测试数据就会不可靠。下面以 GPRS CQT 测试为例说明 Ping 测试的情况。

1. GSM CQT——室内弱覆盖

故障现象:某日在某个室内进行日常的 CQT 测试,测试时发现 1 楼整体覆盖不足,占用 CI:12051、12053 小区,信号强度在 −90dBm 以下,且语音质量很差。TEMS 点测结果图如图 2-2 所示。

解决措施:可以调整 CI:12053 小区的方位角使其正对,同时也可以下压天线的下倾角,以加强该楼的覆盖。

2. GSM CQT——相邻关系不全,发生掉话

故障现象:某日在某地进行日常的 CQT 测试,测试时发现某公寓 B 座 3 楼占用直放站 CI:10133 小区时发生掉话,通过 TEMS 点测发现 CI:10133 没有与 CI:1211 小区做相邻关系,信号强度低于 −100dBm,但是无法切出,产生掉话。TEMS 点测结果图如图 2-3 所示。

解决措施:把 CI:10133 和 CI:1211 小区漏配的相邻关系补上去即可解决。

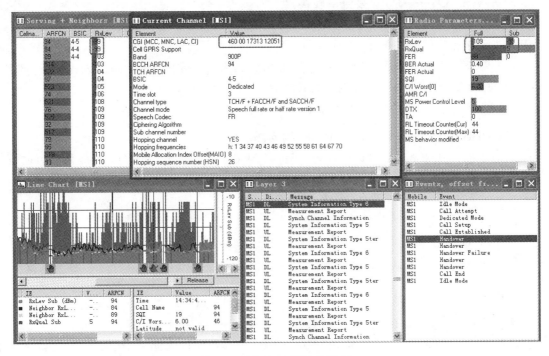

图 2-2　TEMS 点测结果图(1)

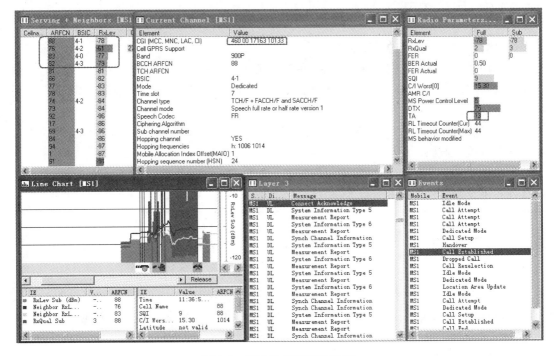

图 2-3　TEMS 点测结果图(2)

3. GPRS CQT——Ping 丢包率较高

如果在进行 GPRS CQT Ping 测试时，发现丢包率较高，在这种情况下，人们可以从以下几个方面来查找原因。

（1）用 TEMS 检查当前区域有无主覆盖小区，因为在小区重选时会造成丢包。

（2）用 TEMS 检查当前区域的无线环境，是否 BLER 过高。

（3）尝试其他 IP 地址，确定是否服务器有问题。

4. GPRS CQT——PDP activate fail 的问题

故障现象：GPRS CQT 测试中发现，当进行 PDP 激活测试时，在 CQT 点测某酒店过程中，GPRS PDP activate fail 问题多次发生，具体测试结果如下。

Event type	Extra information
GPRS PDP activated	Time : 0.91s
GPRS PDP deactivated	
GPRS PDP activate fail	Time out
GPRS PDP activated	Time : 1.59s
GPRS PDP deactivated	

解决措施：查阅 CQT 点测的小区参数发现 BS_PA_MFRMS＝2，而其他小区 BS_PA_MFRMS＝5。一般来说，同片区域 BS_PA_MFRMS 参数应设为同一个值。修改问题小区的 BS_PA_MFRMS＝5 后，重启 BTS，PDP 激活失败的即可问题解决。

2.1.6　同步练习

（1）试写出语音质量的计算公式。

（2）城区中一个基站密集区的 CQT 的测试点，周围的基站站型都在 666 以上，通过测试发现，该点处有 7 个小区的信号覆盖，且信号强度都在 －85dBm～80dBm 之间，则在该处可能发生的情况有哪些？

（3）如果在测试过程中发现在一个 Cell 下的 MS 无法向其他小区进行切换，请回答造成该现象可能的原因。（至少列出 5 种原因）

（4）请对多径传播进行解释，并说明它对无线电波传播的影响，在 GSM 系统中，是通过什么方式来克服多径传播的？

2.2　DT 测试

DT 全称 Driver Test（即路测，也称驱车测试），其是指在一定区域范围内借助测试仪表、测试终端及测试车辆等工具，沿特定路线进行无线网络参数和服务质量测定。

2.2.1　路测简介

路测是一种通过在覆盖区内选定的路径上移动，记录各种测试数据和位置关系的测试方式,它是移动无线网络优化中常用的优化方法之一。

2.2.2　DT 测试介绍

1. DT 测试设备

DT 测试包括语音业务和数据业务的 DT 测试,测试设备配置见表 2-11。

表 2-11　测试设备配置表

设　　备	语音 DT	数据 DT
便携式计算机	一台	
测试手机 & 数据线	一台	可选
无线上网卡 & 数据线	/	可选
GPS& 天线 & 数据线	一套	一套
测试软件(前台)	一套	
屏蔽盒、手机外接天线、衰减器	一般不用	
MapInfo(或其他格式)电子地图	和测试软件是配套安装的	
测试手机驱动	和测试软件是配套安装的	
点烟器 & 逆变器	一套(汽车里自带,给 GPS 供电)	
接线板	一个(视情况而定)	
汽车(配备司机)	一辆	

2. DT 测试分类

根据测试的内容,可以将 DT 测试分为语音业务的 DT 测试和数据业务的 DT 测试两大类。

(1)语音业务 DT 测试。其包括覆盖情况、呼叫情况、掉话情况、语音质量和切换情况等项目。

(2)数据业务 DT 测试。主要用于测试数据业务平均传输速率,包括前向和反向的平均数据业务速率。

3. DT 测试方法分类

DT 测试方法分类,按有无负载情况分,可以分为无载测试和有载测试,有载测试按照负载的类别,可以分为网络真实负载条件测试和模拟负载测试;按呼叫时长分,可以分为连续长时呼叫(Long Call)和周期性呼叫(Sequence Call)测试。

(1)无载测试和有载测试

无载(轻载)测试是指在没有用户或用户很少的情况下对网络进行的测试,测试结果反映的是目前网络在没有负载或基本没有负载情况下的性能。一般用于没有大规模放号的网络,对于已经大规模放号的网络只能在午夜话务很低的时段进行测试。

有载测试按照负载的类别,可以分为网络真实负载条件测试和模拟负载测试。

① 网络真实负载条件测试一般选取忙时测试,忙时测试是指在话务量最忙的时段对网

络进行测试,测试结果反映的是当前网络在话务最繁忙时段的性能。繁忙时段需根据不同地区的生活习惯来确定。

② 模拟负载测试是通过对前向和反向增加模拟负载来模拟测试用户量比较大的条件下的网络性能。

(2) 连续长时呼叫测试和周期呼叫测试

① 连续长时呼叫测试是指将呼叫保持时间设置为最大值,一般 3～4h,如果出现掉话,可自动或手动重呼来测试网络性能。

② 周期呼叫测试是指通过将呼叫建立时间、呼叫保持时间和呼叫间隔时间设置为固定的值,周期性地发起呼叫来测试网络性能,这种测试比较接近用户的实际情况。

两种测试呼叫方式的区别是呼叫保持时间不一样,一个是尽量长,另一个是某个固定的时长。

(3) DT 测试路线的选定

DT 测试根据所属区域,可分为城区 DT 测试和主要道路 DT 测试。具体线路的选定需要根据运营商企业规范或具体要求来确定。一般来说,DT 测试的主要道路包括高速公路、国道、省道及其他重要公路、铁路和水路。

2.2.3 DT 路测流程

在进行 DT 测试时,首先要做测试前的准备,包括测试软件是不是安装完毕、测试手机是不是能用、加密狗有没有拿错、车辆有没有联系好、电子地图及其基站信息是不是完整等。在 DT 测试前准备流程一般经历如下几个步骤,如图 2-4 所示。

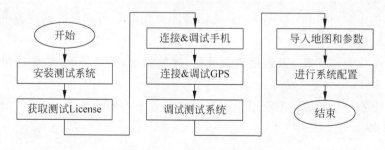

图 2-4 DT 测试前准备流程

2.2.4 前台测试软件的安装

ZXPOS CNT（UMTS Edition,CNT）是中兴通信自主开发的 UMTS 无线网络优化测试软件。作为一套专业测试工具,CNT 帮助网络优化人员对网络进行测试、分析和诊断,从而定位或预测网络质量和容量问题,制定出网络优化方案或计划。

1. 软件和硬件环境配置要求

(1) 支持的操作系统

Windows 2000 或 Windows XP。

（2）最低计算机硬件配置

① CPU：Pentium Ⅲ 500MHz。

② 内存：128MB 物理内存。

③ 硬盘：500MB 剩余空间。

④ 显卡：16 位增强色。

⑤ 显示器：1024×768 像素分辨率。

（3）建议计算机硬件配置

① CPU：Pentium Ⅳ 1.0GHz 或更高。

② 内存：256MB 或以上物理内存。

③ 硬盘：1GB 或以上剩余空间。

④ 显卡：32 位真彩色。

⑤ 显示器：1024×768 像素或以上分辨率。

2. 中兴前台测试安装软件步骤

（1）运行光盘或硬盘上的安装程序 ZXPOS CNT1-C V5.94.02.b100129 Betal_Setup（cn），弹出 Welcome 对话框，如图 2-5 所示。

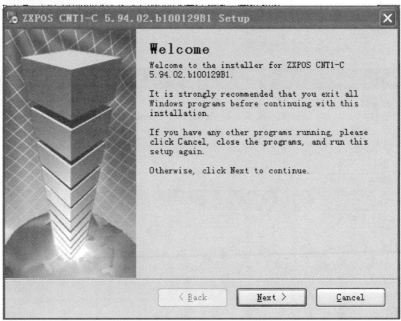

图 2-5　Welcome 对话框

（2）单击 Next 按钮，进入 License Agreement 对话框，如图 2-6 所示，用户只有选择 I agree to the terms of this license agreement 单选项，才能继续单击 Next 按钮进入 User Information 对话框。

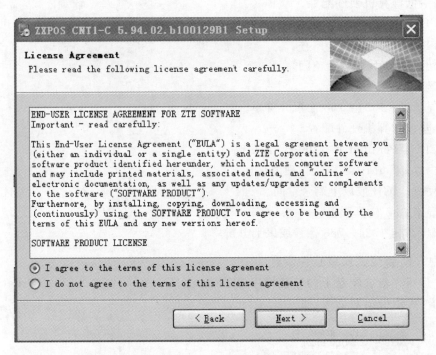

图 2-6　License Agreement 对话框

（3）在 User Information 对话框内输入用户名和公司名，如图 2-7 所示，然后单击 Next 按钮，进入 Installation Folder 对话框。

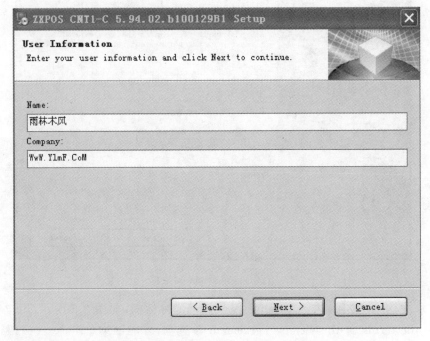

图 2-7　User Information 对话框

（4）在 Installation Folder 对话框内选择默认或输入新的安装文件夹，如图 2-8 所示，然后单击 Next 按钮，进入 Shortcut Folder 对话框。

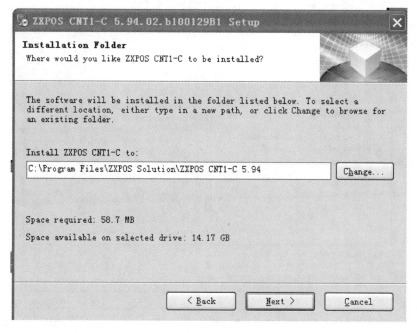

图 2-8　Installation Folder 对话框

（5）在 Shortcut Folder 对话框内选择默认或输入新的快捷方式文件夹，如图 2-9 所示，然后单击 Next 按钮，进入 Select Packages 对话框。

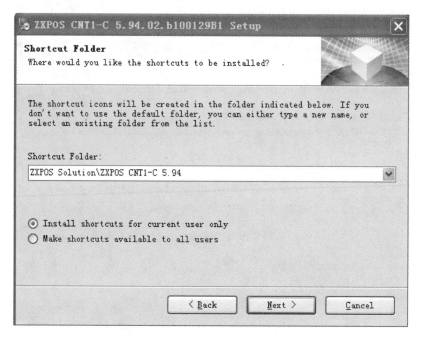

图 2-9　Shortcut Folder 对话框

（6）在 Select Packages 对话框内选择好所需要的程序包，如图 2-10 所示，然后单击单击 Next 按钮，进入 Ready to Install 对话框。

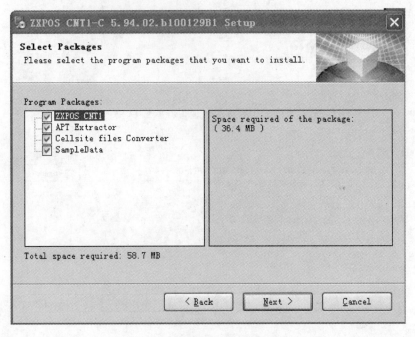

图 2-10　Select Packages 对话框

（7）在 Ready to Install 对话框内要求用户确认已设置的安装信息是否正确，确认正确后，单击 Next 按钮，执行安装进程，如图 2-11 所示，安装程序将把 ZXPOS CNT1 中的相应文件安装到硬盘的指定目录下，如图 2-12 所示。

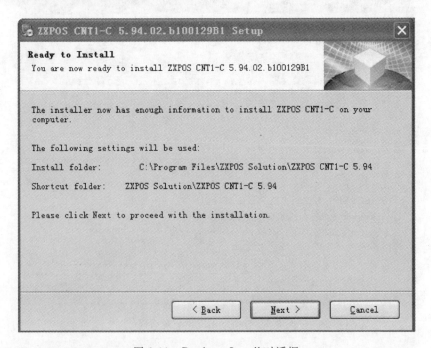

图 2-11　Ready to Install 对话框

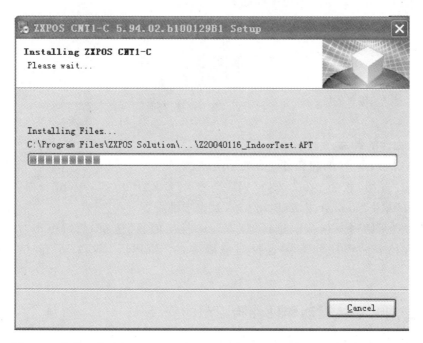

图 2-12　安装程序将把 ZXPOS CNT1 中的相应文件安装到硬盘的指定目录下

（8）最后，软件将会弹出 Installation Successful 对话框，表示软件已经成功安装完成，如图 2-13 所示。

图 2-13　Installation Successful 对话框

（9）桌面上生成的 CNT 快捷图标如图 2-14 所示。

图 2-14　CNT 快捷图标

3. CNT 软件的卸载

ZXPOS CNT1 软件的卸载方式有如下两种。

（1）单击"开始"按钮，依次选择"程序"→"ZTE ZXPOS Solution"→"ZXPOS CNT1 V＊.＊＊"然后单击"Uninstall ZXPOS CNT1"选项即可。

（2）单击"开始"按钮，依次选择"设置"→"控制面板"选项，然后单击"添加/删除程序"图标。在已安装程序列表中选择对应版本的"ZXPOS CNT1"后单击"删除"按钮即可。

2.2.5　测试手机驱动和硬件狗驱动的安装

1. LG kx191 手机驱动安装

（1）单击 LG kx191 手机驱动安装文件 LGUSBModemDriver_v4.7.3 ，出现软件安装欢迎界面，并单击 Next 按钮，如图 2-15 所示。

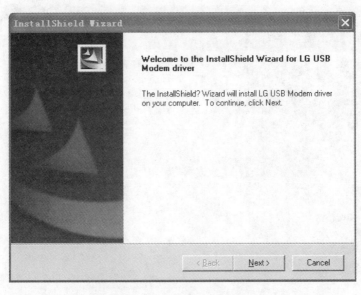

图 2-15　软件安装欢迎界面

（2）手机驱动安装进行中的界面如图 2-16 所示。

（3）手机驱动安装结束时弹出的界面如图 2-17 所示。

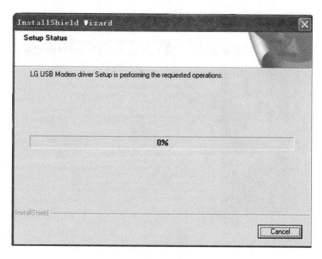

图 2-16　手机驱动安装进行中的界面

图 2-17　手机驱动安装结束时弹出的界面

2. 硬件狗驱动的安装

（1）单击硬件狗驱动的安装 bde bde 。

（2）出现 Welcome 对话框，如图 2-18 所示，连续单击 Next 按钮，分别弹出图 2-19 和图 2-20 所示的界面。

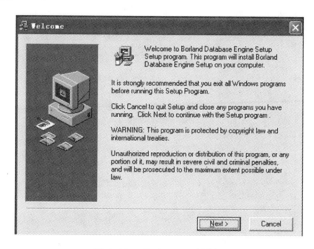

图 2-18　Welcome 对话框

（3）选择驱动软件的安装目录，一般选择默认的安装目录，如图 2-21 所示。

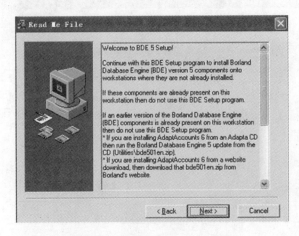

图 2-19　Read Me File 对话框

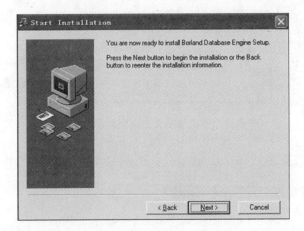

图 2-20　Start Installation 对话框

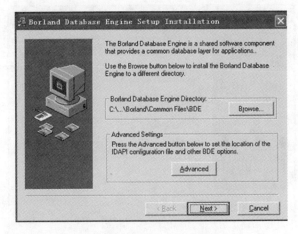

图 2-21　选择驱动软件的安装目录

（4）驱动软件安装进行中的界面如图 2-22 所示。

（5）驱动软件安装结束时弹出的界面如图 2-23 所示。

图 2-22　驱动软件安装进行中的界面　　　　图 2-23　驱动软件安装结束时弹出的界面

2.2.6　电子地图软件的安装

CNT 软件支持的地图软件 MapX4.5 以上版本，这里以 MapX4.51 版本安装为例。

（1）双击文件夹里面的安装文件 Setup，如图 2-24 所示。

图 2-24　安装文件 Setup

（2）出现图 2-25 所示的界面，单击 Install MapX 按钮。

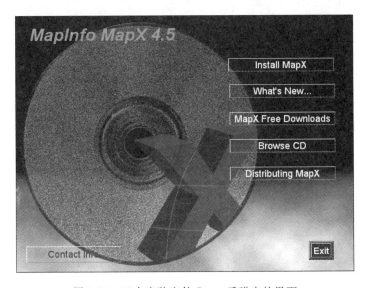

图 2-25　双击安装文件 Setup 后弹出的界面

（3）MapX 安装过程中的界面如图 2-26 所示。

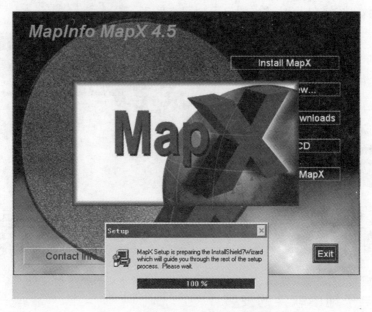

图 2-26　MapX 安装过程中的界面

（4）MapX 软件安装欢迎界面如图 2-27 所示，单击 Next 按钮，弹出 Software License Agreement 对话框，如图 2-28 所示，单击 Yes 按钮，弹出 Choose Destination Location 对话框。

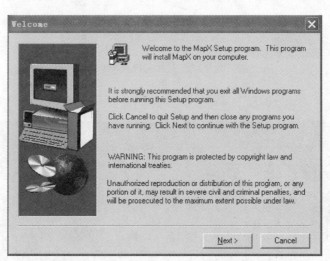

图 2-27　MapX 软件安装欢迎界面

（5）在 Choose Destination Location 对话框中选择 MapX 软件的安装目录，如图 2-29 所示，也可以默认单击 Next 按钮，弹出 Select Components 对话框。

（6）选中 Select Components 对话框中的 Graphics Format Support 复选框，如图 2-30 所示，再连续单击 Next 按钮 3 次，分别弹出图 2-31 和图 2-32 所示的对话框。

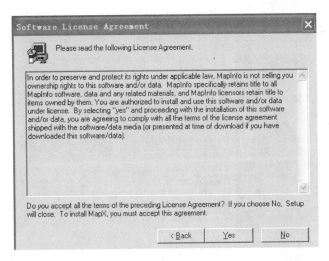

图 2-28　Software License Agreement 对话框

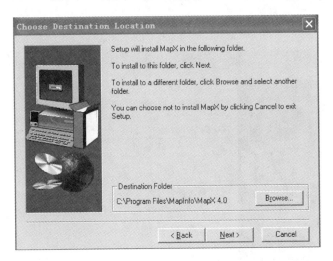

图 2-29　Choose Destination Location 对话框

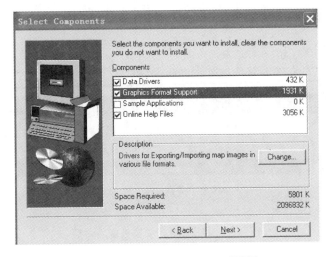

图 2-30　Select Components 对话框

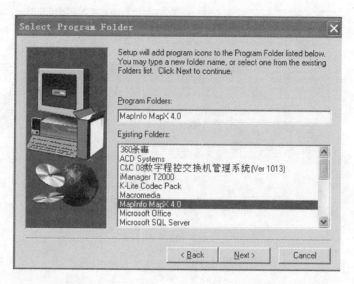

图 2-31　Select Program Folder 对话框

图 2-32　Start Copying Files 对话框

（7）MapX 软件安装进度对话框如图 2-33 所示。

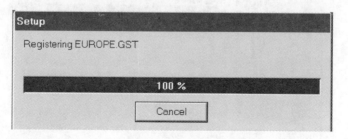

图 2-33　MapX 软件安装进度对话框

（8）MapX 软件安装结束时弹出的界面如图 2-34 所示。

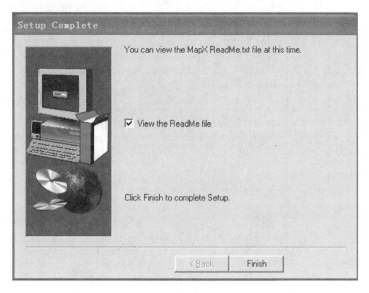

图 2-34　MapX 软件安装结束时弹出的界面

2.2.7　基站信息的制作

CNT 支持 Excel 格式的基站信息表的加载与卸载，CNT 软件支持加载的基站信息表中至少需要包含以下 9 项参数，如图 2-35 所示。

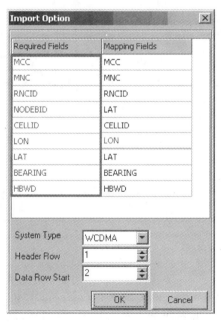

图 2-35　CNT 软件支持加载的基站信息表中所需包含的 9 项参数

以深圳某地的基站信息为例，基站信息表见表 2-12 和表 2-13。

表 2-12 基站信息表（1）

BASE NAME	CELL NAME	BSSID_B	SYST EMID	CEL LID	CELLI D_B	BTST YPE	Draw Away	LAT	LON	PILO T_PN	BEAR-ING	HBWD
基站或直放站名称	小区名称	BSC 编号	BTS 编号	扇区 编号	索引 字段	基站 类型	是否射 频拉远	纬度	经度	导频偏 置指数	天线方 向角	水平 波束
盐田中铁		1065	245	0		0	0	22.5917	114.255	114	110	90.0000
盐田中铁		1065	245	1		0	0	22.5917	114.255	282	210	90.0000
盐田中铁		1065	245	2		0	0	22.5917	114.255	450	300	90.0000
盐田天富花园		1065	108	0		0	0	22.5522	114.227	141	50	90.0000
盐田天富花园		1065	108	1		0	0	22.5522	114.227	309	160	90.0000
盐田天富花园		1065	108	2		0	0	22.5522	114.227	477	290	90.0000
盐田人民医院		1065	756	0		0	0	22.5611	114.23	111	10	90.0000
盐田人民医院		1065	756	1		0	0	22.5611	114.23	279	100	90.0000
盐田人民医院		1065	756	2		0	0	22.5611	114.23	447	210	90.0000

表 2-13 基站信息表（2）

VBWD	MTILT	ETILT	ANT TYPE	ANT GAIN	ANT HIGH	COVER TYPE	SRHIGH	RFPOWER	CHANNE LNUM	CARRIE RNUM
垂直波束	天线机械 下倾角	天线电调 下倾角	天线 型号	天线 增益	天线 挂高	覆盖 类型	周围环 境高度	后台定 标功率	信道数	载频数

2.2.8 地图的制作

地图制作有直接导入 TAB 格式电子地图和通过 MapInfo 软件将 JPG、BMP 等格式地图经过校准转换为 TAB 格式地图两种方法。通过 MapInfo 软件制作 TAB 格式电子地图的步骤如下。

（1）通过相关辅助软件从网上下载城市地图（如阿凯日的 Supperget 2000 系列软件）。

（2）打开 MapInfo 软件，执行 File →Open 命令，选择下载的地图图片，如图 2-36 所示。

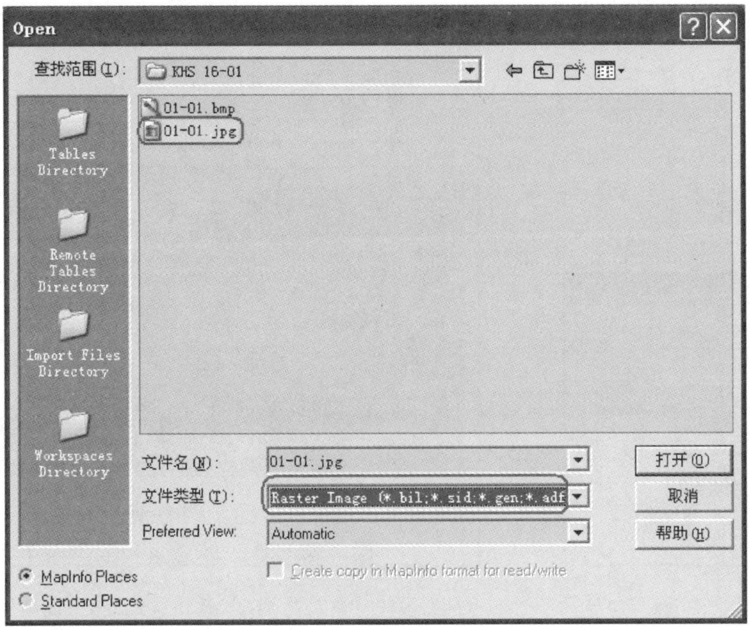

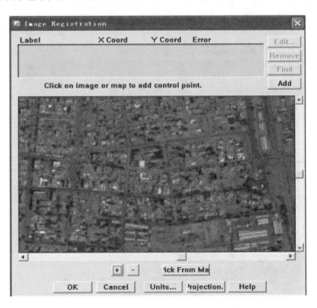

图 2-36　选择下载的地图图片

（3）在图 2-37 所示的对话框中单击 Register 按钮开始校准地图。

（4）在图 2-38 所示的 Image Registration 对话框中，选择 3～5 个不同的清晰坐标点，从 Google Earth 上或者通过现场 GPS 实测获取它们的经纬度信息。单击 Add 按钮，打开校准地图向导，输入经纬度信息，分别将它们布上地图上，如图 2-39 所示。

图 2-37　单击 Register 按钮开始
　　　　　校准地图

图 2-38　Image Registration 对话框

（5）单击 OK 按钮，将自动生成 TAB 格式地图，即完成地图校准，如图 2-40 所示。

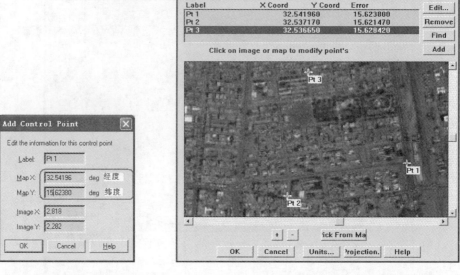

图 2-39　校准地图向导　　　图 2-40　自动生成 TAB 格式地图，完成地图校准

2.2.9　电子地图的导入

1. 前台测试软件地图导入

（1）在前台 CNT 软件中，首先单击工具栏中的"地球"形状图标 ，打开图 2-41 所示的界面。

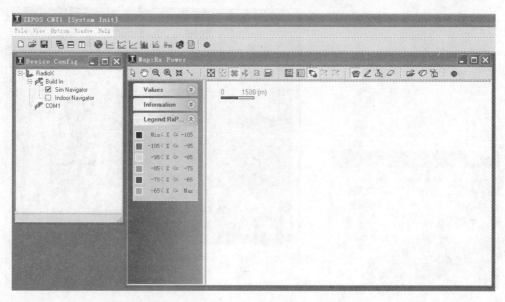

图 2-41　单击"地球"形状图标后弹出的界面

（2）再在工具栏中单击 Add Tab File to Map 图标 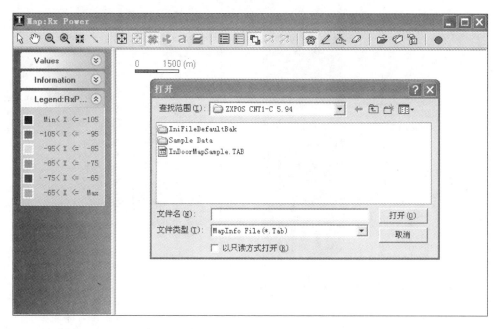，找到相关文件就可以了，如图 2-42 所示。

图 2-42　选择所需导入的地图文件

2. 后台 CAN 分析软件地图导入

（1）首先，打开前台的测试软件，如图 2-43 所示。

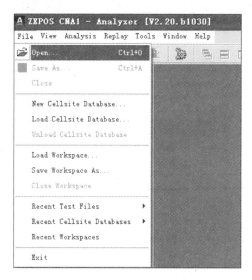

图 2-43　打开前台的测试软件

（2）打开测试软件后，在 WorkSpace 菜单中，展开 Phone Table 菜单，如图 2-44 所示；在 Phone Table 菜单中找到相关分析内容如 RxVocRate，右击出现图 2-45 所示的菜单，在该菜单中，选在自己需要查看的项目，如 Goto Relative Map，打开后如图 2-46 所示。

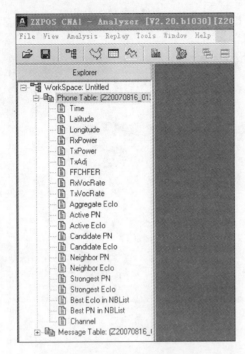
图 2-44　Phone Table 菜单

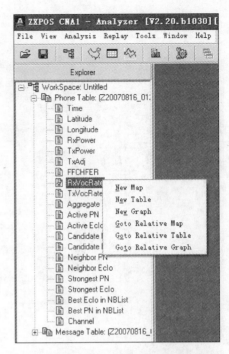
图 2-45　RxVocRate 右键菜单

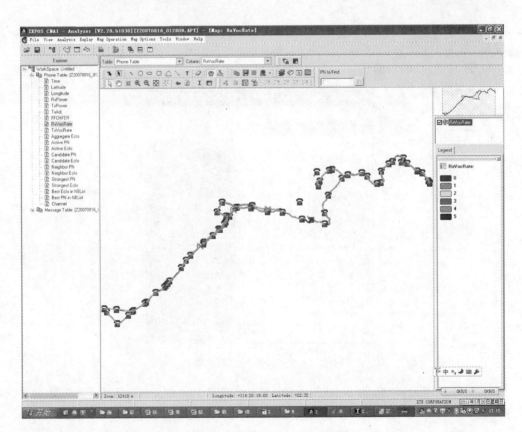
图 2-46　Goto Relative Map 地图

（3）在图 2-46 中的工具栏中找到  图标并单击，弹出图 2-47 所示的对话框。

（4）在图 2-47 所示的对话框中单击 Add 按钮会弹出图 2-48 所示的对话框，找到相应文件就可以了。

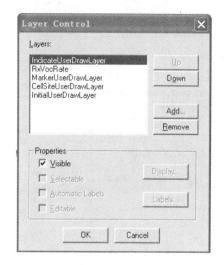

图 2-47　Layer Control 对话框

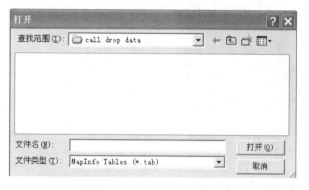

图 2-48　"打开"对话框

2.2.10　基站信息的导入

基站信息的导入无论是前台软件还是后台软件都使用。

前台 CNT 软件基站信息的导入有两种方法，一种是从 File 菜单中找到 New Cellsite Database 选项来导入，如图 2-49 所示。

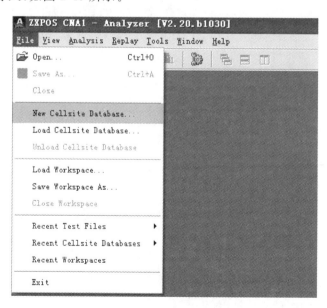

图 2-49　从 File 菜单中找到 New Cellsite Database 选项来导入

另一种是利用工具栏中的 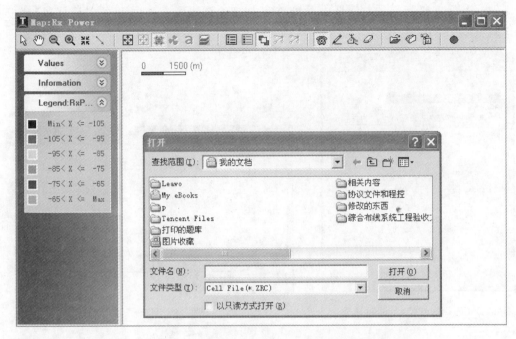 图标(Load Cellsite)来导入基站信息,如图 2-50 所示。

图 2-50　利用工具栏中的 Load Cellsite 图标来导入基站信息

后台 CNA 基站信息的和前台 CNT 基站信息的导入方法类似。

2.2.11　单系统 DT 测试相关指标

单系统 DT 测试的目的就是在查找该系统内部问题,如对于 GSM 系统而言,是为了了解和掌握其信号的覆盖质量、语音质量、干扰情况以及数据业务性能等。比较关注覆盖、接入性、保持性、移动性和质量等方面的指标。

1. CS 域方面的测试指标

(1) 覆盖率

定义:$$\text{覆盖率} = \frac{(\text{RSCP} \geqslant -90\text{dBm} \ \& \ \text{Ec/Io} \geqslant -12\text{dB})\text{的采样点数}}{\text{采样点总数}} \times 100\%$$

$$\text{覆盖率} = \frac{(\text{RSCP} \geqslant -85\text{dBm} \ \& \ \text{Ec/Io} \geqslant -10\text{dB})\text{的采样点数}}{\text{采样点总数}} \times 100\%$$

(2) 里程掉话比

定义:$$\text{里程掉话比} = \frac{\geqslant -94\text{dBm} \ \text{的测试路段里程数}}{\text{RxLev} \geqslant -94\text{dBm} \ \text{路段掉话总次数}}$$

(3) 语音接通率

定义:$$\text{语音接通率} = \frac{\text{接通总次数}}{\text{试呼总次数}} \times 100\%$$

(4) 平均呼叫连续时延

定义:$$\text{平均呼叫接续时延} = \frac{\text{呼叫接续时延总和}}{\text{接通总次数}}$$

（5）掉话率

定义：
$$掉话率 = \frac{掉话总次数}{接通总次数} \times 100\%$$

（6）切换成功率

定义：
$$切换成功率 = \frac{切换成功次数}{切换请求次数}$$

（7）语音质量 RQ

定义：
$$语音质量 RQ = \frac{(Rx\_Quality \leq 4)采样点比例}{(Rx\_Quality = 1 \sim 7)总采样点数} \times 100\%$$

$$语音质量 RQ = \frac{[RxQual(0级)+RxQual(1级)+RxQual(2级)] \times 1 + [RxQual(3级)+RxQual(4级)+RxQual(5级)] \times 0.7}{总采样点数} \times 100\%$$

（8）语音质量 MOS

① MOS 总平均值

定义：
$$MOS 总平均值 = \frac{\sum 各 MOS 采样点数值}{采样点总数}$$

② MOS 值区间分布比例

定义：
$$MOS 值区间分布比例 = \frac{位于各个 MOS 值取值区间的采样点数}{采样点总数} \times 100\%$$

MOS 值区间：$0 \leq MOS < 3$；$3 \leq MOS < 3.3$；$3.3 \leq MOS < 3.7$；$3.7 \leq MOS$

2. PS 域方面的测试指标

（1）分组业务建立成功率

定义：
$$分组业务建立成功率 = \frac{PPP 连接建立成功次数(分组)}{拨号尝试次数(分组)} \times 100\%$$

（2）平均分组业务呼叫建立时延

定义：
$$平均分组业务呼叫建立时延 = \frac{分组业务呼叫建立时延总和}{分组业务接通总次数}$$

（3）FTP 下载掉线率

定义：
$$FTP 下载掉线率 = \frac{异常掉线总次数}{业务建立总次数} \times 100\%$$

（4）FTP 下行吞吐率

定义：
$$FTP 下行吞吐率 = \frac{FTP 下载应用层总数据量}{总下载时间}$$

（5）HSDPA 占用比例

定义：
$$HSDPA 占用比例 = \frac{实际分配 HSDPA 资源进行下载的总时长}{总下载时长} \times 100\%$$

（6）FTP 上传掉线率

定义：
$$FTP 上传掉线率 = \frac{异常掉线总次数}{业务建立总次数} \times 100\%$$

（7）FTP 上行吞吐率

定义：
$$FTP 上行吞吐率 = \frac{FTP 上传应用层总数据量}{总上传时间}$$

以上是 DT 测试所关心的指标,但在实际网络运营中,代维公司比较关注运营商的考核指标,表 2-14 所示就是 DT 测试方法及相应的考核指标。

表 2-14　DT 测试方法及对应的考核指标

测试类型	城区 DT 测试		高速路 DT 测试	农村 DT 测试
测试方法	语音	数据	语音	语音
考核指标	覆盖率 掉话率	下行 FTP 吞吐率 上行 FTP 吞吐率	里程掉话比	覆盖率 掉话率
非考核指标	语音 MOS 值 接通率 平均呼叫建立时延		里程覆盖率	接通率 平均呼叫建立时延

2.2.12　单系统 DT 测试方法

DT 测试一般采用自动拨号和手动拨号两种方式对单个系统或多个系统同时进行 DT 语音业务或数据业务测试,具体的单系统 DT 测试方法如下。

1. CS 域测试步骤

(1)测试时,保持车窗关闭,测试手机置于车辆第二排座位中间位置,任意两部手机之间的距离必须≥15cm,并将测试手机水平固定放置,主、被叫手机均与测试仪表相连,同时连接 GPS 接收机进行测试。

(2)采用同一网络手机相互拨打的方式,手机拨叫、接听、挂机都采用自动方式。

(3)每次通话时长 90s,呼叫间隔 15s;如出现未接通或掉话的情况,应间隔 15s 再进行下一次试呼;接入超时为 15s;通话期间进行 MOS 语音质量测试。

(4)在地铁、轻轨中进行测试时,测试设备须放置于轨道交通工具的普通座位。

(5)在地铁中进行测试时,需要根据地铁行驶做相应的打点处理。

(6)在测试 CDMA 网络的同时,在同一车内采用相同方法测试 GSM 网络质量,GSM 主、被叫手机均使用自动双频测试。

2. PS 域测试步骤

(1)在指定 PDSN 侧提供一个 FTP Server,要求 FTP 服务器支持断点续传,提供用户下载/上传权限,并打开 Ping 功能。

(2)通过测试软件控制 CDMA EVDO/GPRS/WCDMA/TD-SCDMA 测试终端以拨号方式建立一个 PPP 连接。利用测试软件中的内置 FTP 中的 GET 命令,从 FTP Server 上下载一段足够大的文件(1GB 以上),当文件下载 5min 后,停止下载,保持拨号连接不断开,间隔 15s 继续下一次下载;行驶期间测试不中断,循环进行;记录循环下载的总时间和总数据量以及每秒的瞬时速率。

(3)通过测试软件控制 CDMA EVDO/GPRS/WCDMA/TD-SCDMA 测试终端以拨号方式建立一个 PPP 连接。利用测试软件中的内置 FTP 中的 PUT 命令,循环上传一个足够大的文件(1GB 以上)到 FTP Server 上,当文件上传 5min 后,停止上传,保持拨号连接不断开,间隔 15s 继续下一次上传;行驶期间循环测试不中断,循环进行;记录循环上传的总时间和总数据量以及每秒的瞬时速率。

（4）上传、下载分别在两部终端同时进行测试,当发生拨号连接异常中断后,应间隔 15s 后重新发起连接。

（5）在测试过程中,若超过 3min FTP 没有任何数据传输,且尝试 Ping 后数据链路仍不可使用。此时,须断开拨号连接并重新拨号来恢复测试,并记为分组业务掉话。

（6）在测试过程中,若 FTP 服务器登录失败,应间隔 2s 后重新登录;若连续 10 次登录失败,则应断开连接,间隔 15s 后重新进行测试。

（7）FTP 吞吐率采用 3 线程进行测试,系统 TCP/IP 参数要求按照运营商的要求进行设置。

2.2.13　多系统 DT 测试相关指标

多系统 DT 测试的主要目的是了解其他运营商同类网络的性能及其服务质量,查找差距,以此来提高自身的网络质量。CS 域和 PS 域所关心的指标同单系统 DT 测试指标一样,不过,不同的运营商,出于自身网络建设等因素,可能对有些指标参数要求不一样。例如,联通 WCDMA 系统覆盖率指标要求覆盖率＝(RSCP≥－90dBm ＆ Ec/Io≥－12dB)的采样点数÷采样点总数×100％,而移动 TD-SCDMA 系统则要求覆盖率＝采样点(PCCPCH RSCP≥－95dBm ＆ C/I≥－3dB)÷总采样点×100％。当然,还有一种就是同一个运营商不同体系的网络之间的互联问题,这里主要指的是不同体制在语音业务上的切换问题。例如,WCDMA 和 GSM 之间的互相切换问题,也是按切换成功率来衡量两个网络互联情况的,这在多系统 DT 测试中会有所体现。

2.2.14　多系统 DT 测试方法

多系统 DT 测试方法和单系统 DT 测试方法基本一样,其不同之处主要在于主叫和被叫发生变化。在单系统 DT 测试时,主叫和被叫是同一个运营商,但在多系统 DT 测试中,还会使用到主叫和被叫使用不同的运营商的号码进行测试,查找互联问题。PS 域方面的 DT 测试和单系统测试方法完全相同。

2.2.15　DT 测试数据的要求

DT 无线网络路测主要记录表 2-15～表 2-19 所列的内容。其中,测试设备信息、测试网络信息、测试环境信息很少会在测试报告中体现,一般都有默认规范要求,测试方法不同运营商要求也不一样,在 DT 测试前,需要了解相关运营商的测试要求,特别要注意的是,测试网络信息在有些情况下不属于 DT 测试工作的范畴,而是日常网络优化或工程网络优化的日常工作,但其数据信息对 DT 测试分析却起着很重要的作用。在 DT 测试中,一般比较关注测试时间、测试范围、测试速度和测试时长,这些要求在各个运营商 DT 测试规范都会特别提到,其也是网络验收测试的一些比较重要的设置指标。

表 2-15   测试记录

测试日期			
测试文件信息			
测试文件名称	测试线路(起止点)		备注

表 2-16   测试方法信息

测试技术方法	
测试手机数量	如两部
测试手机呼叫方法	如自动双频状态,自动拨号,呼叫 50s,间隔 10s;手动拨号,持续呼叫
测试时间安排	如工作日(周一至周五)10:00~12:00,16:00~18:00
测试时车速要求	如正常行驶速度(<60km/h)
测试路线要求	如均匀覆盖市区主要街道,并且尽量不重复
备注	其他需要记录的相关信息

表 2-17   测试设备信息

测试设备相关信息					
测试设备/工具名称	型号/软件版本描述	仪器仪表计量有效期	主要用途	仪表精度	设备资产编号/设备序列号
如 ANT PILOT	6.2.0		路测前台处理		

表 2-18   测试环境信息

测试环境信息	
测试车辆	
测试车速	如<60km/h
测试人员	
测试手机位置	如前排副驾驶位置,左手举起肩膀高度
测试车内环境	如车窗关闭

表 2-19   测试网络信息(一般不做要求)

网 络 信 息			
基站名称		基站所在地区	
天线型号/增益		天线挂高	
天线的方位角		天线下倾角	
小区硬件配置信息			
其他			

　　各种无线环境下测试时长的要求如下(下面 DT 测试时长是中国移动 2007 年 DT 测试规范中要求的,其他运营商会根据自身网络的实际情况设置不同的时长)。

（1）城市：每次通话时长 180s，呼叫间隔 20s；如出现未接通或掉话的情况，应间隔 20s 再进行下一次试呼。

（2）高速公路：每次通话时长 15min，呼叫间隔 20s；如出现未接通或掉话的情况，应间隔 20s 再进行下一次试呼。

（3）铁路：每次通话时长 180s，呼叫间隔 20s；如出现未接通或掉话的情况，应间隔 20s 再进行下一次试呼。

具体的 GSM、WCDMA、TD-SCDMA 和 CDMA2000 测试规范可参见参考文献目录中的相关资料。

2.2.16　DT 测试方法列举

由于本书是以中兴的 CNT 测试软件为依托的，所以在本节中还是以中兴的 CNT 软件为基础，介绍一下其具体的测试方法。当然，目前无线网络优化测试软件有很多种，但其用法都大同小异，应该学会举一反三。

1. 语音业务测试

Call Monitor 主要完成语音业务测试功能，可以设置各种常用的呼叫参数，如呼叫的号码、类型、频率以及持续时间等。

语音业务测试的操作流程如下。

（1）配置硬件设备，进行测试，保存测试数据。

（2）通过选择 View 菜单下的 Call Monitor 选项，打开 Call Monitor 窗口。

（3）在 Call Monitor 窗口中设置测试计划的参数（修改现有计划或者增加新的计划）。

（4）单击 Start Call 按钮启动语音业务测试。

（5）通过 Call Monitor 的 Call Statistics 和 Time Statistics 页面查看测试状态、进度和统计结果。

（6）等待测试完成或者手动结束测试。如果所有测试项都已执行完成，则测试自动结束；否则，可以通过单击 End Call 按钮手动结束当前测试。

（7）选择主菜单 File→Stop Logging 或者单击工具条上的"停止记录"图标，停止记录测试数据。

（8）关闭测试软件。通过选择 View 菜单下的 Call Monitor，可以打开 Call Monitor 窗口，Call Monitor 有 3 个页面，分别对应 3 个不同的功能：测试计划的定制、测试状态的显示、测试结果的统计。

2. 数据业务测试

Data Service Test 通过执行互联网操作对无线网络的数据业务进行测试，具有 PPP、FTP、HTTP、Ping、TCP/UDP、Idle、E-mail、WAP、MMS、Idle-Active（Reactivate）等多种业务测试功能。

数据业务测试的操作流程如下。

（1）数据业务测试前准备（测试硬件设备的连接、前台测试软件测试参数的设置等）。

（2）通过选择 View 菜单下的 Data Test 选项，打开 Data Test 窗口。

（3）在 Data Test 窗口中设置测试计划的参数（修改现有计划或者增加新的计划）。

（4）单击 Start Test 按钮启动数据业务测试。

（5）通过 Data Test 的 Message 和 Throughput 页面查看测试状态、进度和吞吐量等统计信息。

（6）等待测试完成或者手动结束测试。如果所有测试项都已执行完成，则测试自动结束；否则，可以通过单击 End Test 按钮手动结束当前测试。

（7）单击主菜单 File→Stop Logging 或单击工具条上的"停止记录"图标，停止记录。

对于 TCP/UDP 测试而言，需要在 PSDN 侧的一台具有公网 IP 的机器上运行 zperf.exe，建立服务器。应保证 5010、5011 端口未被防火墙阻止，也未被其他程序占用。

2.2.17　同步练习

1. 在 GSM 系统中，一个小区最多可以定义的邻小区数量为（　　）。

　　A. 24　　　　　　　　B. 32　　　　　　　　C. 16　　　　　　　　D. 64

2. 决定小区重选的 C_2 值由（　　）决定。

　　A. 小区重选偏移量　　B. 临时偏移量　　　　C. 惩罚时间　　　　D. C_1 值

3. 在路测过程中可以看到的信息有（　　）。

　　A. 下行接收质量和下行接收电平

　　B. 上行接收质量和上行接收电平

　　C. 邻区信号强度和信号质量

　　D. 跳频状态

　　E. 呼叫事件

　　F. Layer3 层信令信息

4. 在 DT 测试时中，测试手机置于车内，下面这些要求中（　　）是错误的。

　　A. 任意两部手机之间的距离必须≥15cm

　　B. 手机应该置于车顶

　　C. 手机间距离没有具体的要求

　　D. 测试手机要尽量固定

5. TEMS Investigation 可以在测试时实时地记录测试过程中发生的一切信息，它存储的语音测试记录文件的记录类型为（　　）。

　　A. ＊.log　　　　　　　B. ＊.dat　　　　　　　C. ＊.mdm

　　D. ＊.txt　　　　　　　E. ＊.scn

6. TEMS Investigation 可以支持的地图格式包括（　　）。

　　A. MapInfo 的 .TAB　　B. Access　　　　　　C. MapInfo 的 .GST

　　D. .BMP　　　　　　　E. .TIF　　　　　　　　F. CAD

7. 使用 TEMS 软件在地图上显示测试轨迹时，每个显示点都可以设置 3 个属性，分别表示 3 个信息项，这 3 个属性是（　　）。

　　A. 颜色　　　　　　　B. 大小　　　　　　　C. 形状　　　　　　　D. 填充

8. 移动台对相邻小区的测量分为　　　　　　模式和　　　　　　模式两种。

9. 2007 年城市道路 DT 测试安排在工作日进行,测试时间为_____和_____。测试方式采用手机相互拨打的方式,手机拨叫、接听、挂机都采用自动方式。每次通话时长_____s,呼叫间隔_____s;如出现未接通或掉话的情况,应间隔_____s再进行下一次试呼。

10. 在城市道路 DT 测试中统计掉话次数如下:在一次通话中如出现_____或_____中任意一条,就计为一次呼叫正常释放。只有当两条消息都未出现而由_____转为_____时,才计为一次掉话。

11. 在城市 GPRS 网络测试中,要求测试终端手机速率统一设置为_____,其中时隙的设置统一为_____。

12. 在城市 GPRS DT 测试中,大型城市必须测满_____h,中型城市必须测满_____h。

13. 在高速公路 DT 测试中,覆盖率优秀指标为_____,里程掉话比优秀指标为_____。

14. 在城市 GPRS 网络 DT 测试中,覆盖率指标优秀值为_____,WAP 图铃下载成功率优秀指标为_____,WAP 图铃下载速率优秀指标为_____Kbps。

15. TEMS Investigation 软件所使用的小区配置文件类型有_____、_____。

2.3　测试报告的撰写

无论是 CQT 测试,还是 DT 测试,对测试及其测试数据的记录均有一定的要求,其目的就是方便资料归档,便于其他人查阅资料,对比分析网络前后期运营情况。

2.3.1　测试数据记录要求

测试数据信息是否完整对分析测试人员来说起到很重要的作用。因此,有必要规范测试数据的记录。

(1) 测试概况。测试记录中必须含有测试时间、测试人员、测试工具、测试线路和测试内容等基本信息。

(2) 记录测试过程中出现异常情况的测试地点及其无线环境。例如,掉话、切换失败、异常关机和分组业务建立失败等重要指标和异常情况地点及其周围无线环境需要及时记录备案。由于无线环境的复杂性和测试终端性能的差异性,出现的问题可能是由人为原因导致的,也可能是由无线环境的特殊性等导致的,这些都是无线数据分析人员所不能在现场体会到的,如果有了这些异常数据的记录备案,分析人员在分析测试数据时就能参阅这些数据,从而有助于对问题的判断和定位。

(3) 测试数量的要求。根据中国联通公司企业标准 QB/CU《中国联通 GSM、WCDMA 网络性能评估规程——部级分册》对测试数量的要求见表 2-6。

(4) 测试文件扩展名的标注。对于 DT 测试,不同厂家的测试软件可能有不同的文件扩展名,如果不严格对其进行区分将会降低分析人员的工作效率。在 CQT 测试中,质量监控点要求录制 LOG 文件,而室内覆盖点则要求手工记录测试结果。

(5) 测试文件的命名要规范。测试文件的命名要第一时间体现测试地点和测试时间等主要信息。例如,中国联通网络性能评估测试日报-城市- xx 月 xx 日. xls。测试文件的命名规则一般按易查阅原则为主,不同运营商或代维公司及其个人由于习惯问题可能也有所不同,需要视具体情况而定。这样做的目的其实就是便于查阅和资料归档。中国联通公司企业标准 QB/CU《中国联通 GSM、WCDMA 网络性能评估规程——部级分册》对 CQT 和 DT 的命名规则的具体要求如下。

① CQT 测试数据命名规则如下。

a. CQT 测试文件命名规则。CQT 测试文件必须以"CQT_城市名称_测试项目编号_联通 2G 设备商(若该城市联通 2G 有两个厂家的设备,则该项必须记录,并且留下 2G 的标识,否则可省略)_联通 3G 设备商(若该城市联通 3G 有两个厂家的设备,则该项必须记录,并且留下 3G 的标识,否则可省略)_测试第三方_测试人员姓名_CQT 测试地点_典型采样点标识名称_测试时间"的格式来命名,如 CQT_北京_3.5.1_联通 3G 爱立信_华星_李四_西单大厦_3 楼楼梯口_200908010930。

b. 补测/重测所得数据。在文件名最后加"(补测/重测)"进行标识。例如,CQT_北京_3.5.1_联通 3G 爱立信_华星_李四_西单大厦_3 楼楼梯口_200908010930(重测)。在上传补测或重测的数据时,不得对原测试文件进行任何操作。

② DT 测试数据命名规则如下。

a. DT 测试文件命名。DT 测试文件必须以"DT_城市名称_测试项目编号_联通 2G 设备商(若该城市联通 2G 有两个厂家的设备,则该项必须记录,并且留下 2G 的标识,否则可省略)_联通 3G 设备商(若该城市联通 3G 有两个厂家的设备,则该项必须记录,并且留下 3G 的标识,否则可省略)_测试第三方_测试人员姓名_测试时间"的格式来命名,如 DT_北京_2.7.2_联通 3G 爱立信_华星_李四_200902010930。

b. VMOS 测试文件命名。评估 VMOS 值录制的视频等文件必须压缩后保存。文件夹命名规则为"DT_城市名称_测试项目编号_联通 3G 设备商(若该城市联通 3G 有两个厂家的设备,则该项必须记录,否则可省略)_测试第三方_测试人员姓名_测试时间(VMOS 评估录制文件)",并压缩成同名的压缩文件。例如,DT_北京_2.7.1_联通 3G 爱立信_华星_李四_200902010930(VMOS 评估录制文件). rar。

c. 补测/重测命名要求。如果是补测/重测所得数据,在文件名最后要加"(补测/重测)"进行标识。例如,DT_北京_2.7.1_联通 3G 爱立信_华星_李四_200902010930(重测)。在上传补测或重测的数据时,不得对原测试文件进行任何操作。

2.3.2　测试报告格式要求

为了便于网络管理人员参看和使用测试报告,测试报告书写要规范,这样既有利于提高使用者效率,也有利于归档。CQT 和 DT 测试报告具体可以参见 2.1.4 小节中的表 2-7 和 2.2.15 小节中的表 2-15~表 2-19。在记录报告中出现的记录文件都必须符合相关的文件命名规范。

2.3.3　测试数据归档要求

在网络优化中,无论是工程网络优化还是日常网络优化,每天都会产生大量的测试数据,有些数据可能随时间的变化其作用在日渐下降,这类数据一般在工程网络优化中出现的频率比较高,但有些数据的效率可能比较长,也许是 1 年,还可能是 10 年,这类数据也经常出现在日常网络优化中。例如,中国移动广州分公司则要求广州外环路一个礼拜不少于两次全程连续不间断的 DT 测试,这意味着如果广州外环路周围没有增减、扩容基站或没有地理环境方面的大改变,则测试数据应该相似的概率比较大,若数据出现比较大的变化,则这个时候需要查阅前面的测试数据进行对比分析,从而很容易地定位故障。这就是测试数据需要归档的一个主要原因。测试数据归档的方法有很多,如按工程性质归档、按测试时间归档、按路名归档、按不同运营商归档、按不同系统归档等。测试数据归档也因代维公司或运营商的目的不同而不同,但总地来说,归档的数据是易于查阅的。保存归档的测试数据既可以以电子形式存储在公司服务器上,也可以刻录到光盘上,按一定的编号来存储光盘,切记不可用纸质材料打印保存。

2.3.4　同步练习

根据《中国联通 GSM、WCDMA 网络性能评估规程——部级分册》中的相关内容,回答下列问题。

(1) 其对 DT 和 CQT 测试数量是如何规定的?

(2) CQT 测试数据的命名规则是什么?

(3) DT 测试数据的命名规则是什么?

2.4　TD-LTE 网络性能测试

TD-LTE 即 TD-SCDMA Long Term Evolution,其是 TD-SCDMA 的长期演进,是TDD 版本的 LTE 技术。其主要关键技术有基于 TDD 的双工技术、OFDM(正交频分复用技术)和基于 MIMO/SA 的多天线技术。TD-LTE 网络由于刚刚起步建设,对 LTD 网络的性能测试有利于在后期进一步优化和规划 LTE 网络,使其逐步完善。为了体现高职高专的性质是培养高素质技能型人才,本节或其他相关章节涉及规范的地方都采用直接引用规范和标准的方式写入本书,从而让学生能够更能直观地去理解企业要求的标准测试。本节主要引用的是中国移动通信企业标准 QB-A-003-2010《TD-LTE 网络性能测试规范》,版本号为 V1.0.0。

2.4.1　测试模型设计

在每轮的测试期间,除特殊要求的测试项外,网络参数应该为真实商用网络参数。

2.4.2　测试指标

(1) 终端移动速度(km/h):慢速,0~15;中速,15~60;快速,60以上。

(2) 吞吐量:对网络、设备、端口、虚电路或其他设施,单位时间内成功地传送数据的数量(以位、字节、分组等测量)。

(3) 时延:时延是指数据包第一位进入路由器到最后一位从路由器输出的时间间隔。

2.4.3　测试方法

1. 覆盖测试

1) 测试目的

(1) 验证 TD-LTE 系统不同业务的覆盖能力。

(2) 在共站的情况下,与 TD-SCDMA 系统进行覆盖比较。

2) 预置条件

(1) 本测试为单小区单终端覆盖拉远测试,测试时仅开启主测小区,选取径向路线。

(2) 单终端测试时,保持慢速从小区中心沿径向驶离小区。记录语音和数据业务的指标变化,在达到小区边界时(判断小区边界的原则可参见参考文献 13《TD-LTE 网络性能测试规范》),记录相应位置及数据。

(3) 待测系统处于正常工作状态,能满足多种业务(VoIP、实时 Video、Data)的正常进行。

(4) 根据"参考文献 13《TD-LTE 网络性能测试规范》"中的定义,进行小区遍历测试,以获得小区基本信道条件信息以及小区边界的界定数值。

(5) 打开 HARQ、AMC 与上行功率控制。

(6) 电子地图与 GPS 正常使用。

3) 测试步骤

(1) 上行覆盖测试步骤。

① 设置传输模式为上行 SIMO 模式。

② 在 UE 端建立并保持 VoIP 业务,并记录所占 RB 资源数。

③ UE 从基站处出发沿径向以稳定慢速向小区边界移动(在移动过程中,记录业务 QoS 参数、SINR、RSRP、CQI、实时吞吐量等参数),直到断链或完全无法进行通话,记录 UE 当前位置点,并记录此时电子地图上的 GPS 坐标等参数;重复 3 次。

④ 在 UE 端关闭 VoIP 业务,建立实时 Video 业务(速率 512Kbps 以上,关注上行性能),重复步骤③;记录所占 RB 资源数。

⑤ 在 UE 端关闭实时 Video 业务,占满所有上行资源,按满 buffer 发送上行 UDP 数据,重复步骤③,小区边界以遍历测试的结果为基准。

⑥ 保持 UDP 业务,占 8RB 上行资源,按满 buffer 发送上行 UDP 数据,重复步骤③,小区边界以遍历测试的结果为基准。

(2) 下行覆盖测试步骤。

① 设置传输模式为下行自适应。

② 在 eNodeB 端建立并保持 VoIP 业务,并记录所占 RB 资源数。

③ UE 从基站处出发沿径向以稳定慢速向小区边界移动(在移动过程中,记录业务 QoS 参数、SINR、RSRP、CQI,实时吞吐量等参数),直到断链或完全无法进行通话,记录 UE 当前位置点,并记录此时电子地图上的 GPS 坐标等参数;重复 3 次。

④ 在 eNodeB 端关闭 VoIP 业务,建立实时 Video 业务(速率 512Kbps 以上,关注下行性能),重复步骤③;记录所占 RB 资源数。

⑤ 在 eNodeB 端关闭实时 Video 业务,占满所有下行资源,按满 buffer 接收下行 UDP 数据,重复步骤③,小区边界以遍历测试的结果为基准。

⑥ 保持 UDP 业务,占 8RB 下行资源,按满 buffer 接收下行 UDP 数据,重复步骤③,小区边界以遍历测试的结果为基准。

⑦ 特别提示如下。

a. 测试时仅开启主测小区,选取径向路线,单终端在不同业务时(VoIP、Data、实时 Video),保持慢速从小区中心沿径向驶离小区。记录语音和数据业务的指标变化,在达到小区边界时(判断小区边界的原则参见参考文献 13《TD-LTE 网络性能测试规范》),记录相应位置及数据。

b. 为评估受限方式,上下行都需要测试。

c. 在共站的情况下,与 TD-SCDMA 进行比较,包括数据以及语音。

2. 上行小区吞吐量测试

1) 测试目的

(1) 验证 TD-LTE 系统在多用户场景下小区上行吞吐量所能达到的实际性能。

(2) 测试 TD-LTE 系统在同频干扰受限系统中的小区上行吞吐量,以验证同频干扰带来的影响。

2) 预置条件

(1) 待测系统处于正常工作状态,能满足上行灌包的正常进行。

(2) 打开 HARQ、AMC 与上行功率控制。

(3) 测试车需要的装备包括交流电源、天线连接器和 GPS 接收器。

(4) 建议采用 PUSCH 跳频机制,并记录是否开启上行 ICIC、上行频选调度算法。

(5) 测试步骤。

① 无邻区干扰条件下的测试步骤。

a. 测试 UE 放置在预置的测试地点:3 个 UE 放置在"好"点,4 个 UE 放置在"中"点,3 个 UE 放置在"差"点。

b. 天线配置为上行 SIMO 模式。

c. 开启所有测试终端并保证其都处于服务小区;记录 SNR、CQI、RSRP 等数值。

d. 激活满 buffer 上行 UDP 业务,同时测量 10 个 UE 的上行吞吐量(L1 与 UDP),每次数据记录测试时间大于 30s。

e. 改为 TCP 方式满 buffer 上行灌包,同时测量 10 个 UE 的上行吞吐量(L1 与 TCP),每次数据记录测试时间大于 30s。

f. 重复 3 次步骤 a~e,每次都需要改换每个 UE 的位置,为尽量减少测试复杂度,在既定位置附近找点即可,但保持"好"、"中"、"差"的比例原则不变。

② 加载上行干扰:在有邻区上行终端干扰条件下,重复步骤 a～f。

特别提示如下几点:记录各 UE 的上行 RSRP、RSRQ、BLER、MCS 值,L1 与 UDP、TCP 平均吞吐量,记录 SNR 及 CQI 信息。记录数据取多次测量的平均值,以获取上行小区吞吐量性能;记录多天线接收算法,是 MRC 还是 IRC,建议采用 IRC 算法。

3. 下行小区吞吐量测试

1) 测试目的

(1) 验证 TD-LTE 系统在多用户场景下小区下行吞吐量所能达到的实际性能。

(2) 测试 TD-LTE 系统在同频干扰受限系统中的下行小区吞吐量,以验证同频干扰带来的影响。

2) 预置条件

(1) 待测系统处于正常工作状态,能满足下行灌包的正常进行。

(2) 打开 HARQ、AMC 与上行功率控制。

(3) 测试车需要的装备包括交流电源、天线连接器和 GPS 接收器。

(4) 建议开启下行频选调度机制,并记录是否开启下行 ICIC 算法。

(5) 测试步骤。

① 无邻区干扰条件下的测试步骤。

a. 测试 UE 放置在预置的测试地点(选取与上行测试相同的测试点):3 个 UE 放置在"好"点,4 个 UE 放置在"中"点,3 个 UE 放置在"差"点。

b. 天线配置为下行自适应(厂商需要说明具体实现方式)。

c. 开启所有测试终端并保证其都处于服务小区;记录 SNR、CQI、RSRP 等数值。

d. 激活满 buffer 下行 UDP 业务,同时测量 10 个 UE 的下行吞吐量(L1 与 UDP),每次数据记录测试时间大于 30s。

e. 改为 TCP 方式满 buffer 下行灌包,同时测量 10 个 UE 的下行吞吐量(L1 与 TCP),每次数据记录测试时间大于 30s。

f. 重复 3 次步骤 a～e,每次都需要改换每个 UE 的位置,但保持"好"、"中"、"差"的比例原则不变。

② 加载 70% 同频邻区下行干扰:重复上述步骤 a～f。

③ 加载 100% 同频邻区下行干扰:重复上述步骤 a～f。

特别提示如下几点:a. 记录各 UE 的下行 RSRP、RSRQ、BLER、MCS 值,L1 与 UDP、TCP 平均吞吐量,记录 SNR 及 CQI 信息;b. 记录数据取多次测量的平均值,以获取下行小区吞吐量性能。c. 记录多天线接收算法,是 MRC 还是 IRC,建议采用 IRC 算法。

4. 扇区最大用户数测试

1) 测试目的

验证 TD-LTE 系统单扇区最大可支持的用户数。

2) 预置条件

(1) 上下行时隙配比 2DL:2UL,特殊时隙配比 10:2:2,2.3GB,20MB。

(2) 待测系统处于正常工作状态,终端能正常进行 VoIP 和数据业务。

（3）在 eNodeB 操作维护终端系统中创建 S1 口和 Uu 口信令跟踪任务。

（4）测试在信道条件为"好"的覆盖区域进行。

3）测试步骤

（1）VoIP 业务测试步骤。

① UE 处于被测扇区区域,接入小区并发起 VoIP 业务。

② UE 保持 VoIP 业务。

③ 重复步骤①和②,直到系统无法为 UE 提供 VoIP 业务(资源或处理能力受限)。

④ 记录能接入并稳定提供 VoIP 业务的 UE 总数。

（2）数据业务测试步骤。

① 所有 UE 进行 UDP 方式的上下行满 buffer 灌包。

② 使 UE 处于被测扇区区域,接入小区,发起并保持数据业务。

③ 重复步骤①和②,直到处于该扇区的 UE 数达到最大(在网终端下行速率不低于 1Mbps,同时上行不低于 512Kbps)。

④ 记录能接入并稳定提供 1Mbps 数据业务的 UE 总数。

🕯️ 特别 提示	主要针对无线承载能力和设备性能进行评估,具体测试时可以 VoIP 和数据两种业务进行。

5. 峰值速率测试

1）测试目的

验证 TD-LTE 系统小区可达到的上下行峰值速率。

2）预置条件

（1）待测系统处于正常工作状态,能满足上下行灌包的正常进行。

（2）HARQ、AMC、UE 上行功控功能打开。

（3）测试车需要的装备包括交流电源、天线连接器和 GPS 接收器。

（4）eNodeB 可以灵活配置上下行时隙配置。

3）测试步骤

（1）上行峰值速率测试步骤。

① 通过前述测试用例的遍历测试,将终端放置在信道条件相对最好的位置。

② 天线配置为上行 SIMO 模式。

③ 开启所有测试 UE 并保证其都处于服务小区。

④ 激活满 buffer 上行 UDP 业务,稳定后保持 30s 以上。

⑤ 记录 L1 与 UDP 峰值吞吐量;记录 RSRP、CQI、SNR、MCS 等信息。

⑥ 重复 3 次步骤①～⑤。

（2）下行峰值速率测试步骤。

① 上下行时隙比配置为 DL：UL＝2：2。

② 通过前述测试用例的遍历测试,将终端放置在信道条件相对最好的位置。

③ 天线配置为下行 MIMO 双流模式(Rank2)。

④ 开启所有测试 UE 并保证其都处于服务小区。

⑤ 激活满 buffer 下行 UDP 业务,稳定后保持 30s 以上。

⑥ 记录 L1 与 UDP 峰值吞吐量;记录 RSRP、CQI、SNR、MCS 等信息。

⑦ 重复 3 次步骤②～⑥。

⑧ 上下行时隙比配置为 DL:UL=3:1,重复步骤②～⑦。

特别 提示	测试时可以选取信道条件较好的位置进行定点测试。

6. 单用户平均速率测试

1)测试目的

(1)验证 TD-LTE 系统单用户的平均速率。

(2)验证邻区加扰对用户平均速率的影响。

2)预置条件

(1)待测系统处于正常工作状态,能满足上下行灌包的正常进行。

(2)干扰小区分别采用 70% 和 100% 两种干扰方式。

(3)HARQ、AMC、UE 上行功控功能打开。

(4)测试车需要的装备包括交流电源、天线连接器和 GPS 接收器。

(5)选择一段待测路径,测试车在待测路径上慢速或中速移动,遍历所有场景(保证终端始终驻留在同一个小区,保证业务连续,尽量不停留,不重复历经)。

3)测试步骤

(1)上行平均速率测试步骤(上行加扰"移动情况下")。

① 在选择好的路径上移动,用 GPS 辅助电子地图记录实时路径;保证每次、每种业务测试为连续不间断的、完整的一条测试路径遍历。

② 激活满 buffer 上行 UDP 业务,保持连接状态。

③ 实时记录 RSRP、CQI、SINR 等信息,计算获得记录 L1、UDP 的平均吞吐量。

④ 激活满 buffer 上行 TCP 业务,保持连接状态。

⑤ 实时记录 RSRP、CQI、SINR 等信息,计算获得记录 L1、TCP 的平均吞吐量。

⑥ 重复 3 次步骤①～⑤。

(2)下行平均速率测试步骤(下行加扰"移动情况下")。

① 下行采用 70% 同频邻区加扰。

② 在选择好的路径上移动,用 GPS 辅助电子地图记录实时路径;保证每次、每种业务测试为连续不间断的、完整的一条测试路径遍历。

③ 激活满 buffer 下行 UDP 业务,保持连接状态。

④ 实时记录 RSRP、CQI、SINR 等信息,计算获得记录 L1、UDP 的平均吞吐量。

⑤ 激活满 buffer 下行 TCP 业务,保持连接状态。

⑥ 实时记录 RSRP、CQI、SINR 等信息,计算获得记录 L1、TCP 的平均吞吐量。

⑦ 重复 3 次步骤②～⑥。

⑧ 下行采用 100% 加扰,重复步骤②～⑦。

(3)上行平均速率测试步骤(上行加扰"静止情况下")。

① 在测试区域,选择 UE 的 10 个预置位置:3 个"好"点,4 个"中"点,3 个"差"点。

② 测试 UE 位于位置 1。

③ 激活 UE 满 buffer 上行 UDP 业务,保持连接状态。

④ 激活 UE 满 buffer 上行 TCP 业务,保持连接状态。

⑤ 记录 UE 的 RSRP、CQI、SINR 等信息,记录并计算 L1、UDP、TCP 的平均吞吐量。

⑥ 依次在位置 2 到位置 10,重复步骤③～⑤的操作,注意每次仅激活一个 UE。

⑦ 重复 3 次步骤①～⑥。

⑧ 通过上述步骤取均值,获得静止状态下的小区上行单用户平均吞吐量。

(4) 下行平均速率测试步骤(下行加扰"静止情况下")。

① 下行采用 70% 同频邻区加扰。

② 在测试区域,选择 UE 的 10 个预置位置:3 个"好"点,4 个"中"点,3 个"差"点。

③ 测试 UE 位于位置 1。

④ 激活 UE 满 buffer 下行 UDP 业务,保持连接状态。

⑤ 激活 UE 满 buffer 下行 TCP 业务,保持连接状态。

⑥ 记录 UE 的 RSRP、CQI、SINR 等信息,记录并计算 L1、UDP、TCP 的平均吞吐量。

⑦ 依次在位置 2 到位置 10,重复步骤③～⑤的操作,注意每次仅激活一个 UE。

⑧ 重复 3 次步骤②～⑦。

⑨ 下行采用 100% 加扰,重复步骤②～⑧。

⑩ 通过上述步骤取均值,获得静止状态下的小区下行单用户平均吞吐量。

⑪ 固定 UE 的天线模式为 SFBC(传送模式 2)和 SM(双流模式,传送模式 3 或 4),重复步骤①～⑨。通过取平均值,获得终端处于不同天线模式时,在不同信道条件下的吞吐量性能。

| 特别提示 | 用户在小区内慢速或中速移动,尽量遍历所有场景;重点关注小区边缘,获得小区边缘的性能数据。 |

7. 速度与吞吐量测试

1) 测试目的

验证 TD-LTE 系统移动速度对吞吐量的影响。

2) 预置条件

(1) HARQ、AMC、UE 上行功控功能打开。

(2) 测试车需要的装备包括交流电源、天线连接器和 GPS 接收器。

(3) 所选路径尽量涵盖小区内所有场景,天线配置为上行 SIMO 模式,下行 MIMO 自适应模式。

(4) 所选路径使得 UE 始终驻留在被测小区内。

3) 测试步骤

(1) 速度与上行吞吐量测试步骤(邻区加扰与不加扰)。

① 激活满 buffer 上行 UDP 业务,保持连接状态。

② 车速为 20km/h。

③ 尽量以恒定车速行驶,实时记录 L1、L3 吞吐量(VoIP 业务则记录相关的 MOS 值、抖

动、时延、丢包率等指标)及 RSRP、SNR 等信息;计算 L1、L3 平均吞吐量(或平均 VoIP 指标)。

④ 重复 3 次步骤③。

⑤ 车速为 60km/h,重复步骤③~④。

⑥ 车速为 90km/h,重复步骤③~④。

⑦ 激活满 buffer 上行 TCP 业务,保持连接状态。

⑧ 重复步骤①~⑤。

⑨ 激活 VoIP 业务(UE 拨打控制端或同一测试车 UE 互拨),保持连接状态,同时监测上下行性能。

⑩ 重复步骤②~⑥。

(2) 速度与下行吞吐量测试步骤(邻区加扰与不加扰)。

① 激活满 buffer 下行 UDP 业务,保持连接状态。

② 车速为 20km/h。

③ 尽量以恒定车速行驶,实时记录 L1、L3 吞吐量(VoIP 业务则记录相关的 MOS 值、抖动、时延、丢包率等指标)及 RSRP、SNR 等信息;计算 L1、L3 平均吞吐量。

④ 重复 3 次步骤③。

⑤ 车速为 60km/h,重复步骤③~④。

⑥ 车速为 90km/h,重复步骤③~④。

⑦ 激活满 buffer 下行 TCP 业务,保持连接状态。

⑧ 重复步骤②~⑥。

特别提示如下两点:a. 输出速率与各指标均值的曲线;b. 确认并记录设备是否实现频谱估计及纠偏算法以及测试时的应用情况。

8. 切换性能测试

1) 测试目的

验证 TD-LTE 系统同频/异频、站内/站间、用户面/控制面、不同载波带宽扇区间的切换时延与切换成功率。

2) 预置条件

(1) 系统配置须以实际环境为准,满足同频/异频、站内/站间、不同载波带宽扇区间的切换条件。

(2) 测试车的行驶路线须以实际环境为准,可选取涵盖同频/异频、站内/站间、不同载波带宽小区切换的一条完整路径,保证一轮测试可以获取所需的一组完整数据。

3) 测试步骤

(1) 合理选取测试车行驶路线,尽量为涵盖同频/异频、站内/站间、不同载波带宽小区切换的一条完整路径,保证一轮测试可以获取所需的一组完整数据。

(2) 开启待测小区。

(3) 待测小区除测试终端占用资源外,其余空载。

(4) 将测试 UE 放置在测试车上并开启,以保证其成功注册于服务小区。

(5) 激活 UE 的下行 UDP 满 buffer 灌包业务。

(6) 测试车以慢速行驶,遍历或重复历经测试路径(保证每一类切换超过 20 次)。

(7) 实时记录切换发生时信令跟踪工具输出的数据,实时记录 L1、L3 吞吐量(VoIP 业务则记录相关的 MOS 值、抖动、时延、丢包率等指标以及主观感受情况)及 RSRP、SNR 等信息。

(8) 激活 UE 的下行 TCP 满 buffer 灌包业务,重复步骤(5)～(6)。

(9) 激活 UE 的上行 UDP 满 buffer 灌包业务,重复步骤(5)～(6)。

(10) 激活 UE 的上行 TCP 满 buffer 灌包业务,重复步骤(5)～(6)。

(11) 激活 VoIP 语音业务,重复步骤(5)～(6)。

(12) 计算各次切换的用户面与信令面时延。

(13) 在切换目标小区用其他 UE 进行满 buffer 上下行 UDP 灌包业务,除源小区和目标小区外,其他邻区加扰(其中,下行 70% 加扰)。

(14) 重复步骤(4)～(12)。为评估切换时目标小区造成的资源竞争对切换性能的影响,原小区统一保证仅有测试 UE 占用资源,具体实施测试时,或许不能完全采用步骤(4)～(12)的遍历路径测试方式,可以考虑逐个对切换点进行单独配置测试。

🕯 特别提示	需要了解一下用户面时延和控制面时延的定义。

9. 控制面时延测

1) 测试目的

验证 TD-LTE 系统控制面时延性能。

2) 预置条件

(1) 各网元(eNodeB、EPC、UE、应用服务器等)工作正常。

(2) 信令监测工具工作正常。

(3) UE 成功注册到 EPC。

(4) HARQ、AMC、UE 上行功控功能均打开。

(5) 上行配置为 SIMO 天线模式,下行为 MIMO 单双流自适应模式。

(6) 上行加扰,下行 70% 加扰。

3) 测试步骤

(1) 终端 Idle 到 Active 时延的测试。

① UE 处于信道状态为"好"的位置。

② 打开 X1、S1 接口的信令监测窗口。

③ UE 处于 RRC_IDLE 状态。

④ 从 UE 侧 Ping 应用服务器,触发 Service Request 流程。

⑤ 利用信令监测工具获取 X1、S1 接口信令,观察 UE、eNodeB、EPC 之间的信令交互。

⑥ 统计时延准则:从终端发出第一个随机接入 preamble 到终端发出 RRC connection Reconfiguration complete 消息(通过终端侧信令监测工具统计)。

⑦ 重复 10 次步骤②～⑤。

⑧ 计算 Idle 到 Active 状态转移的时延,并统计最大值、最小值及平均值。

⑨ 统计 Ping 包成功次数并计算成功率。

⑩ UE 处于信道状态为"中"的位置,重复步骤②～⑨。

⑪ UE 处于信道状态为"差"的位置,重复步骤②～⑨。

（2）Attach 时延测试（UE 开机到 MME 注册完成）。

① UE 处于信道状态为"好"的位置。

② 打开 X1、S1 接口的信令监测窗口。

③ UE 处于 EMM DEREGISTERED 状态。

④ 从 UE 侧触发 Attach 流程。

⑤ 利用信令监测工具获取 X1、S1 接口信令,观察 UE、eNodeB、EPC 之间的信令交互。

⑥ 通过 UE 侧信令监测工具记录发出第一个随机接入 preamble 到终端发出 NAS 信令 ATTACH COMPLETE 消息的时间（UE 完成 MME 注册）。

⑦ 重复 10 次步骤③～⑥。

⑧ 计算 Attach 过程的控制面时延,统计最大值、最小值及平均值。

⑨ 统计 Attach 成功次数并计算成功率。

⑩ UE 处于信道状态为"中"的位置,重复步骤②～⑨。

⑪ UE 处于信道状态为"差"的位置,重复步骤②～⑨。

（3）Paging 时延测试。

① UE 处于信道状态为"好"的位置。

② 打开 X1、S1 接口的信令监测窗口。

③ UE 处于 RRC_IDLE 状态。

④ 从应用服务器侧 Ping UE,触发 Paging 流程。

⑤ 利用信令监测工具获取 X1、S1 接口信令,观察 UE、eNodeB、EPC 之间的信令交互。

⑥ 统计时延准则：从基站收到 Paging 信息到基站收到 RRC Connectin Setup Complete 消息（通过基站侧信令监测工具统计）。

⑦ 重复 10 次步骤②～⑤。

⑧ 计算 Paging 时延,并统计最大值、最小值及平均值。

⑨ 统计 Ping 包成功次数并计算成功率；统计 Paging 成功次数并计算成功率。

⑩ UE 处于信道状态为"中"的位置,重复步骤②～⑨。

⑪ UE 处于信道状态为"差"的位置,重复步骤②～⑨。

特别提示如下几点。

① Idle to Active State Transition：在确认 UE 处于 Idle 状态时,发起 Ping,激活状态跳转,并从控制面记录相应时延。同时,从控制面记录终端状态跳转并发起业务的成功次数,获得数据业务发起的成功率。

② Attach Latency：UE 附着时延反映了开机注册 MME 的时长,可以通过反复开机进行测试。如果测试工具支持,也可采用其他方式。（可选）

③ Paging：采用 Application Server Ping UE 的方式进行,激发 Paging 过程,并记录相应控制面的时延。

10. 用户面时延测试

1）测试目的

验证 TD-LTE 系统用户面时延性能。

2) 预置条件

(1) 各网元(eNodeB、EPC、UE、应用服务器等)工作正常。

(2) 信令监测工具工作正常。

(3) UE 成功注册到 EPC。

(4) HARQ、AMC、UE 上行功控功能均打开。

(5) 上行配置为 SIMO 天线模式,下行为 MIMO 单双流自适应模式。

(6) eNodeB 侧及核心网侧网络包分析工具工作正常。

(7) UE 处于 RRC_CONNECTED 状态。

3) 测试步骤

(1) preSchedule 模式、无负载时的测试。

① UE 处于信道状态为"好"的位置。

② 从 UE 侧 Ping 应用服务器,Ping 包大小为 32B,持续时间为 30s。

③ 记录 Ping 包环回时延。

④ 通过 eNodeB 侧网络包分析工具获取 eNodeB 与应用服务器之间的环回时延。

⑤ 通过 EPC 侧网络包分析工具获取 P-GW 与应用服务器之间的环回时延。

⑥ Ping 包大小为 1000B,重复步骤②～⑤。

⑦ Ping 包大小为 1500B,重复步骤②～⑤。

⑧ UE 处于信道状态为"中"的位置,重复步骤②～⑦。

⑨ UE 处于信道状态为"差"的位置,重复步骤②～⑦。

⑩ 根据获取的数据计算 E2E 时延(＝Ping 包环回时延),统计最大值、最小值及平均值。

⑪ 根据获取的数据计算 EPC 时延(＝Ping 包环回时延－P-GW 与应用服务器之间的环回时延),统计最大值、最小值及平均值。

⑫ 根据获取的数据计算 RAN 时延(＝Ping 包环回时延－eNodeB 与应用服务器之间的环回时延),统计最大值、最小值及平均值。

⑬ 统计 Ping 包成功次数并计算成功率。

(2) non-preSchedule 模式、无负载时的测试:将系统资源配置成 non-preSchedule 模式,重复(1)的步骤①～⑬。

(3) non-preSchedule 模式、有负载时的测试。

① 在被测小区增加多个 UE(UE 数量的取值为 2、4、8 个)负载,且保持这些 UE 与应用服务器之间有满 buffer 持续的上下行数据传输,如 TCP 业务(FTP 下载)或 UDP 灌包等;并且,这两个 UE 占用所有的系统资源。

② 将系统资源配置成 non-preSchedule 模式,重复(1)的步骤①～⑬。

特别提示	①AMC 功能打开,RB 的分配以用户业务请求为准,不能设为固定值;②测试时需要记录相关配置(默认 RB 分配数,调整步长与依据等);③本测试需要进行空载不加扰以及加扰状态两种场景的测试。其中,加扰场景采用上行加扰与下行 70% 加扰。

11. 业务信道性能测试

1) 测试目的

(1) 验证 TD-LTE 系统同频组网时小区边缘业务信道的性能。

(2) 验证 ICIC 与 FSS 算法性能，评估其对系统带来的性能提升。

2) 预置条件

(1) 各小区运行正常；6 个终端运行正常。

(2) 各 UE 均配置成相同的 QCI。

(3) 操作端开启和关闭各小区 ICIC 或 FSS 的功能正常。

(4) 各小区可以配置 ICIC 邻区关系(仅针对 ICIC 测试)。

(5) UE1 和 UE2 位于小区 1 远点(邻近小区 2 的切换带)接入小区 1，UE5 位于小区 1 近点(小区 1 的小区中心位置，信道条件为"好")接入小区 1。

(6) UE3 和 UE4 位于小区 2 远点(邻近小区 1 的切换带)接入小区 2，UE6 位于小区 2 近点(小区 2 的小区中心位置，信道条件为"好")接入小区 2。

(7) 服务器运行正常。

(8) 在操作维护系统中创建 X2、S1 和 Uu 接口信令跟踪任务。

3) 测试步骤

(1) 上行 ICIC 性能测试。

① 关闭上行 ICIC 功能。

② UE1~UE6 均激活满 buffer 上行 UDP 业务，UE1~UE4 在本小区内靠近邻小区边缘(切换带)慢速移动，保持驻留在本小区，保持业务连续。

③ 保持数据稳定传输状态 30s 以上。

④ 记录各 UE 吞吐量数据、RSRP、SINR、MCS、CQI 等无线测量数据。

⑤ 重复 3 次步骤②~④。

⑥ 启用上行 ICIC 功能。

⑦ 重复步骤②~⑤。

(2) 下行 ICIC 性能测试。

① 关闭下行与 ICIC 功能。

② UE1~UE6 均激活满 buffer 下行 UDP 业务，UE1~UE4 在本小区内靠近邻小区边缘(切换带)慢速移动，保持驻留在本小区，保持业务连续。

③ 保持数据稳定传输状态 30s 以上。

④ 记录各 UE 吞吐量数据、RSRP、SINR、MCS、CQI 等无线测量数据。

⑤ 重复 3 次步骤②~④。

⑥ 启用下行 ICIC 功能。

⑦ 重复步骤②~⑤。

(3) 上行 FSS 性能测试(慢速和中速情况下，开启和关闭 FSS)。

① 关闭上行 FSS 功能，车速为慢速。

② UE1~UE6 均激活满 buffer 上行 UDP 业务，UE1~UE4 在本小区内靠近邻小区边缘(切换带)尽量匀速移动，保持驻留在本小区，保持业务连续。

③ 保持数据稳定传输状态 30s 以上。

④ 记录各 UE 吞吐量数据、RSRP、SINR、MCS、CQI 等无线测量数据。

⑤ 重复 3 次步骤②～④。

⑥ 保持上行 FSS 功能关闭,车速为中速。

⑦ 重复步骤②～⑤。

⑧ 启用上行 FSS 功能,车速为慢速。

⑨ 重复步骤②～⑤。

⑩ 启用上行 FSS 功能,车速为中速。

⑪ 重复步骤②～⑤。

(4) 下行 FSS 性能测试(慢速和中速情况下,开启和关闭 FSS)。

① 关闭下行 FSS 功能,车速为慢速。

② UE1～UE6 均激活满 buffer 下行 UDP 业务,UE1～UE4 在本小区内靠近邻小区边缘(切换带)尽量匀速移动,保持驻留在本小区,保持业务连续。

③ 保持数据稳定传输状态 30s 以上。

④ 记录各 UE 吞吐量数据、RSRP、SINR、MCS、CQI 等无线测量数据。

⑤ 重复 3 次步骤②～④。

⑥ 保持下行 FSS 功能关闭,车速为中速。

⑦ 重复步骤②～⑤。

⑧ 启用下行 FSS 功能,车速为慢速。

⑨ 重复步骤②～⑤。

⑩ 启用下行 FSS 功能,车速为中速。

⑪ 重复步骤②～⑤。

(5) 上行 FSS+ICIC 性能测试。

① 关闭上行 FSS 与 ICIC 功能。

② UE1～UE6 均激活满 buffer 上行 UDP 业务,UE1～UE4 在本小区内靠近邻小区边缘(切换带)慢速移动,保持驻留在本小区,保持业务连续。

③ 保持数据稳定传输状态 30s 以上。

④ 记录各 UE 吞吐量数据、RSRP、SINR、MCS、CQI 等无线测量数据。

⑤ 重复 3 次步骤②～④。

⑥ 启用上行 FSS 与 ICIC 功能。

⑦ 重复步骤②～⑤。

(6) 下行 FSS+ICIC 性能测试。

① 关闭下行 FSS 与 ICIC 功能。

② UE1～UE6 均激活满 buffer 下行 UDP 业务,UE1～UE4 在本小区内靠近邻小区边缘(切换带)慢速移动,保持驻留在本小区,保持业务连续。

③ 保持数据稳定传输状态 30s 以上。

④ 记录各 UE 吞吐量数据、RSRP、SINR、MCS、CQI 等无线测量数据。

⑤ 重复 3 次步骤②～④。

⑥ 启用下行 FSS 与 ICIC 功能。

⑦ 重复步骤②～⑤。

🕯 **特别提示**	需要了解 ICIC 和 FSS 算法的基本原理。

12. 控制信道性能测试

1）测试目的

验证 TD-LTE 系统同频组网时控制信道的性能。

2）预置条件

（1）选择方便进行来回反复测试的邻小区切换带，相关小区的邻区关系配置正常。

（2）各网元（eNodeB、EPC、UE、应用服务器等）工作正常。

（3）信令监测工具工作正常。

（4）HARQ、AMC、UE 上行功控功能均打开。

（5）上行配置为 SIMO 天线模式，下行配置为 MIMO 单双流自适应模式。

3）测试步骤

（1）P/S-SCH、PBCH 性能测试。

① 保持相邻小区正常开启。

② UE 处于 IDLE 状态。

③ UE 在两小区切换带反复来回运动，交替驻留于不同的小区。

④ 保证相互重选的次数大于 30 次。

⑤ 记录 UE 的重选成功率，RSRP、SINR 等无线测量数据。

⑥ 记录本小区和邻小区的重选参数配置。

⑦ 终端侧记录反映 P/S-SCH、PBCH 解调性能的测量值（BLER 等）。

⑧ UE 发起 VoIP 业务。

⑨ UE 在两小区切换带反复来回切换。

⑩ 保证相互切换的次数大于 30 次；若发生掉话，则应记录详细信息并分析原因。

⑪ 记录 UE 的切换成功率，RSRP、SINR 等无线测量数据。

⑫ 记录本小区和邻小区的切换参数配置。

⑬ 终端侧记录反映 P/S-SCH、PBCH 解调性能的测量值（BLER 等）。

（2）PRACH 性能测试。

① 保持相邻小区正常开启。

② 邻小区 PRACH 资源进行干扰加载。

③ UE 位于邻近干扰小区的本小区边缘（切换带）。

④ 反复发起随机接入过程（可采用 Ping 或短呼流程），保证驻留在本小区。

⑤ 保证发起随机接入次数大于 30 次；若发生失败，则应记录详细信息并分析原因。

⑥ 记录 UE 的随机接入成功率，RSRP、SINR 等无线测量数据。

⑦ 关闭邻区干扰，在相同位置，重复步骤③～⑥。

⑧ 记录随机接入参数配置、相邻小区的 PRACH 资源配置。

⑨ 基站侧记录反映随机接入解调性能的测量值（BLER 等）。

（3）PDCCH(PHICH、PCFICH)、PUCCH 性能测试。

① 保持相邻小区正常开启。

② 邻小区驻留 3 个 UE,开启满 buffer 上下行业务,业务的传输特性需保证邻小区 PDCCH 与 PUCCH 资源完全占用,UE 分别位于好、中、差的信道条件位置。

③ 本小区 UE 位于邻近干扰小区的本小区边缘(切换带)。

④ 本小区 UE 开启满 buffer 上下行业务,保证驻留在本小区。

⑤ 保证测试次数大于 3 次,每次业务持续时间大于 30s;若发生断链,则应记录详细信息并分析原因。

⑥ 本小区 UE 发起 VoIP 呼叫,保证驻留在本小区。

⑦ 保证测试次数大于 3 次,每次语音持续时间大于 30s;若发生掉话,则应记录详细信息并分析原因。

⑧ 记录 UE 数据业务吞吐量及语音质量,RSRP、SINR 等无线测量数据。

⑨ 关闭邻区业务,在相同位置,重复步骤④～⑧。

⑩ 记录本小区和邻小区 PDCCH(PHICH、PCFICH)、PUCCH 相关参数配置。

⑪ 在终端和基站侧记录反映 PDCCH(PHICH、PCFICH)、PUCCH 解调性能的测量值(BLER 等)。

2.4.4　同步练习

1. 试写出 TD-LTE 的英文全称和中文全称。

2. 试解释吞吐量和时延的解释。

3. 简单介绍一下覆盖测试的方法。

4. 简单介绍一下吞吐量测试的方法。

5. 简单介绍一下峰值速率测试的方法。

6. 简单介绍一下切换性能测试的方法。

7. 简单介绍一下 Paging 时延测试的方法。

第 3 章

移动无线测试数据分析

无线网络优化测试数据分析是对无线网络问题的查找和解决,它是无线网络优化中一个比较重要的部分,也是较难掌握的部分。由于涉及面广、问题不确定性等给无线数据分析人员带来了很大的困难,因此分析人员不但要掌握分析软件的使用,还要会收集相关信息进行合理分析找到问题的原因,反复定位问题直到解决问题。

本章首先介绍了后台分析软件的使用;接着,讨论基站相关数据的制作;最后,就测试数据分析报告相关问题做了说明。

教学参考学时　6 学时

学习目的与要求

读者学习本章,要重点掌握以下内容:

- 后台分析软件的安装和使用;
- 电子地图的使用;
- 基站数据的勘察和制作;
- 测试数据分析报告格式要求;
- 测试数据分析报告归档要求;
- 测试数据分析方法。

3.1　后台分析软件的安装与使用

3.1.1　后台分析软件的安装

1. 软件和硬件环境配置要求

(1) 支持的操作系统

Windows 2000 或 Windows XP。

(2) 最低计算机硬件配置

① CPU:Pentium Ⅲ 500MHz。

② 内存:128MB 物理内存。

③ 硬盘:500MB 剩余空间。

④ 显卡:16 位增强色。

⑤ 显示器:1024×768 像素分辨率。

（3）建议计算机硬件配置。

① CPU：Pentium Ⅳ 1.0GHz 或更高。

② 内存：256MB 或以上物理内存。

③ 硬盘：1GB 或以上剩余空间。

④ 显卡：32 位真彩色。

⑤ 显示器：1024×768 像素或以上分辨率。

2. 中兴后台 CNA 测试软件的安装步骤

（1）运行光盘或硬盘上的安装程序 ZXPOS CNA1-C V7.05.0.b100125 Apha2_Setup(cn)。

（2）弹出 Welcome 对话框，如图 3-1 所示，如果确定已经退出了其他运行程序，则单击 Next 按钮，弹出 License Agreement 对话框。

图 3-1　Welcome 对话框

（3）在 License Agreement 对话框中，用户只有选择 I agree to the terms of this license agreement 单选按钮（图 3-2），才能继续单击 Next 按钮进入 User Information 对话框。

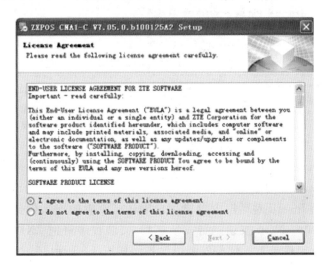

图 3-2　License Agreement 对话框

（4）在 User Information 对话框中，既可以输入新的用户名和公司名称，也可以默认选择已有的设置。如图 3-3 所示，然后单击 Next 按钮进入 Installation Folder 对话框。

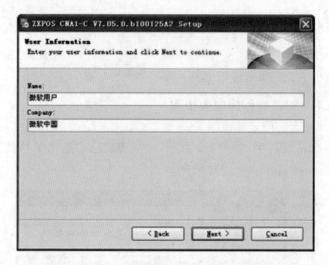

图 3-3　User Information 对话框

（5）在 Installation Folder 对话框内选择默认或输入新的安装文件夹，如图 3-4 所示，然后单击 Next 按钮进入 Shortcut Folder 对话框。

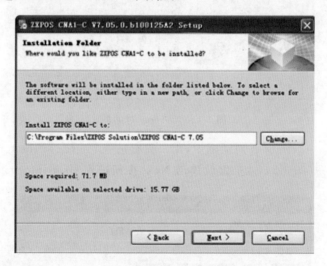

图 3-4　Installation Folder 对话框

（6）在 Shortcut Folder 对话框内选择默认或输入新的快捷方式文件夹，如图 3-5 所示，然后单击 Next 按钮进入 Select Packages 对话框。

（7）在 Select Packages 对话框内选择好所需的程序包，如图 3-6 所示，然后单击 Next 按钮进入 Ready to Install 对话框。

（8）在 Ready to Install 对话框内要求用户确认已设置的安装信息是否正确，如图 3-7 所示。确认正确后，单击 Next 按钮执行安装进程，安装程序将把 ZXPOS CNA1 中的相应文件安装到硬盘的指定目录下。软件安装进度界面如图 3-8 所示。

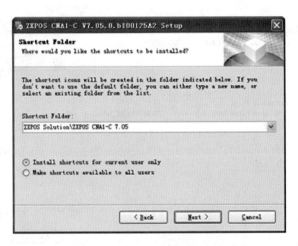

图 3-5　Shortcut Folder 对话框

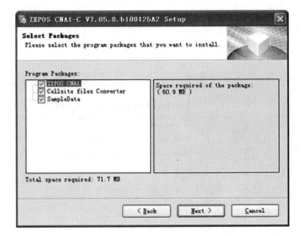

图 3-6　Select Packages 对话框

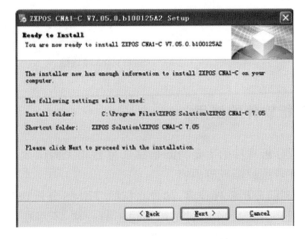

图 3-7　Ready to Install 对话框

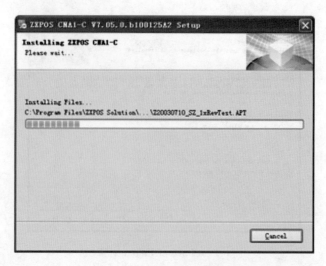

图 3-8　软件安装进度界面

（9）最后，软件将会弹出 Installation Successful 对话框，如图 3-9 所示，表示软件已经成功安装完成。

图 3-9　Installation Successful 对话框

3.1.2　后台分析软件的使用

ZXPOS CNA 后台分析软件的主要功能是完成覆盖相关测试数据的分析、业务相关测试的分析以及设置事件定位故障点等内容。

目前，市场上使用到的分析软件很多，如爱立信的 TEMS 分析软件、鼎力分析软件等都得到了客户的广泛应用。当然，各个软件的风格也不具一格，不尽相同，但完成的工具都是一样的。本书主要采用中兴的网络优化软件介绍相关优化内容，ZXPOS CAN 后台软件的具体使用方法可以参阅中兴提供的产品手册"ZXPOS CNA1 User's Manual"。

3.1.3　同步练习

简述后台分析软件的安装方法。

3.2　MapInfo 及 GoogleEarth 的介绍

1. MapInfo 介绍

MapInfo 是美国 MapInfo 公司的产品。该公司自成立以来,始终致力于为用户提供先进的数据可视化、信息地图化技术,并将这些技术与主流业务系统集成,提供完整的解决方案。它依据地图及其应用的概念,采用办公自动化的操作,集成多种数据库数据,融合计算机地图方法,使用地理数据库技术加入了地理信息系统分析功能,形成了极具实用价值的、可以为各行各业所用的大众化小型软件系统。MapInfo 的含义是 Mapping ＋ Information(地图＋信息),即地图对象＋属性数据。

1) 软件特点

MapInfo 软件最大的优势就在于它提供了便于操作的工作空间,并通过有效管理图层方便查看和修改地图信息以及使用各种操作环境有效管理和编辑地图。

(1) 工作空间的使用。当使用相同的表时,每次都要单独打开每张表,这样将浪费大量的设计和查看时间。而使用工作空间特性可使该过程自动进行,从而能尽快地回到创建地图和分析数据的事务中。

(2) 有效的图层分层组织。为看到不同表中数据间的关系,须把它们放在同一张地图上,并生成新的数据地图层,MapInfo 允许在同一张地图上叠加数百个层面,它们可取自不同格式的文件。通过图层控制工具可控制每个层面是否可见、是否可编辑以及是否可选择等。

(3) 丰富的空间查询。由于在 MapInfo 各个图层中赋予了大量地图信息,因此用户可快速进行地图各方面的空间查询,并可创建专题制图,从而更清晰、准确地表现地图信息。

(4) 地理编码。将数据记录在地图上显示之前,须将地理坐标赋给每个记录,以使 MapInfo 知道在地图的何处可找到某个记录。

2) MapInfo 9.5 工作界面

安装 MapInfo 9.5 软件后,在桌面将显示 MapInfo 9.5 软件图标,双击该图标 即可启动并打开 MapInfo 软件,同时也将打开“快速启动”窗口,如图 3-10 所示。该软件界面以 MapInfo Professional 系统主窗口为框架,由工作窗口、菜单栏、工具栏、状态栏等共同组成。

3) 标题栏和菜单栏

在 MapInfo 9.5 中,标题栏和菜单栏位于屏幕的顶部。其中,菜单栏可根据需要放置在屏幕的任何位置。在标题栏中可执行最大、最小、关闭等基本操作,而菜单栏包含 MapInfo

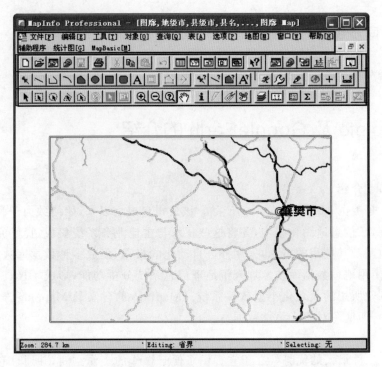

图 3-10　"快速启动"窗口

9.5 操作所需的所有命令,可通过这些命令辅助创建准确、有效的桌面式地图。

(1) 标题栏。屏幕的顶部是标题栏,它显示了软件的名称(MapInfo Professional),后面紧跟当前打开的表文件的名称。如果刚刚启动 MapInfo,则软件名称之后不显示任何文字。在标题栏的左侧是标准 Windows 应用程序的控制图标。在标题栏的右侧,有一组按钮,一个"最小化"按钮、一个"向下还原"按钮/"最大化"按钮和一个"关闭"按钮,这一组按钮的作用与 Windows 其他应用程序相同。

(2) 菜单栏。MapInfo Professional 的系统菜单栏位于系统主窗口的顶部,几乎包含了 MapInfo Professional 的所有功能,系统菜单栏中各菜单的内容如下。

① "文件"菜单。"文件"菜单用于管理 MapInfo Professional 的文件系统,只需在某一菜单上单击,便可打开其下拉菜单。该菜单中所提供的菜单命令都是初学者或使用者必须最先要了解、掌握和使用的。

② "编辑"菜单。"编辑"菜单用于编辑文本、区域、折线、直线、圆弧和点等,其中主要包括对已经激活的对象执行剪切、复制、整形和新建行等操作。

③ "工具"菜单。工具管理器的主要作用是管理 MapInfo Professional 中已经安装和注册的许多工具。报表命令主要用于报表的管理,包含"新建报表"和"打开报表"两个子命令。地图向导工具通过一些基本方法来绘制地图。通用转换器(Universal Translator)用于通用数据格式之间两种不同格式的数据间的相互转换。

④ "对象"菜单。电子地图主要是由地图对象构成的。为了能对地图对象进行各种操作,加强对数据的地理分析能力,MapInfo Professional 在其"对象"菜单中提供了一系列的用于对象操作的命令和工具。

⑤ "查询"菜单。MapInfo Professional 具有强大的地图查询功能,能够进行图文交互查询,在地图窗口或浏览窗口突出显示满足查询条件的对象以及进行统计、分析等。

⑥ "表"菜单。"表"是 MapInfo 数据组织的基本单元,也是进行地理分析的重要基础,表的正确使用和维护(包括栅格图像表、ODBC 表等)是系统操作的一项基本的、重要的内容。

⑦ "选项"菜单。MapInfo Professional 的"选项"菜单主要有与绘制和编辑地图对象有关的各种设置、与工具条使用有关的各种设置和与各种参数有关的设置以及显示或隐藏状态栏等窗口的操作命令。

⑧ "地图"菜单。在大多数绘图软件中,地图都是以图层为单位进行组织的,显示时,在一个地图窗口中以一定的显示顺序同时显示多个图层,组成一幅完整的地图,因此,对图层进行控制和管理十分重要。

⑨ "窗口"菜单。为了便于用户从不同的需要角度来观察数据,MapInfo 提供了查看地理信息(数据)的不同方式,如地图窗口、浏览窗口、统计图窗口等不同的窗口形式,同时允许在不同窗口以不同的方式显示数据。

⑩ "帮助"菜单。其他工具条主要是指"帮助"菜单中的工具条,即主要是关于本地帮助工具、在线帮助和软件版本信息等。

4) 工具栏

MapInfo 的工具栏是为了方便用户执行操作而设定的快捷方式。工具栏提供了重要的操作按钮,通常情况下各工具在启用该软件时都将默认主要打开状况。如果没有打开,则可执行"选项"→"工具条"命令,然后在打开的对话框中设置工具条显示即可。各工具条含义及设置范围如下。

(1) "常用"工具条。"常用"工具条作为一种标准 Windows 风格的界面,MapInfo Professional 通过"常用"工具条把最常用的屏幕菜单命令放在用户面前,使用户的菜单命令操作更便捷。

(2) 主工具条。主工具条提供了丰富的操作工具,是 MapInfo Professional 最具代表性的工具条之一。其可用于查找给定范围内的地图对象,使用相关信息标注对象,在视图窗口内漫游和实施视图缩放等功能。

(3) "绘图"工具条。在"绘图"工具条中绘图和编辑操作是十分常见的地图化操作。为此,MapInfo 专门提供了一套完整的绘图工具和编辑命令。这些工具可以使用户方便地在地图上绘制和修改各种地图对象,也可以使用户自定义地图的着色、填充图案、线样式、符号样式及文本样式。另外,用户也可绘制各种对象以执行强大的地理分析功能。

(4) 工具条。通过该工具条,用户可以方便地运行一个由 MapInfo 提供的 MapBasic 实用程序,也可运行或编辑一个用户自编的 MapBasic 实用程序。

(5) DBMS 工具条。通过 DBMS 工具条,用户可以方便地访问远程数据库中的数据,并把这些远程信息引入地理信息系统中。

5) 状态栏

MapInfo Professional 的状态栏位于屏幕的下边缘,在地图化会话期间提供帮助信息。状态栏有多个窗格,其中前 3 个窗格属于常规状态栏中显示的内容。

2. GoogleEarth 介绍

由于 GoogleEarth 地图获取的方便性和易识别性,目前使用 GoogleEarth 地图的人比较多,本小节以中兴 CAN 后台分析软件为基础,简要介绍 GoogleEarth 软件在网络优化中的使用方法。

(1) 安装步骤

① 确保机器上已安装了 ZXPOS CNA1 3.8 或以上版本。

② 确保机器上已安装了 GoogleEarth 4.0.2737 或以上版本。

③ 解压 ZXPOS_CNA1_FOR_GE_DEMO. ZIP 包,并把里面的文件复制至 CNA1 的安装目录中。

④ 双击可执行文件 CNA1_V5.0_GE_DEMO. EXE 即可启动 ZXPOS CNA1 V5.0 FOR GooleEarth DEMO 版本。

(2) 操作介绍

图 3-11 所示为操作介绍图例。

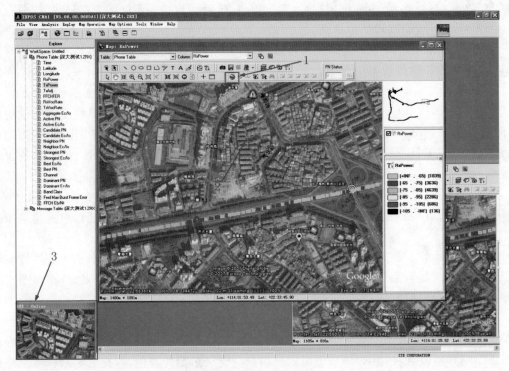

图 3-11　操作介绍图例

图 3-11 中的数字标识表示的含义如下。

图 3-11 中 1 表示的是 GoogleEarth 地图显示按钮。该按钮有两种状态,当单击该按钮下时,ZXPOS CNA1 将连接 GoogleEarth,并从 GoogleEarth 中下载地图,叠加在 Map 窗口中。当再次单击该按钮时,GoogleEarth 地图将不显示。

图 3-11 中 2 表示的是当单击 GoogleEarth 按钮后,GoogleEarth 地图将显示在本区域。当前,CNA1 采用分块的算法下载 GoogleEarth 的地图,这会持续一段时间(视乎机器配置、网络的速度),在 GoogleEarth 地图下载的过程中,用户可以继续其他操作(如切换参数、放大、缩小等)。

图 3-11 中 3 表示的是 GooglEarth 地图下载窗口,该窗口显示当前正在下载的地图块。

该窗口会有 Always on top 的属性。请不要遮挡该窗口,且在地图的下载过程中,不应该窗口进行任何的操作,否则会影响地图下载的效果。

3.3 基站数据的勘察与制作

基站数据的制作和录入是一项经常性的工作,在无线网络优化中是十分重要的一个步骤。因为,基站维护人员、其他代维公司运维人员以及运营商等运维人员经常性地修改天线参数导致电子地图里面的数据与实际天线参数不一致,这样会给数据分析人员分析数据时带来困难,分析的数据会有偏差,所以,需要定时普查天线参数。

3.3.1 基站数据的勘察

1. 基站勘察工具

由于室外基站安装的类型有多种,如安装在铁塔上、电线杆上和山上等,因此要求普查人员应如实记录天线周围环境以及确保普查者自身的安全,同时又要记录相关天线等,所以普查携带工具一定要周全。主要工具如下。

(1) 安全设备:主要用于普查人员在登高时的安全保护。

(2) 数码相机:主要记录天线周围的环境,一般要求以正东或正南为起点,顺时针或逆时针每隔 60°照一次,共 6 张无线地理环境照片。

(3) 望远镜:普查者利用望远镜观察远处的无线环境,如有无阻挡、有无大片森林和水域等不理想地理环境。

(4) 水平尺:主要用于测量天线的俯角。

(5) 罗盘仪:主要用于定位天线的方向角。

(6) GPS:主要用于定位天线的经纬度,便于数字化。

(7) 笔和纸:主要用于记录使用。

在有些特殊的地方,如住宅楼顶、部队、学校或政府等场所须携带运营商的出入证明。如果是夏天、寒冬天,还须携带防晒、防寒用品。

2. 基站勘察的流程

熟悉基站勘察流程对于明确工作思路、提高工作效率有很大的帮助,基站勘察基本流程如图 3-12 所示。

3. 基站勘察的内容

勘察基站天线数据主要是为了更新电子地图,而电子地图的关键性数据主要有经纬度、高度、下倾角、方向角以及基站类型,这些是天线的物理参数;当然,还有频率和基站色码等非物理参数。在基站勘察时,主要关注天线物理参数,同时还要关注天线非关键性参数,如周围无线环境、物业情况以及基站安全情况等,这些非关键性参数也关系到网络是否能够可靠、安全地运营。

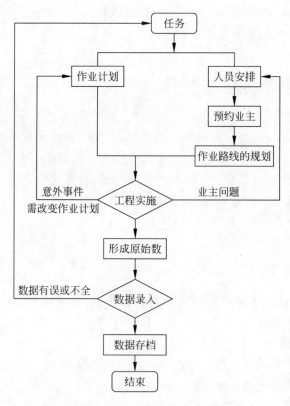

图 3-12　基站勘察基本流程

3.3.2　基站数据的记录

基站数据的记录主要有三部分：一是基站勘测表内容；二是基站天台或铁塔平面草图；三是基站周围阻挡物草图。在很多情况下，完成基站勘测表就可以了。网络规划网络优化基站勘测表见表 3-1。

3.3.3　基站数据的制作

察看后的基站数据须按一定要求制作成不同格式的基站数据文件，如 ZXPOXS CNA（CNT）支持 Excel 格式，具体须根据不同的测试软件基站信息表格式要求来具体制作，在本书第 1 章中，就是以中兴的测试软件为例介绍了基站数据的制作情况，可以参见第 2.2.7 小节的相关内容，至于其他测试软件制作方法大同小异，可以以此来触类旁通。下面所示是石家庄鼎利基站信息表案例，应该保存为文本文件（即 .txt 文件）。

SITE ID	SITE Name	LONGITUDE	LATITUDE	Cell Name	BID NID SID	PN	EVPN	ANTENNA HEIGHT	AZIMUTH	TILT	frequency	EV FREQ
59	行唐口头	114.3922222	38.59493056	行唐口头_0		51		45	0	283	201	
59	行唐口头	114.3922222	38.59493056	行唐口头_1		219		45	140	283	201	

表 3-1 网络规划网络优化基站勘测表

基站类别：	□ WCDMA □ GSM □ TD-SCDMA □ CDMA2000 □ PHS

基站名称：

基站经度(°)：	基站纬度(°)：

基站所处区域类型和周围环境：

共站址通信设备：

基站天线安装位置拍摄照片编号	建筑顶	建筑类型：					建筑高度(m)：	
	楼顶塔	建筑类型：					塔顶高度(m)：	
	落地塔	塔高(m)：						
	总体拍摄(张)	从	到			基站周围环境(张)	从	到
	天台信息(张)	从	到			机房信息(张)	从	到

基站站型	定向站	天线挂高(m)	方向角	下倾角	水平半功率角(°)	垂直半功率角(°)	馈线规格	天线增益
	Cell1							dBi
	Cell2							dBi
	Cell3							dBi
	天线指向场景	Cell1						
		Cell2						
		Cell3						
	全向站		天线挂高(m)	支臂方向(°)		馈线规格		天线增益
		TRx						dBi
		DRx						dBi

草图描述：

1. 基站天台或铁塔平面草图(标出其他通信设备、拍摄照片方向和位置)。

2. 基站周围阻挡物草图

勘测人：   负责人：   日期：

制作好 Excel 或文本文件后,再通过优化转化成特定的基站信息文件,如中兴的优化软件,可执行"开始"→"程序"→ZXPOS Solution→Shared Tools→Cellsite File Converter 命令找到基站信息转化软件,如图 3-13 所示。

单击该软件后出现图 3-14 所示的窗口,该窗口就是中兴基站 Excel 信息表转化成特定文件.ZRC 文件的窗口。

有了 ZRC 基站信号文件后,要想把基站信息导入前台或后台软件中,可以参考 2.2.10 小节中的相关内容。

3.3.4 基站勘测文档图例

图 3-15 和图 3-16 所示为基站勘测文档图例。

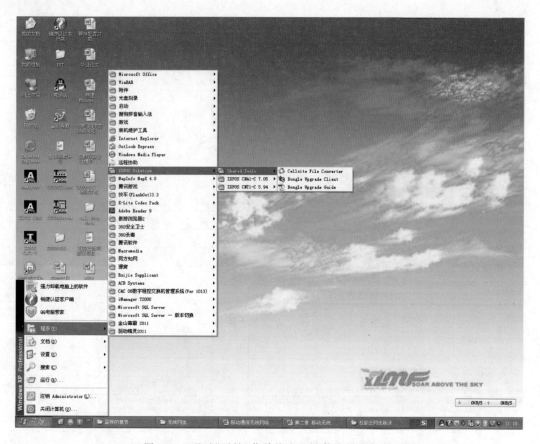

图 3-13　通过"开始"菜单找出基站信息转化软件

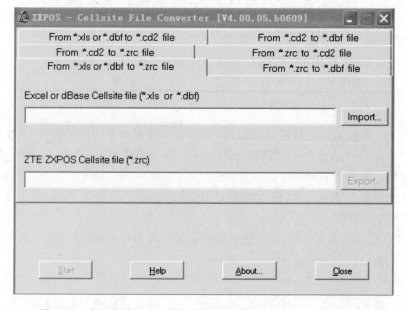

图 3-14　中兴基站 Excel 信息表转化成特定文件. zrc 文件的窗口

xxx项目无线勘测现场报告

HUAWEI

| 拟制: | Huawei RNP | 审核: | Huawei RNP | 勘测日期: | 2003-7-30 |

勘测人员

勘测工程师:　　　　Tel:　　　　Email:

客户工程师:　　　　Tel:　　　　Email:

网规负责人:　　　　Tel:　　　　Email:

无线勘测报告

基站名:　　　　　　地址:

基站号:

勘测方式

☑ 现场勘测/进入机房　　☐ 现场勘测/未进入机房　　☐ 远程勘测

基站坐标　　坐标系:　WGS 84

☐ 纸件地图标注位置　　经度:　　　　纬度:

☑ GPS定位　　经度: E120.12345　　纬度: N23.56789

☐ 电子地图标注位置　　经度:　　　　纬度:

基站照片

☑ 360度照片　　☐ 基站全景照片　　☐ 基站所在区域全景照　　☐ 无照片

基站信息

☑ 楼顶炮杆　　建筑物高度:　50m　　炮杆长度:　　5m

☐ 楼顶铁塔　　建筑物高度:　　　　铁塔高度:

☐ 自立/拉线铁塔　　铁塔总高度:　　　　古平台高度:

建站建议

建议基站类型: 三扇区基站　　建议基站配置:　S1/1/1

建议天线高度: 55m　　建议天线增益:　15.5　dBi

建议天线方位角（度）　扇区1:　0　　建议天线下倾角（度）扇区1:　3

扇区2:　120　　扇区2:　3

扇区3:　240　　扇区3:　3

图 3-15　基站勘测文档图例（1）

站名	Cell-Name	经度	纬度	站型	BCCH	BSIC	HSN	天线类型	挂高	角度	Tilt
沙巴沟	沙巴沟-1	106.102778	37.71644	s11	116	10	1	HTDB096517	54	10	3
沙巴沟	沙巴沟-2	106.102778	37.71644	s11	112	10	1	HTDB096517	54	190	3
孙家滩	孙家滩-1	106.25857	37.68258	S11	110	16	2	HTDB096517	54	5	3
孙家滩	孙家滩-2	106.25857	37.68258	S11	124	16	2	HTDB096517	54	180	3
1236	1236-1	105.88336	37.40145	O1	112	17	3	A09009	50	0	0
长山头农场	长山头农场-1	105.69578	37.25736	S111	113	10	4	CTSD09-06516-ODM	50	90	3
长山头农场	长山头农场-2	105.69578	37.25736	S111	117	10	4	CTSD09-06516-ODM	50	185	3
长山头农场	长山头农场-3	105.69578	37.25736	S111	120	10	4	CTSD09-06516-ODM	50	320	3
红寺堡	红寺堡-1	106.06027	37.41552	S332	123	11	5	HTDB096517	50	10	3
红寺堡	红寺堡-2	106.06027	37.41552	S332	113	11	5	HTDB096517	50	150	3
红寺堡	红寺堡-3	106.06027	37.41552	S332	121	11	5	HTDB096517	50	250	3
长山头乡	长山头乡-1	105.6053	37.35311	S21	116	12	6	AP906514	45	10	3
长山头乡	长山头乡-2	105.6053	37.35311	S21	124	12	6	AP906514	45	150	3
上滚泉	上滚泉-1	106.07944	37.62048	S111	122	17	7	AP906516	50	30	3
上滚泉	上滚泉-2	106.07944	37.62048	S111	118	17	7	AP906516	50	170	3
上滚泉	上滚泉-3	106.07944	37.62048	S111	114	17	8	AP906516	50	250	3
下流水	下流水-1	105.4454	37.0719	S21	116	16	8	HTDB099016	47	0	3
下流水	下流水-2	105.4454	37.0719	S21	120	16	8	HTDB099016	47	0	3
喊叫水	喊叫水-1	105.61427	37.07768	S111	113	14	9	HTDB096517	52	70	3
喊叫水	喊叫水-2	105.61427	37.07768	S111	116	14	9	HTDB096517	52	140	3
喊叫水	喊叫水-3	105.61427	37.07768	S111	123	14	10	HTDB096517	52	260	3
甘塘	甘塘-1	104.5215	37.45114	S11	113	13	10	AP906514	55	100	3
甘塘	甘塘-2	104.5215	37.45114	S11	124	13	10	AP906514	55	270	3
沙坡头	沙坡头-1	105.0048	37.46548	S121	111	12	11	AP906516	25	70	3
沙坡头	沙坡头-2	105.0048	37.46548	S121	118	12	11	AP906516	25	160	3
沙坡头	沙坡头-3	105.0048	37.46548	S121	121	12	12	AP906516	25	270	3
红泉	红泉-1	105.21667	37.23667	O1	114	16	12	A09009	30	0	0
新庄集	新庄集-0	106.23138	37.26356	O2	124	11	13	全向	50	0	0

图 3-16　基站勘测文档图例（2）

3.3.5　同步练习

(1) 基站勘测需要携带哪些工具?

(2) 试简述基站勘测的基本流程。

(3) 试简述基站勘测的主要内容。

(4) 在室外,找个一个基站,模拟一下基站勘测。

3.4　数据分析报告的撰写

3.4.1　分析报告格式要求

分析报告主要是对有问题的测试数据进行分析,找出问题数据的原因,并根据用户自己的判断给出解决问题的方法,这是数据分析的主要目的。测试数据可能是 CQT 数据,也可能是 DT 数据。对于 CQT 测试数据,在数据分析报告中需要体现基站描述、测试数据、问题分析和解决、报警和硬件故障处理列表以及网络调整列表;对于 DT 数据分析,由于无线环境时刻在不断地变化,于是在分析报告里首先需要体现数据的来源地和测试时间,然后再对数据进行分析。数据分析主要体现在故障现象、问题分析、解决方案以及效果验证等方面。

1. CQT 数据分析典型模板

海南联通××大厦单站优化报告

报告提交人:××××

提交报告日期:××××年××月××日

审核人:××××××

(1) 基站概述

① 基站基本信息表见表 3-2 和表 3-3。

表 3-2　基站信息表(1)

站名	站号	类型	LAC	配置	所属 RNC	E1 数量/FE	开通日期
海口金桥国际大厦室内 W1	HKW0022	RBS3418	58626	S111	HKRNC02		2

表 3-3　基站信息表(2)

CI	Longitude	Latitude	PSC	天线共用方式 (900+1800+W?)	天线方向角	天线下倾角(M+E)	天线挂高	室内分布系统
2240	110.321	20.0367	511					HKW0022E0
2250	110.321	20.0367	454					HKW0022F0
2260	110.321	20.0367	453					HKW0022G0

② 基站位置信息。海口某大酒店室内 W1 位于海口市某大厦,该站为室内站,共有 3 小区,覆盖点分别为 HKW0022E0 覆盖某大酒店、HKW0022F0 覆盖某大厦地下车库、HKW0022G0 覆盖某大厦 18 楼。

(2) 室内 CQT 测试

从现场测试结果看,HKW0022E0、HKW0022F0、HKW0022G0 小区扰码和设计一致,UE 在各小区都能正常接入网络,Speech、Video、R99、HSPA 业务都正常,测试中的各项指标良好。测试数据见表 3-4。

表 3-4　测试数据

单站验证		扇区 1	扇区 2	扇区 3
基站名称		HKW0022E0	HKW0022F0	HKW0022G0
CI		50540	50550	50560
PSC		438	499	455
测试地点		海景湾大厦 1 楼电梯旁	海景湾大厦地下车库	海景湾大厦 18 楼
经度		110.321	110.321	110.321
纬度		20.0367	20.0367	20.0367
RSCP/dBm		-51	-60	-71
(Ec/Io)/dB		-2.5	-2.5	-2.5
语音业务	呼叫次数	5	5	5
	接通次数	5	5	5
	通话质量	好	好	好
视频业务	呼叫次数	5	5	5
	接通次数	5	5	5
	通话质量	好	好	好
R99 业务 /Kbps	上传	63	64.5	61
	下载	383	381	383
HSPA 业务 /Kbps	上传	1500	1200	1300
	下载	3500	2900	3500

(3) 问题分析和解决

正常。

(4) 告警和硬件故障处理列表

无。

(5) 网络调整列表

无。

2. DT 数据分析典型模板

海南联通××路(或某站)优化报告

报告提交人:××××

提交报告日期:××××年××月××日

审核人:×××××

(1) 测试文件:TI_HK02_CT_HSDPA_LIWY_20100521_02_FOR_DT.log。

(2) 测试数据(问题数据段),如图 3-17 所示。

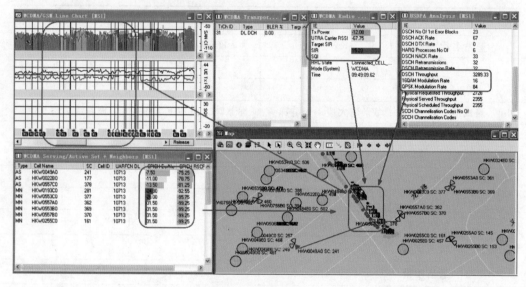

图 3-17 测试数据

(3) 问题分析:UE 在龙昆北路与龙华路交界附近(110.324564 20.029996)出现导频污染现象,主要是因为附近站点 HKW0049A0(海口金融大厦 WCDMA)较高、旁瓣信号过强而过覆盖,以致龙昆北路上 UE 切换杂乱,重复覆盖而无主覆盖小区。

(4) 解决方案:将 HKW0049A0 的下倾角从 8/4 调整为 8/6,控制附近站点的覆盖范围。

(5) 效果验证:待天线调整。

3.4.2 数据分析方法

数据分析是无线网络优化的核心,其对优化分析人员的业务能力提出了很高的要求。优化分析人员既要具备很高的理论知识,还须具备很多实践经验,只有这样才能准确定位问题。对于测试数据的初步分析,一般从以下几个方面考虑就能找出典型故障问题。

(1) 回放测试数据,找出故障类型

测试数据完毕后回到后台分析时,首先须全面回放测试,看测试数据是否完整、记录是否完全,如存在测试数据严重残缺或记录不全等,就应该丢弃该测试数据,必要时,还须重新去测试。确定数据的正确性后,局部回放,哪里有问题就在哪里停下来仔细分析。

（2）查阅测试人员记录手册

在测试过程中,由于测试人员大意或疏忽,如测试手机电池没电、突然掉话等,还有测试手机没有按规要求安放等导致测试不能准确反映实际的网络情况,这样的测试数据没有分析的价值,需要剔除。

✒小贴士	DT 测试车在经过某些特殊地段的时候,测试人员应该记录该地段名称,如手机维修市场、手机大卖场、军事要地和水域或树木茂盛的地段等。这是由于维修手机人员经常发 SOS 信息,然后瞬间事情中断导致掉话,还有军事要地由于特殊情况,发出的无线电干扰了民用信号致使掉话等信号质量问题。

（3）具体分析故障问题

不同故障问题有不同的分析方法,在综合无线网络优化分析中还会具体谈到。在提交单个测试数据分析报告时,一般不会要求全面地去分析,把基本问题分析清楚就可以了,因此,掌握最基本的几个问题很有必要,主要有信号强度、信号质量、邻区关系（切换关系）、频率使用情况（GSM 和 3G 多频系统）和导频使用情况等。

信号强度问题主要表现为无信号、弱信号和强信号,无信号和弱信号问题是无线网络优化必须解决的问题,它会导致掉话、不能呼叫或不能通话等严重问题。

信号质量在测试数据中是用不同颜色来标注的,它是信号强度和 MOS 的集中体现,数据分析人员观察颜色就可以知道测试情况,然后具体问题具体分析,虽然标注信号质量的颜色是可以修改的,但绝不能按自己的设定的颜色习惯的去判断当前的信号质量好坏,须留意信号强度,以免犯错误。

邻区关系在数据回放过程中,发现信号线路不是按设定的基站路线行走,有可能是邻区关系设置不合理,也可能是当前基站天线高度较高的缘故,这个时候有必要查阅相关资料,确认一下问题地点基站的邻区关系如何。

频率使用情况在分析 GSM 测试数据时要十分留意。在 GSM 系统中,由于频率资源的有限性,在频率规划中,可能在某些点会出现同频或邻频情况而引起的干扰,这种情况在强信号条件下出现就要格外注意。

针对导频使用情况,在 CDMA 系统或 3G 系统中,一般要求导频列表中 6 个左右就可以,多了会存在导频污染,少了会导致切换问题。但如果在列表中 6 个导频有很多都是强信号也是不允许的,这样容易造成切换失败和掉话等问题。此外,在分析问题数据时也应格外注意。

（4）借助辅助工具或资料来分析

无线网络优化是一个系统工程,也是一个复杂的工作。在通信系统中,任何一个模块出现问题都将引起局部或大规模问题。因而,在分析测试时就必须寻找多种途径解决。这些途径主要有查阅投诉处理单、查阅话务统计表、查阅基站信息、查阅基站和传输报警信息、查阅参数一致性检查信息、相关参数检查、干扰定位查找等,查阅基站和传输工程建设情况以及无线环境实察（有没有大型演出、集会或其他大型活动等）等。这些信息对准确分析测试数据都有很大的帮助。

3.4.3　DT 测试案例分析

本节内容主要以珠海万禾的测试软件为例，说明 DT 测试的一些典型 DT 案例（GSM 案例）。其他制式系统的案例可以以此为例，举一反三来进行分析。

案例 1　信号强度问题

在路测过程中，可能会出现很多问题，其中信号强度弱、信号强度不稳定、信号干扰严重等问题是非常常见的，其在路测过程中所表现的特征也是非常容易发现的，具体情况有以下几种。

情况 1：信号强度弱，语音质量差

图 3-18 所示为信号强度弱，语音质量差图例。

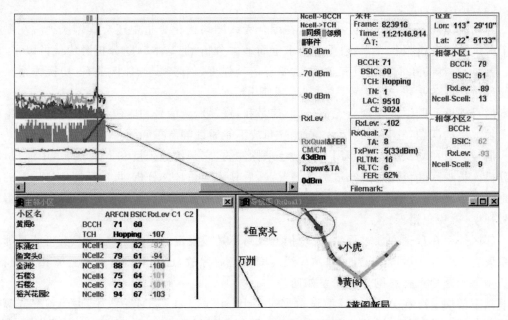

图 3-18　信号强度弱，语音质量差图例

在图 3-18 中，信号强度平均在－100dBm 以下，并引起语音质量差、误码率升高，最终也会导致掉话。

具体解决措施如下。

（1）观察测试点与最近基站的距离，如果距离较远，结合话务状况可建议加建新站或直放站。

（2）测试当天该站是否关闭了，如果当天刚好是做调整，则只属意外情况。

（3）观察附近地理情况，信号是否被遮挡，这个情况在市区或山区会比较多见。

情况 2：小区信号强度不稳定

图 3-19 所示为小区信号强度不稳定图例。

在图 3-19 中，信号忽弱忽强，这种情况很可能是硬件有问题。

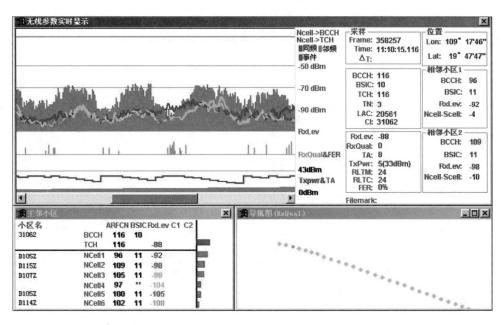

图 3-19 小区信号强度不稳定图例

具体解决措施如下。

（1）如果一个小区内所有 TCH 都是如此，则可能是发射天线问题。

（2）关掉跳频和功率控制，逐个进行 TCH 测试，如果总是某个 TCH 不稳定，则说明这个载波有问题。

情况 3：信号强，干扰严重

图 3-20 所示为信号强，干扰严重图例。

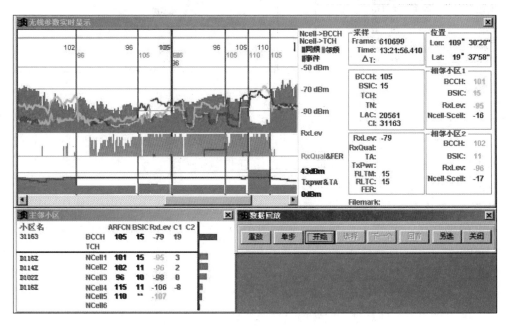

图 3-20 信号强，干扰严重图例

在图 3-20 中,信号强但信号质量很差,可能存在干扰。

具体解决措施如下。

(1) 频率干扰。查看相邻小区是否存在同频或临频。

(2) 查看周围地形,是否由于地形复杂导致自身干扰、是否由于信号反射过多导致干扰。例如,在桥上,水面对信号的质量影响就很大。

(3) 是否选用了距离较远的小区信号,因为覆盖范围过大,因此所受的干扰也相对较大。

(4) 其他无线电波的干扰。这个一般都比较难找出干扰源。

实例 1:弱信号掉话

(1) 问题描述:在图 3-21 所示的测试图中,在小虎 6 附近,占用黄阁 6(LAC=9510, CI=3024,BSIC=60,BCCH=71)信号通话时,弱信号掉话。

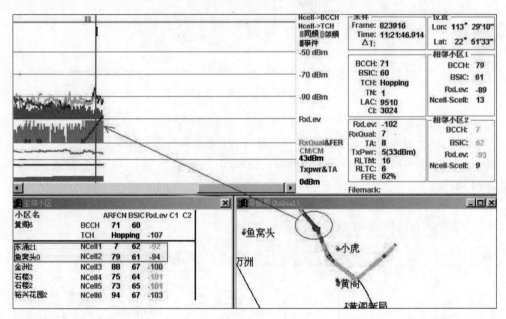

图 3-21　测试图(1)

(2) 问题分析:由于附近山比较多,小虎 6 无法覆盖,在这一区域一直占用较远的黄阁 6 的信号(TA 为 8,约 4 公里)而不是小虎 6 的信号,信号较弱,质量较差。

(3) 解决措施:经过对以上问题的具体分析,建议检查并调整黄阁紧急切换参数 QLIMUL/QLIMDL。

实例 2:越区覆盖

(1) 问题描述:在图 3-22 所示的测试图中,红色区域用到东涌 22(LAC=9512,CI=3282,BSIC=62,BCCH=77)的信号,导致误码较高。

(2) 问题分析:从图 3-22 中可以看出,东涌 22 的信号越过东涌新局覆盖是造成该区域 RxQual 高的原因。

(3) 解决措施:经过对以上问题的具体分析,建议增加东涌 22 的天线下倾角或降低发射功率来消除越区覆盖。

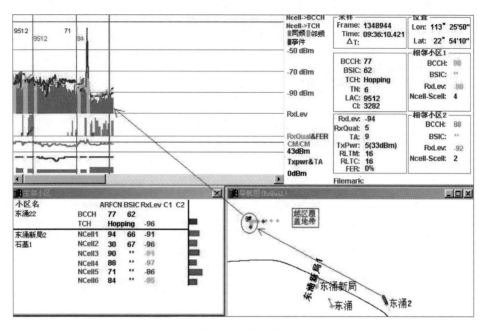

图 3-22　测试图(2)

案例 2　切换问题

在路测时,切换问题特征很明显,主要有 3 种情况:切换失败、强信号不切换、切换频繁(乒乓切换)。造成这些切换问题的原因有很多,主要的解决方法有补定义相邻关系、调整切换参数、修改天线参数和改善信号覆盖等。

实例 1:漏定义邻区关系导致切换失败

(1) 问题描述:在测试中发现,124、111 的通话质量都比较差,在 118 处切换失败,如图 3-23 和图 3-24 所示。

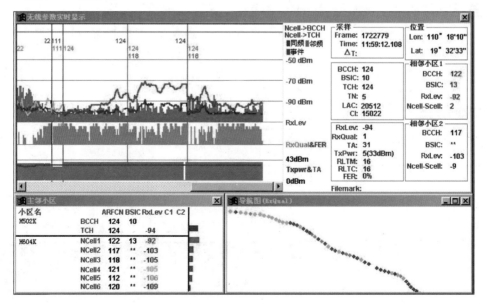

图 3-23　ANTPILOT 回放图

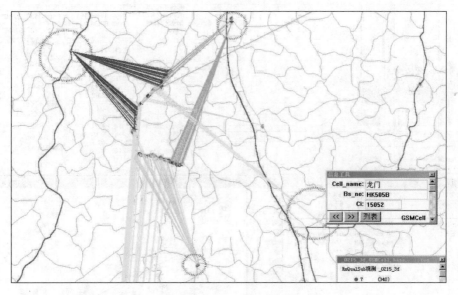

图 3-24　ANT 后台处理图

（2）问题分析：由于 124 与 111 没有定义相邻关系，在 124 的 6 个临区表里并没有 111 这个小区，因此 124 无法正常切换到 111，只能选择切换到 118，由于 118 语音质量较差，BSIC 无法解析导致了切换失败。

（3）解决措施：502B/124 与 505C/111 补定义双边邻区关系。

实例 2：强信号不切换

（1）问题描述：在频点为 96 的小区，信号强度在−75dB 左右，但信号质量很差。按发生切换的理论来说，在信号质量变差的时候，开始触发切换了，但是频点为 96 的小区一直没有发生切换，如图 3-25 所示。

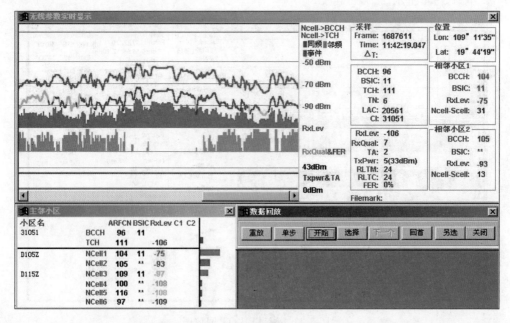

图 3-25　强度信号不切换

（2）问题分析：检查该小区的 LEVEL 与相邻小区的 LEVEL 值，是否处于不同级别，如不同，可调为相同的 LEVEL。另外，可通过调整切换门限值（KOFFSET），滞后值（KHYST）等参数来改善。

（3）解决措施：①调整切换切换门限值（KOFFSET），滞后值（KHYST）；②重复分配该覆盖区域的小区覆盖，即减弱有些扇区对该区域的覆盖，以减少强信号带来的干扰。

实例 3：小区天线接反导致乒乓切换

（1）问题描述：在测试图中，手机应占用罗家 2（LAC＝9512，CI＝3002，BSIC＝65，BCCH＝90）的信号，但在该信号所覆盖的区域中，与罗家 3（LAC＝9512，CI＝3003，BSIC＝65，BCCH＝8）频繁来回切换，且罗家 3 的信号强度在此区域与罗家 2 的信号强度相当，如图 3-26 所示。

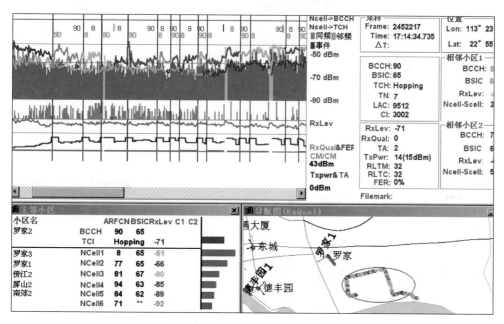

图 3-26　小区天线接反导致乒乓切换

（2）问题分析：导致罗家 3 与罗家 2 频繁切换的原因是由于在此测试区域中不是罗家 3 所覆盖的区域，而应该是罗家 2 的覆盖范围，说明罗家 3 安装的小区天线与原先所规划的方向有误，导致覆盖了罗家 2 所规划的覆盖范围而出现罗家 3 与罗家 2 乒乓切换的现象。

（3）解决措施：经对以上罗家 2 与罗家 3 出现乒乓切换的现象分析，建议检查罗家 3 的小区天线是否安装有误。

案例 3　天线调整问题

基站天线问题既可以通过分析话务统计来判断，也可以通过路测找到天线问题。

（1）天线驻波比过高，在话务统计中表现为接通率和掉话率增高，路测时发现在基站底下信号强度也不高或信号强度波动较大，可能是驻波比过高。

（2）覆盖范围太大或太小，可通过调整天线下倾角来改善。

（3）天线覆盖范围不合理，可通过调整小区天线方向来覆盖该地区。

（4）两小区的天线方向接反。

实例 1：过覆盖引起的质差

（1）问题描述：在测试中，发现 120A 的信号覆盖很广，但信号质量很差。

（2）问题分析：在测试图中，120A 的 110、112，分别受 107A、145A 的干扰，本来应占用 119B 的信号，但是可能是因为 119B 受阻，所以占用了 120A 的信号，这一点是频率规划所无法估测的，如图 3-27 和图 3-28 所示。

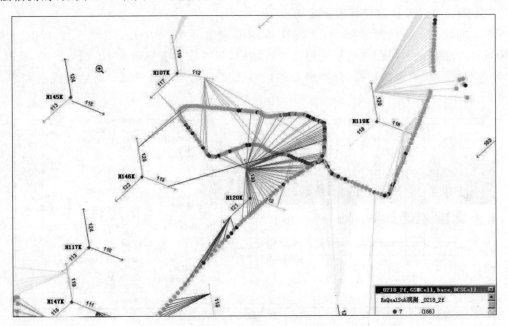

图 3-27　过覆盖引起的质差（1）

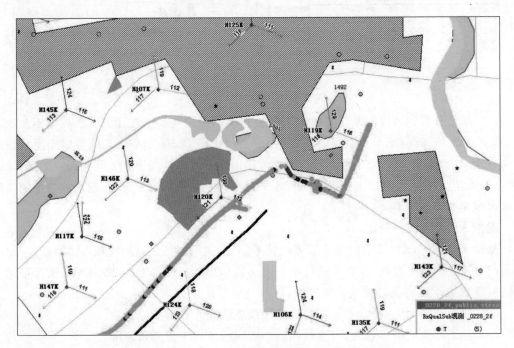

图 3-28　过覆盖引起的质差（2）

（3）解决措施：①将 145A 的下倾角加大，从 3°加大至 8°；②将 135C、119A、120A、139C 做适当调整；③解决 119B 的阻挡问题，如重新安装天线，避开微波天线的影响。

实例 2：天线接反

（1）问题描述：通过话务统计分析发现，博罗 H41 和田美第 2、第 3 小区切换失败率较高。通过 DT 测试发现，在田美 2 区正对方向主要占用到第 1 小区信号和第 3 小区信号，却很少占用第 2 小区信号。

（2）问题分析：在田美第 3 小区背对的方向第 3 小区信号强度只有 60dBm 左右，而正对的第 2 小区信号强度却有 90dBm 左右，如图 3-29 所示。而且，周边环境无掩体阻挡第 2 小区信号覆盖。由此，可以判断第 3 小区天线方向有误。

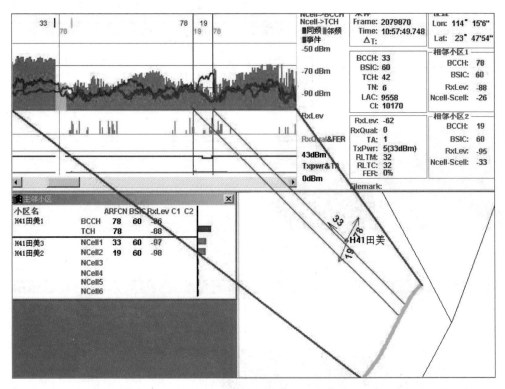

图 3-29　天线接反

田美第 2 小区的正对方向无法占用到，但在背向很远的地方信号强度却达到 60dBm 左右，而且与第 3 小区发生乒乓切换，如图 3-30 所示，由此可以判断第 2 小区天线方向有误。

（3）分析结果：田美第 2、3 小区天线反接。

案例 4　频率干扰问题

实例：强信号干扰质差

（1）问题描述：在荔城碧桂园内占用到荔城碧桂园 1（BCCH：8）或金星 3（BCCH：92）时，存在较大的强信号质差。

（2）问题分析：查荔城碧桂园 1（BCCH：8）或金星 3（BCCH：92）这两个小区的频率表，发现金星 3 扩容后的 TCH＝8、4 频点与荔城碧桂园 1（BCCH：8）、增城新局 3（BCCH：4）存在同频干扰问题，同时通过扫频也发现增城宾馆 3（BCCH：8）也对荔城碧桂园 1 造成同频干扰(同频 C/I＝6 左右),如图 3-31 所示。

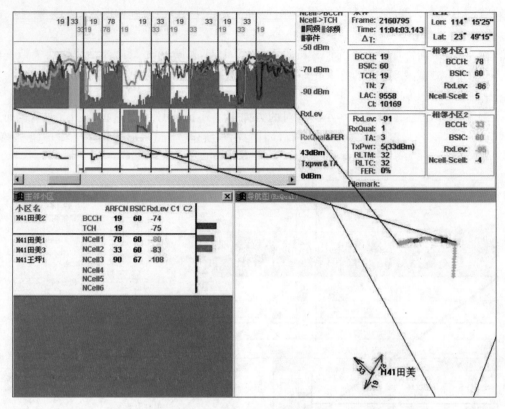

图 3-30 田美 1 区和 3 区正对方向发生 2 区和 3 区的乒乓切换测试结果图

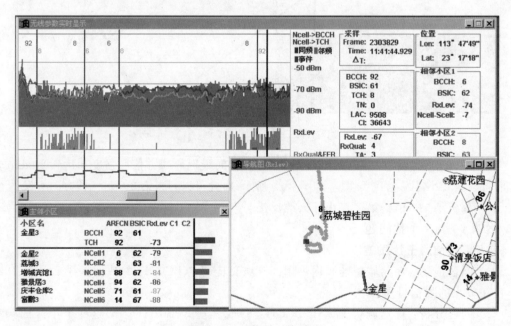

图 3-31 强信号干扰质差

（3）解决措施：修改金星 3 的干扰频点（由原来的 TCH：4、8 改为 18、27），同时修改荔城碧桂园 1（由原来的 BCCH：8、TCH：56 改为 BCCH：56、TCH：79）。优化后的效果如图 3-32 所示。

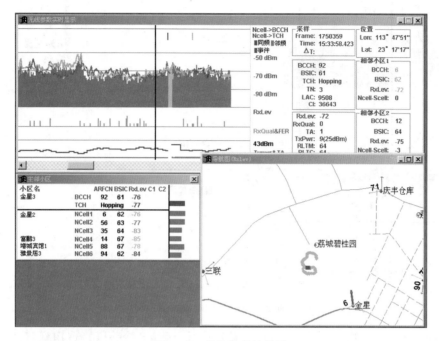

图 3-32　优化后的效果图

案例 5　基站硬件问题
实例 1：扇区硬件故障

（1）问题描述：在图 3-33 和图 3-34 所示的测试图中，发现广惠高速郑田路段和荔石公路横岭路段的信号误码很大，并且信号也波动较大。

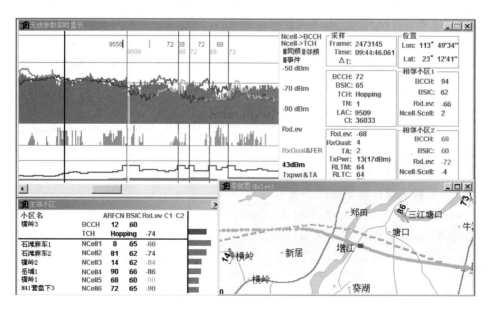

图 3-33　广惠高速郑田路段测试图

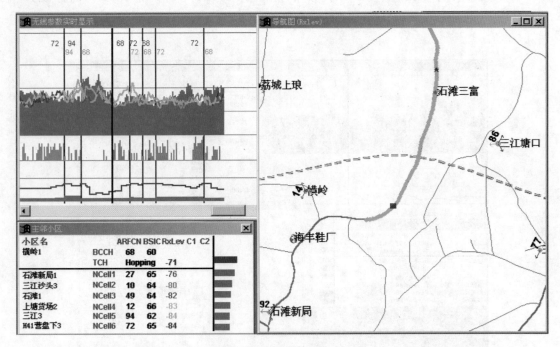

图 3-34　荔石公路横岭路段测试图

（2）问题分析：在广惠高速（郑田村路段）、荔石公路（横岭路段），占用到三江塘口 3 及横岭 1 信号时存在较大的质差，并且信号波动也较大，可能是由于频率干扰引起的，也很可能是由于基站隐性故障引起的。

（3）处理方案：首先进行扫频测试，排除了频点干扰问题后，对三江塘口 3、横岭 1 小区进行了关上、下行功控，关跳频后，进行锁频拨测（信号电平要大于 70dBm）。

① 三江塘口 3 测试结果如图 3-35 所示。

a. 问题分析：在对三江塘口 3 的锁频拨测中占用到 TRU-3 时，信号明显相对于其他载波的信号低 15dBm 左右；同样，占用到 TRU-4 时情况一样。

b. 解决措施：将该小区的 CDU 配置为 C＋型，TRU-3、TRU-4 的 TX 输出同接在 CDU-1 上，对 CDU-1 接口的输出天线进行驻波比测试，如果正常，则更换 CDU-1。

② 石滩横岭 1 测试结果如下图 3-36 所示。

a. 问题分析：占用 TRU-3 时，信号明显比其他载波的信号电平低 20dBm 左右，质差严重，此小区的 CDU 为 C＋型。主要原因是 TRU-3 载波的 TX 输出功率严重不足。

b. 解决措施：对 TRU-3 问题载波进行更换。

实例 2：无线选频直放站故障分析

（1）问题描述：在对金色年华娱乐城进行 CQT 例行测试时，发现在室内一占用到直放站放大信号庆丰仓库 3（BCCH：86）后，马上向三联 1（BCCH：90）切换，并且信号电平下跌 30dBm，然后无法回切到庆丰仓库 3 或切向其他信号更强的小区，如图 3-37 所示。

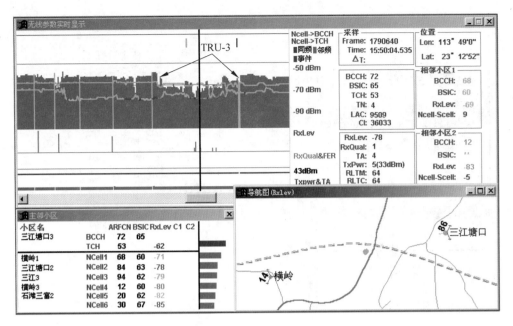

图 3-35　三江塘口 3 测试结果

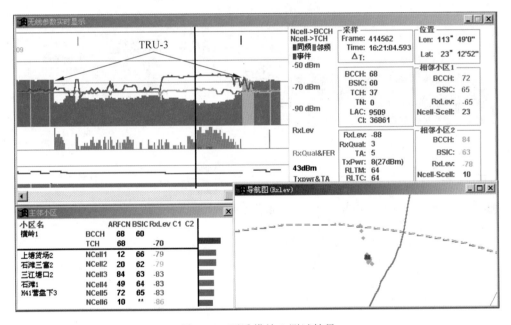

图 3-36　石滩横岭 1 测试结果

（2）问题分析：由于三联 1 小区的天线无接反，而且在楼顶施主天线旁边拨测发现施主源小区信号正常，由此判断无线选频直放站存在问题。

（3）解决措施：对无线选频直放站断电 1min 后，重新上电开启使用。处理后的 DT 测试效果图如图 3-38 所示。

从图 3-38 中可以看出，对直放站断电再重新上电后，信号恢复正常。

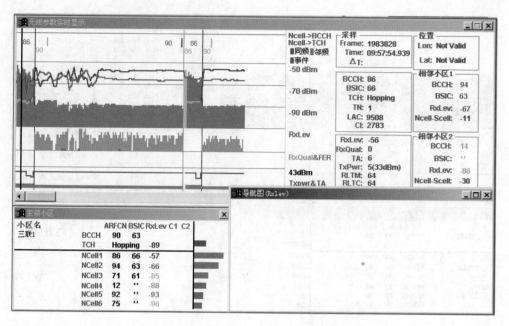

图 3-37　无线选频直放站故障分析

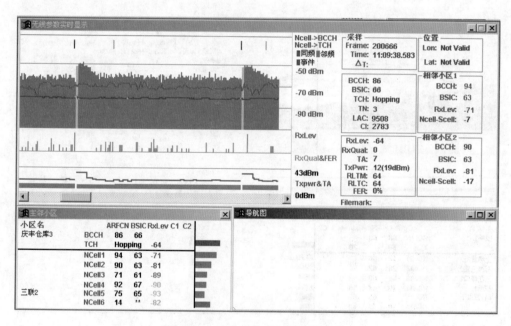

图 3-38　处理后的 DT 测试效果图

3.4.4　数据分析报告归档

在网络优化中,无论是工程网络优化还是日常网络优化,每天都会产生大量的数据,有些数据可能随时间的变化其作用也在日渐下降,这类数据一般在工程网络优化中出现的频率比较高,但有些数据的作用时间可能比较长,也许是一年还可能是 10 年。特别在"点优化"时,查阅过去的优化历史资料对当前数据分析有很大帮助,因此需要保存数据分析报告。数据分析报告归档的方法有很多,如按工程性质归档、按单站归档、按路名归档、按不同运营商归档、按不同系统归档等。数据分析报告归档因代维公司或运营商的目的不同而不同,但总地来说,归档的数据是易于查阅的。保存归档的数据既可以以电子形式存储在公司服务器上,也可以刻录到光盘上。注意,应按一定的编号来存储光盘,且切记不可用纸质材料打印保存。

> 🖋小贴士　　　数据分析报告不论以何种形式归档,在归档的资料中,一定要附录该分析报告的测试数据。

第 4 章

移动无线网络优化

无线网络优化是一个综合学科,其不仅与接入设备、传输、天馈线系统、系统参数、无线环境、工程维护人员的综合素质、网络管理者及制度等因素有关,还与用户自身的因素有关。从这些因素中去查找问题产生的原因来定位问题并解决问题,从而使无线网络高效率运行,以提供优质服务,这是无线网络优化的根本目的。

本章首先介绍各个系统的关键参数;接着,讨论天线、干扰及投诉处理等相关问题;最后,就撰写无线网络优化综合性分析报告做相关的说明。

教学参考学时 10 学时

学习目的与要求

读者学习本章,要重点掌握以下内容:

* 各个系统关键性参数;
* 无线电传播模型;
* 干扰源的排查和定位;
* 投诉处理的流程和工作方法;
* 综合性数据分析方法;
* 分析报告归档要求。

4.1 BSC 无线参数的优化

4.1.1 GSM/GPRS 网络关键参数介绍

在国内通信市场中通信设备厂家比较多,有国内的华为、中兴等大设备制造商,也有国外大的设备制造商,如爱立信、北电、西门子等通信公司,这些厂家在 GSM 无线参数方面没有形成统一的标准,特别是在名称上有较大的区别,但各个厂家的无线参数都符合 GSM 相关规范和标准的要求,本书 GSM 无线参数的说明主要以爱立信设备商为例介绍 GSM 网络常用的无线网络优化参数。本小节中的无线网络优化参数主要来自《GSM 网络无线参数优化调整原理(第四分册)ERICSSON 设备无线参数描述》一书。ERICSSON 无线优化参数见表 4-1。

表 4-1　ERICSSON 无线优化参数表

参数类型		参数归属	参数名	注
位置数据	公共位置数据	位置数据	RSITE	3
小区数据	公共数据	BSC 数据	DL	3
			UL	3
		小区数据	BSPWRB	1
			CELL	3
			CGI	1
			BSIC	1
			BCCHNO	1
			BCCHTYPE	1
			AGBLK	1
			MFRMS	1
			FNOFFSET	1
		资源类型识别符	SCTYPE	2
			CHTYPE	3
			CHRATE	3
		小区/子小区数据	TSC	3
			MSTXPWR	1
			BSPWRT	2
		信道组数据	CHGR	2
			HOP	1
			HSN	1
			NUMREQBPC	3
			DCHNO	3
			SDCCH	1
			TN	3
			CBCH	1
	邻小区有关数据	邻小区有关数据	CELLR	3
			CTYPE	3
			RELATION	3
			CS	3
		邻小区的附加参数		
		外部邻小区数据		

续表

参数类型		参数归属	参数名	注
小区数据	空闲模式	寻呼-MSC 数据	PAGREP1LA	3
			PAGREPGLOB	3
			PAGNUMBERLA	3
			PAGTIMEFRST1LA	3
			PAGTIMEFRSTGLOB	3
			PAGTIMEREP1LA	3
			PAGTIMEREPGLOB	3
		隐含 IMSI 分离-MSC 数据	BTDM	3
			GTDM	3
		自动除名-MSC 数据	TDD	3
		空闲模式-小区数据	ACCMIN	1
			CCHPWR	1
			CRH	1
			NCCPERM	1
			SIMSG	1
			MSGDIST	1
			CB	1
			CBQ	1
			ACC	1
			MAXRET	1
			TX	1
			ATT	1
			T3212	1
			CRO	1
			TO	1
			PT	1
		系统类型-BSC 数据	SYSTYPE	3
		算法选择-BSC 数据	EVALTYPE	1
		流量控制-BSC 数据	TINIT	2
			TALLOC	2
			TURGEN	2
		滤波器控制-BSC 数据	TAAVELEN	2
		滤波器控制-小区数据	SSEVALSD	2
			QEVALSD	2
			SSEVALSI	2
			QEVALSI	2
			SSLENSD	2
			QLENSD	2
			SSLENSI	2
			QLENSI	2
			SSRAMPSD	2
			SSRAMPSI	2
			MISSNM	2
		基本排队-小区数据	BSPWR	2
			MSRXMIN	2
			BSRXMIN	2
			MSRXSUFF	2
			BSRXSUFF	2
		基本排队小区/子小区数据	BSTXPWR	2
		基本排队-邻小区数据	KHYST	2
			LHYST	2

续表

参数类型	参数归属		参数名	注
小区数据	定位	基本排队-邻小区数据	TRHYST	2
			KOFFSET	2
			LOFFSET	2
			TROFFSET	2
		紧急条件-小区数据	TALIM	2
			PSSBQ	2
			PSSTA	2
			PTIMBQ	2
			PTIMTA	2
		紧急条件-邻小区数据	BQOFFSET	2
		紧急条件-外部邻小区数据	EXTPEN	2
		紧急条件小区/子小区数据	QLIMDL	2
			QLIMUL	2
		切换失败小区数据	PSSHF	2
			PTIMHF	2
		信令信道切换 BSC 数据	IBHOSICH	2
			IHOSICH	2
		信令信道切换小区数据	SCHO	2
		RPD 负载-小区数据	CELLQ	2
		断链算法-小区数据	MAXTA	2
			RLINKUP	1
			RLINKT	1
	信道管理/TCH 指配	BSC 交换性能数据	CHALLOC	2
		小区数据	CHAP	2
			NECI	1
	动态 MS 功率控制	小区数据	DMPSTATE	1
		小区/子小区数据	SSDES	2
			INIDES	2
			SSLEN	2
			INILEN	2
			LCOMPUL	2
			PMARG	2
			QDESUL	2
			QLEN	2
			QCOMPUL	2
			REGINT	2
			DTXFUL	2
	动态 BTS 功率控制	小区数据	DBPSTATE	1
		小区/子小区数据	SDCCHREG	2
			SSDESDL	2
			REGINTDL	2
			SSLENDL	2
			LCOMPDL	2
			QDESDL	2
			QCOMPDL	2
			QLENDL	2
			BSPWRMIN	2

续表

参数类型	参数归属		参数名	注
小区数据	DTX	小区数据	DTXD	1
			DTXU	1
	跳频	信道组数据	HOP	1
			HSN	1
		硬件特性数据	FHOP	3
			COMB	3
	小区内切换	小区/子小区数据	IHO	1
			TMAXIHO	2
			TIHO	2
			MAXIHO	2
			QOFFSETUL	2
			QOFFSETDL	2
	小区内切换	小区/子小区数据	SSOFFSETUL	2
			SSOFFSETDL	2
	指配到其他小区	BSC数据	ASSOC	1
			IBHOASS	2
			TINITAW	2
			TALLOCAW	2
		小区数据	AW	2
		邻小区数据	CAND	2
			AWOFFSET	2
	Overlaid/Underlaid子小区	Overlaid子小区数据	LOL	2
			LOLHYST	2
			TAOL	2
			TAOLHYST	2
	多层小区结构	小区数据	LEVEL	2
			LEVTHR	2
			LEVHYST	2
			PSSTEMP	2
			PTIMTEMP	2
	扩展范围	小区数据	XRANGE	3
	双BA表	小区数据	MBCCHNO	1
			LISTTYPE	1
			MRNIC	3
	空闲信道测量	小区数据	ICMSTATE	1
			NOALLOC	1
			INTAVE	1
			LIMITn	1
	小区负载分担	BSC数据	LSSTATE	3
		BSC交换特性数据	CLSTIME-INTERVAL	3
		小区数据	CLSSTATE	3
			CLSACC	3
			CLSLEVEL	3
			CLSRAMP	3
			HOCLSACC	3
			RHYST	3

下面是常用的 GSM 无线网络优化参数相关的使用方法和说明。

1. 小区重选偏置(CRO)、临时偏置(TO)和惩罚时间(PT)

（1）定义

移动台选择小区后,在各种条件不发生重大变化的情况下,移动台将停留在所选的小区中,同时移动台开始测量邻近小区的 BCCH 载频的信号电平,记录其中信号电平最大的 6 个相邻小区,并从中提取出每个相邻小区的各类系统消息和控制信息。在满足一定的条件时,移动台将从当前停留的小区转移到另一个小区,这个过程称为小区重选。当 MS 在下列 5 种情况下时,移动台将会改变与当前小区的连接。

① 小区变成禁止状态。

② 移动台接入几次不成功。

③ 在下行链路上的误码率太高(移动台不能够对寻呼的信息进行解码)。

④ $C_1 < 0$ 超过 5s。

⑤ 另一个小区的 C_2 比当前小区的 C_2 好的时间超过 5s。

参数 C_1 和 C_2 算法如下：

$$C_1 = A - \text{MAX}(B, 0)$$

式中,$A = \text{RXLEV} - \text{ACCMIN}$；$B = \text{CCHPWR} - P$；RXLEV 为手机接收电平（下行）；ACCMIN 为手机接入系统最小接收电平；CCHPWR 为手机接入系统的最大发射功率；P 为手机最大发射功率（手机功率级别）。

$$C_2 = C_1 + \text{CRO} - \text{TO} \cdot H(\text{PT} - T) \qquad \text{PT} = /= 31$$
$$C_2 = C_1 - \text{CRO} \qquad \text{PT} = = 31$$

式中,CRO 为小区重选偏置；TO 为惩罚值；PT 为惩罚时间；CRH 为小区重选缓冲值。当 $x < 0$ 时,函数 $H(x) = 0$；当 $x \geqslant 0$ 时,$H(x) = 1$。

T 是定时器,它的初始值为 0,当某小区被移动台记录在信号电平最大的 6 个小区表中时,则对应该小区的计数器 T 开始计数,精度为一个 TDMA 帧(约 4.62ms)。当该小区从移动台信号电平最大的 6 个邻区表中去除时,相应的计数器 T 被复位。

 注意　PHASE1 手机针对 C_1 算法、PHASE2 手机针对 C_2 算法。

（2）格式

① 小区重选偏置（CRO）以十进制数表示,单位为 dB,取值范围为 0～63,表示 0～126dB(以 2dB 为步长),默认值为 0。

② 临时偏置（TO）以十进制数表示,单位为 dB,取值范围为 0～7,表示 0～70dB(以 10dB 为步长),其中 70 表示无穷大,默认值为 0。

③ 惩罚时间（PT）以十进制数表示,单位为 s,取值范围为 0～31,其中 0～30 表示 0～600s(以 20s 为步长)。取值 31 保留用于改变 CRO 对参数 C_2 的作用方向,默认值为 0。

（3）设置及影响

第一,当业务量很大或由于某种原因使小区中的通信质量较低时,一般希望移动台尽可能不要工作于该小区(即对该小区具有一定的排斥性)。在这种情况下,可以设置 PT 为 31,因此参数 TO 失效。C_2 的数值等于 C_1 减 CRO,因此对应于该小区的 C_2 值被人为地降低,从而使移动台以该小区作为重选的可能性降低。此外,网络操作员根据对该小区的排斥程度,可以设置适当的 CRO。排斥越大,CRO 越大;反之,CRO 越小。

第二,对于业务量很小,设备利用率较低的小区,一般鼓励移动台尽可能工作于该小区(即对该小区具有一定的倾向性)。在这种情况下,建议将 CRO 设置在 0～20dB 之间,根据对该小区的倾向程度,设置 CRO。倾向越大,CRO 越大;反之,CRO 越小。TO 一般建议设置与 CRO 相同或略高于 CRO。PT 的主要作用是避免移动台的小区重选过程过于频繁,一般建议的设置为 20s 或 40s。

第三,对于业务量一般的小区,一般建议设置 CRO 为 0,PT 为 640s 从而使 $C_2 = C_1$,即不对小区施加人为影响。

(4) 相关 BSC 指令

RLSBC、RLSBP。

2. BCCH 频率表(MBCCHNO)

(1) 定义

GSM 系统中的 BCCH 分配(BA)是每个小区所有邻区的 BCCH 载频频道号的集合。

参数 MBCCHNO 定义了所有相邻小区的 BCCH 载频所用的绝对频道号,它用于移动台的小区选择和切换。

(2) 格式

此参数以十进制数表示,单位为绝对频道号(AFRCN),范围为 GSM900:1～124;GSM1800:512～885。

(3) 设置及影响

MBCCHNO 必须按网络实际上的邻区情况设置。否则,可能引起切换失败或小区选择与重选的障碍,直观的表现就是同频或邻频干扰。

(4) 相关 BSC 指令

RLMFC、RLMFP。

3. BSPWRB(BCCH 载波发射功率)

(1) 定义

BTS 输出的功率电平一般是可调的,并且对于 BCCH 载频和非 BCCH 载频可以设置不同的功率电平。功率电平指的是功率放大器输出的功率。BSPWRB 设置的是基站 BCCH 载频的发射功率电平。此参数对基站的覆盖范围有很大的影响。

(2) 格式

BSPWRB 以十进制数表示,单位为 dBm,范围为 0～63。

对于 ERICSSON 设备 RBS200,以下功率值有效。

GSM900:31～47dBm,奇数有效。

GSM1800:33～45dBm,奇数有效。

对于 ERICSSON 设备 RBS2000,以下功率值有效。

GSM900(TRU:KRC 131 47/01):35～43dBm,奇数有效。

GSM900（TRU：KRC 131 47/03）：35～47dBm，奇数有效。

GSM1800：33～45dBm，奇数有效。

（3）设置及影响

BSPWRB 对小区的实际覆盖范围有较大的影响。此参数设置过大，会造成小区实际覆盖范围变大，并对邻区造成较大干扰；此参数设置过小，会造成相邻小区之间出现缝隙，因而造成"盲区"。所以，BSPWRB 应严格按照网络规划的设计设定。一旦设定，在运行过程中一般应尽量不作改动。

当网络发生扩容或由于其他原因（如地理环境发生变化）应该修改此参数时，在修改此参数前后，均应在现场进行完整的场强覆盖测试，并根据实际情况来调整小区的覆盖范围。

（4）相关 BSC 指令

RLCPC、RLCPP。

4. ACCMIN(最小接入电平)

（1）定义

为了避免移动台在接收信号电平很低的情况下接入系统（接入后的通信质量往往无法保证正常的通信过程），而无法提供用户满意的通信质量且无谓地浪费网络的无线资源，在 GSM 系统中规定，当移动台须接入网络时，其接收电平必须大于一个门限电平，即移动台允许接入的最小接收电平（ACCMIN）。

（2）格式

ACCMIN 以十进制表示，取值范围为 47～110，默认值为 110，其具体含义见表 4-2。

表 4-2　参数 ACCMIN 的具体含义

ACCMIN	含　　义	ACCMIN	含　　义
47	＞－48dBm（等级 63）	108	－109～－108dBm（等级 2）
48	－49～－48dBm（等级 62）	109	－110～－109dBm（等级 1）
⋮	⋮	110	＜－110dBm（等级 0）

（3）设置及影响

ACCMIN 是网络操作员可以设置的，它的设置须遵从路径损耗准则 C_1 的要求，通常建议的数值应近似于移动台的接收灵敏度。由于 ACCMIN 还影响到小区选择参数 C_1，因此灵活地设置该参数对网络业务量的平衡和网络的优化至关重要。

对于某些业务量过载的小区，可以适当提高小区的 ACCMIN，从而使该小区的 C_1 和 C_2 值变小，小区的有效覆盖范围也会随之缩小。但 ACCMIN 的值不可取得过大，否则会在小区交界处人为造成"盲区"。当采用这一手段平衡业务量时，建议 ACCMIN 的值不超过 －90dBm。

（4）相关 BSC 指令

RLSSC、RLSSP。

5. MSTXPWR(移动台最大发射功率)

（1）定义

移动台在通信过程中所用的发射功率是受 BTS 控制的。BTS 根据上行信号的场强、上行信号的质量以及功率预算的结果控制移动台，以此来提高或降低移动台的发射功率（在任何情况下,BSS 都首先以功率控制优先于相应的切换处理,只有当功率控制后依然无法得到所需的上行信号场强和规定的语音质量时,BSS 才启动切换过程)。

为了减小邻区之间的干扰,移动台的功率控制一般都设有上限,即 BTS 控制移动台的发射功率不可以超过该门限。

参数"移动台最大发射功率(MSTXWR)"规定了在连接模式下 BTS 可控制的 MS 的最大发射功率。

(2) 格式

MSTXPWR 以十进制数表示,单位为 dBm,取值范围为 GSM900 系统:13～43dBm,奇数有效;GSM1800 系统:4～30dBm,偶数有效。

(3) 设置及影响

MSTXPWR 的设置主要是为了控制邻区间的干扰。MSTXPWR 过大会增加邻区间的干扰;而 MSTXPWR 过小,可能导致语音质量的下降,甚至产生不良的切换动作。

在实际的网络中,若 BTS 不采用天线分集,则移动台的最大发射功率应与 BTS 的最大发射功率相当(若移动台不能支持相应的功率电平,则取最相近的值),而 BTS 的最大发射功率则是根据网络的实际情况由网络设计确定的。相反,若 BTS 采用天线分集技术(分集增益为 G),则移动台的最大功率应设置为 BTS 最大发射功率与分集增益 G 的差值(若移动台不能支持相应的功率电平,则取最相近的值)。

(4) 相关 BSC 指令

RLCPC、RLCPP。

6. CRH(小区重选滞后)

(1) 定义

当移动台进行小区重选时,若原小区和目标小区属于不同的位置区,则移动台在小区重选后必须启动一次位置更新过程。由于无线信道的衰落特性,通常在相邻小区的交界处测量得到的两个小区的 C_2 值会有较大的波动,从而使移动台频繁地进行小区重选。尽管移动台两次小区重选的间隔时间不会小于 15s,但对位置更新而言,15s 的时间是极其短暂的。它不但使网络的信令流量大大增加、无线资源得不到充分利用,并且由于移动台在位置更新的过程中无法响应寻呼,因而使系统的接通率降低。为了减小这一问题的影响,GSM 规范设立了一个参数,称为小区重选滞后。要求邻区(位置区与本区不同)信号电平必须比本区信号电平大,且其差值必须大于小区重选滞后规定的值,移动台才启动小区重选。

(2) 格式

CRH 以十进制数表示,单位为 dB,范围为 0～14,步长为 2dB,默认值为 4。

(3) 设置及影响

小区重选滞后通常建议设置为 8dB 或 10dB。在下列情况下建议做适当的调整。

① 当某地区的业务量很大或经常出现信令流量过载现象时,建议将该地区中属于不同 LAC 的相邻小区的小区重选滞后参数增大。

② 若属于不同位置区的相邻小区,其重叠覆盖范围较大或这种邻接处地理位置处于高速公路等慢速移动物体较少的地区,建议将小区重选滞后参数设置在 2～6dB 之间。

③ 为了改善由于 C_2 值有较大波动而使移动台频繁进行小区重选的状况,GSM 规范设

立了小区重选滞后参数,要求邻小区信号电平必须比本区信号电平大,且其差值必须大于小区重选滞后规定的值时,移动台才启动小区重选。过多的位置更新会导致 SDDCH 拥塞,通过增大边界小区的 CRH 可以减少位置更新的次数。

（4）相关 BSC 指令

RLSSC、RLSSP。

7. CB(小区禁止标识)

（1）定义

在每个小区广播的系统消息中有一字节的信息指示该小区是否允许移动台接入,即小区接入禁止。参数 CB 用于表示小区是否设置小区接入禁止。

（2）格式

此参数以字符串表示,取值范围为 YES：设置小区接入禁止；NO：不设置小区接入禁止。默认值为 NO。

其具体使用须和 CBQ(小区禁止性质)参数联合使用,具体见表 4-3。

表 4-3　CQB、CB 参数设置情况

CBQ	CB	Phase 2MS	Phase 1MS
HIGH	NO	Normal	Normal
HIGH	YES	Barred	Barred
LOW	NO	Low priority	Normal
LOW	YES	Low priority	Barred

（3）设置及影响

对于小区重叠覆盖的地区,根据每个小区的容量大小、业务量大小及各小区的功能差异,运营商一般都希望移动台在小区选择中优选某些小区,即设定小区的优先级,这一功能可以通过设置参数“小区禁止限制”来实现。在利用小区优先级为手段对网络进行优化时须注意,CBQ 仅影响小区选择,而对小区重选不起作用。因此,要真正达到目的必须结合 CBQ 和 C_2 共同调整。

（4）相关 BSC 指令

RLSBC、RLSBP。

8. MAXRET(最大重发次数)

（1）定义

移动站在启动立即指配过程时(如移动台需位置更新、启动呼叫或响应寻呼时),将在 RACH 信道上向网络发送“信道请求”消息。由于 RACH 是一个 ALOH 信道,为了提高移动台接入的成功率,网络允许移动台在收到立即指配消息前发送多个信道请求消息。最多允许重发的次数(MAXRET)由网络确定。

（2）格式

MAXRET 以十进制数表示,取值有 4 种,即 1、2、4 和 7(参见 ETSIGSM04.08-1—1997 规范文件中的表 10.48),默认值为 7。

（3）设置及影响

网络中每个小区的最大重发次数 MAXRET 设置越大,试呼的成功率越高,接通率也越高,但同时 RACH 信道、CCH 信道和 SDCCH 信道的负荷也随之增大。在业务量较大的小区,若最大重发次数过大,则容易引起无线信道的过载和拥塞,从而使接通率和无线资源利用率大大降低;相反,若最大重发次数过小,则会导致移动台的试呼成功率降低而影响网络的接通率。因此,合理地设置每个小区的最大重发次数是充分发挥网络无线资源和提高接通率的重要手段。最大重发次数 M 的设置通常可以参考下列方法。

① 对于小区半径在 3km 以上且业务量较小的地区(一般指郊区或农村地区),MAXRET 可以设置为 11(即最大重发次数为 7)以提高移动台接入的成功率。

② 对于小区半径小于 3km 且业务量一般的地区(指城市的非繁忙地区),MAXRET 可以设置为 10(即最大重发次数为 4)。

③ 对于微蜂窝,建议 MAXRET 设置为 01(即最大重发次数为 2)。

④ 对于业务量很大的微蜂窝区和出现明显拥塞的小区,建议 MAXRET 设置为 00(即最大重发次数为 1)。

(4) 相关 BSC 指令

RLSBC、RLSBP。

9. T3212(周期位置更新定时器)

(1) 定义

GSM 系统中发生位置更新的原因主要有两类:一类是移动台发现其所在的位置区发生变化(LAC 不同);另一类是网络规定移动台周期性地进行位置更新。周期位置更新的频度是由网络控制的,周期长度由参数 T3212 确定。

(2) 格式

① T3212 以十进制数表示,取值范围为 0~255,单位为 6min(1/10h)。如 T3212=1,表示 0.1h;T3212=255,表示 25h30min。

② T3212 设置为 0 表示小区中不用周期性地进行位置更新。

③ 默认值为 240。

(3) 设置及影响

频繁的周期更新有两个副作用:一方面是使网络的信令流量大大增加,对无线资源的利用率降低,严重时,会直接影响系统中各个实体的处理能力(包括 MSC、BSC 和 BTS);另一方面则是使移动台的功耗增大,使系统中移动台的平均待机时间大大缩短。因此,T3212 的设置须权衡网络各方面的资源利用情况而定。

一般建议,在业务量和信令流量较大的地区选择较大的 T3212(如 16h,20h,甚至 25h 等),而对业务量较小、信令流量较低的地区,则可以设置较小的 T3212(如 3h,6h 等)。对于业务量严重超过系统容量的地区,建议设置 T3212 为 0。

(4) 相关 BSC 指令

RLSBC、RLSBP。

10. RLINKUP(上行无线链路超时)

(1) 定义

当网络在通信过程中上行语音(或数据)质量恶化到不可接受且无法通过射频功率控制或切换来改善时(即所谓的上行无线链路故障),网络可以强行拆链。由于强行拆链实际上引入一次"掉话"的过程,因此必须保证只有在通信质量确实已无法接受(通常的用户已不得不挂机)时,网络才认为上行无线链路故障。网络检测上行无线链路故障的方法在 GSM 规范没有硬性规定,但提出了两种选择:一种是基于上行无线链路质量的检测;另一种是基于对上行无线链路的 SACCH 的译码成功率。ERICSSON 设备采用第二种方法判断上行无线链路故障,其具体过程与手机使用的判断下行无线链路故障的过程相一致:网络中需有一计数器 S,该计数器在通话开始时被赋予一个初值,即参数"上行无线链路超时"的值。当每次网络在应该收到 SACCH 的时刻无法译出一个正确的 SACCH 消息时,S 减 1;反之,网络每接收到一正确的 SACCH 消息时,S 加 2,但 S 不可以超过参数上行无线链路超时的值。当 S 计到 0 时,网络报告上行无线链路故障。

(2) 格式

此参数以十进制数表示,范围为 1～63,默认值为 16。

(3) 相关 BSC 指令

RLSSC、RLSSP。

11. RLINKT(下行无线链路超时)

(1) 定义

当移动台在通信过程中下行语音(或数据)质量恶化到不可接受且无法通过射频功率控制或切换来改善时,移动台或者启动呼叫重建,或者强行拆链。GSM 规范规定,移动台有一计数器 S,该计数器在通话开始时被赋予一个 RLINKT 初值。若每次移动台在应该收到 SACCH 的时刻无法译出一个正确的 SACCH 消息时,S 减 1;反之,移动台每接收到一正确的 SACCH 消息时,S 加 2,但 S 不可以超过参数下行无线链路超时的值。当 S 计到 0 时,移动台报告下行无线链路故障。

(2) 格式

此参数以十进制表示,范围为 4～64,步长为 4,默认值为 16。

(3) 设置及影响

当移动台在通信过程中下行语音质量恶化到不可接受且无法通过射频功率控制或切换来改善时,移动台或者启动呼叫重建,或者强行拆链。由于强行拆链实际上是引入一次"掉话"的过程,因此必须保证只有在通信质量确实已无法接受时,移动台才认为下行无线链路故障。

(4) 相关 BSC 指令

RLSSC、RLSSP。

12. DMPSTATE(MS 动态功率控制状态)

(1) 定义

为了在一定的通信质量下尽量减小无线空间的干扰,GSM 系统中具有 MS 的功率控制能力。功率控制是否运用,可以通过设置参数"MS 动态功率控制状态(DMPSTATE)"来确定。

(2) 格式

此参数以识别符表示,范围为 ACTIVE 或 INACTIVE,其意义如下。

① ACTIVE:MS 使用动态功率控制。

② INACTIVE：MS 不使用动态功率控制。

③ 默认值为 INACTIVE。

（3）设置及影响

采用 MS 动态功率控制既可以减少网络中的无线干扰，也可以提高网络的服务质量。所以，一般应采用 MS 的功率控制，即 DMPSTATE 应设置为 ACTIVE。

（4）相关 BSC 指令

RLPCI、RLPCE、RLPCP。

13. DBPSTATE(BTS 动态功率控制状态)

（1）定义

为了在一定的通信质量下尽量减小无线空间的干扰，GSM 系统中一般具有 BTS 的功率控制能力。功率控制是否运用则可以通过设置参数"BTS 动态功率控制状态（DBPSTATE）"来确定。

（2）格式

此参数以识别符表示，范围为 ACTIVE 或 INACTIVE，其意义如下。

① ACTIVE：BTS 使用动态功率控制。

② INACTIVE：BTS 不使用动态功率控制。

③ 默认值为 INACTIVE。

（3）设置及影响

采用 BTS 动态功率控制既可以减少网络中的无线干扰，也可以提高网络的服务质量。所以，一般应采用 BTS 的功率控制，即 DBPSTATE 应设置为"ACTIVE"。

（4）相关 BSC 指令

RLBCI、RLBCE、RLBCP。

14. DTXU(上行非连续发送)

（1）定义

上行非连续发送（DTXU）方式是指移动用户在通话过程中，语音间歇期间，手机不传送信号的过程。

（2）格式

网络中是否允许上行链路使用 DTX 是由网络操作员设置的，即设置参数 DTXU。该参数以十进制数字表示，范围为 0～2，其意义如下。

① 0：MS 可以使用上行不连续发射。

② 1：MS 应该使用上行不连续发射。

③ 2：MS 不能使用上行不连续发射。

（3）设置及影响

上行链路 DTX 的应用使通话的质量受到相当有限的影响，但它的应用有两个优越性：一是使无线信道的干扰得到有效的降低，从而使网络的平均通话质量得到改善；二是上行链路 DTX 的应用可以大大节约移动台的功率损耗。因此，建议在网上采用 DTX。

（4）相关 BSC 指令

RLSSC、RLSSP。

15. DTXD(下行非连续发送)

（1）定义

下行非连续发送（DTXD）方式是指网络在与手机的通话过程中，语音间歇期间，网络不传送信号的过程。

（2）格式

此参数以字符串表示，范围为 ON 或 OFF，其意义如下。

① ON：下行链路使用 DTX。

② OFF：下行链路不使用 DTX。

③ 默认值为 OFF。

（3）设置及影响

下行链路 DTX 的应用使通话的质量受到相当有限的影响，但它的应用有两个优越性：一是使无线信道的干扰得到有效的降低，从而使网络的平均通话质量得到改善；二是下行链路 DTX 的应用可以减少基站的处理器负载。因此，在可能的情况下，建议在网上采用下行 DTX。

（4）相关 BSC 指令

RLCXC、RLCXP。

16. 跳频状态(HOP)

（1）定义

根据 GSM 规范规定 GSM 无线设备应支持跳频功能。理论分析表明，跳频可以改善空间的频谱环境，提高全网的通信质量。网络中是否应用跳频可以通过设置参数"跳频状态（HOP）"来实现。

（2）格式

此参数采用字符串表示，取值范围为 ON、OFF 和 TCH，其意义如下。

① ON：在信道组中，所有的 TCH 信道和 SDCCH 信道均采用跳频。

② OFF：在信道组中，所有的信道均不采用跳频。

③ TCH：在信道组中，所有的 TCH 信道均采用跳频，SDCCH 信道不采用跳频。

④ 默认值为 OFF。

（3）设置及影响

在条件成熟时，建议运营部门采用跳频功能，以减少系统内的干扰。

（4）相关 BSC 指令

RLCHC、RLCFP。

具体的 GPRS/EGPRS 小区选项参数、小区选择和重选参数、功率控制参数、小区接入控制参数、移动性管理参数、小区测量报告控制参数、小区标识参数、GPRS/EGPRS 信道控制参数可以参阅爱立信无线网络优化技术规范手册 R12_cdd 版本。

4.1.2　WCDMA 网络关键参数介绍

由于中国联通使用 WCDMA 制式，因此本节就以中国联通公司企业标准 QB/CU《国联通 WCDMA 无线参数规范(V1.0)》为例,简单介绍一下有关爱立信设备的 WCDMA 关键性参数的含义及其意义。详见表 4-4～表 4-15。

表 4-4　公共信道功率分配

序号	参数名称	作用范围	默认值	推荐值
1	aichPower	CELL	-6	-6
2	bchPower	CELL	-31	-31
3	maxFach1Power	CELL	18	18
4	maxFach2Power	CELL	15	15
5	pchPower	CELL	-4	-4
6	pichPower	CELL	-7	-7
7	pOffset1Fach	CELL	0	0
8	pOffset3Fach	CELL	0	0
9	primaryCpichPower	CELL	300	N/A
10	primarySchPower	CELL	-18	-18
11	secondarySchPower	CELL	-35	-35

表 4-5　同频小区重选

序号	参数名称	作用范围	默认值	推荐值
1	qHyst1	CELL	4	4
2	qHyst2	CELL	4	4
3	qOffset1sn	UtranRelation	0	0
4	qOffset2sn	UtranRelation	0	0
5	qQualMin	CELL	-18	-18
6	qRxLevMin	CELL	-115	-115
7	qualMeasQuantity	CELL	CPICH_EC_NO	CPICH_EC_NO
8	sIntraSearch	CELL	0	0
9	treSelection	CELL	2	2

表 4-6　异频小区重选

序号	参数名称	作用范围	默认值	推荐值
1	fachMeasOccaCycLenCoeff	CELL	0	4
2	interFreqFddMeasIndicator	CELL	FALSE	FALSE:WCDMA 单频覆盖 TRUE:WCDMA 双频覆盖
3	qHyst1	CELL	4	4
4	qHyst2	CELL	4	4
5	qOffset1sn	UtranRelation	0	0
6	qOffset2sn	UtranRelation	0	0
7	qualMeasQuantity	CELL	CPICH_EC_NO	CPICH_EC_NO
8	sInterSearch	CELL	0	8:WCDMA 第一载频 0:WCDMA 第二载频

表 4-7　WCDMA 至 GSM 小区重选

序号	参数名称	作用范围	默认值	推荐值
1	fachMeasOccaCycLenCoeff	CELL	0	4
2	qHyst1	CELL	4	4
3	qHyst2	CELL	4	4
4	qOffset1sn	Utranrelation	0	0
5	qOffset2sn	Utranrelation	0	0
6	sHcsRat	CELL	-105	3
7	sRatSearch	CELL	4	4
8	treSelection	CELL	2	2

表 4-8　GSM 至 WCDMA 小区重选

序号	参数名称	作用范围	默认值	推荐值
1	FDDQMIN	CELL	0	5
2	FDDQOFF	CELL	8	0
3	FDDQMINOFF	CELL	0	0
4	FDDRSCPMIN	CELL	6	6

表 4-9　空闲态接入参数

序号	参数名称	作用范围	默认值	推荐值
1	accessClassesBarredCs	UtranCell	FALSE	根据实际情况确定
2	accessClassesBarredPs	UtranCell	FALSE	根据实际情况确定
3	cellReserved	UtranCell	NOT_RESERVED	根据实际情况确定

表 4-10　空闲态寻呼参数

序号	参数名称	作用范围/Node	默认值	推荐值
1	cnDrxCycleLengthCs	RNC	6	6
2	cnDrxCycleLengthPs	RNC	7	7
3	noOfMaxDrxCycles	RNC	1	1
4	noOfPagingRecordTransm	RNC	2	2
5	utranDrxCycleLength	RNC	6	6

表 4-11　上行功控参数

序号	参数名称	作用范围	默认值	推荐值
1	constantValueCprach	CELL	-19	-19
2	powerOffsetP0	CELL	3	1
3	powerOffsetPpm	CELL	-4	-4
4	preambleRetransMax	CELL	8	32
5	maxPreambleCycle	CELL	4	32
6	ulInitSirTargetSrb	RNC	57	57
7	ulInitSirTargetLow	RNC	49	49
8	ulInitSirTargetHigh	RNC	82	82
9	ulInitSirTargetExtraHigh	RNC	92	92
10	cPO	RNC	0	0

表 4-12 下行功控参数

序号	参数名称	作用范围	默认值	推荐值
1	dlInitSirTarget	RNC	41	41
2	cBackOff	RNC	0	0
3	p01	RNC	0	0
4	p02	RNC	12	12
5	p03	RNC	12	12
6	dlPcMethod	RNC	BALANCING	BALANCING
7	blerQualitytargetDl	RNC	无	无
8	sirMin	RNC	−82	−82
9	sirMax	RNC	100	120
10	ulOuterLoopRegulator	RNC	JUMP	JUMP
11	ulSirStep	RNC	10	10

表 4-13 频内切换参数

序号	参数名称	作用范围	默认值	推荐值
1	hysteresis1a	RNC	0	0
2	hysteresis1b	RNC	0	0
3	hysteresis1c	RNC	2	2
4	hysteresis1d	RNC	15	15
5	maxActiveSet	RNC	3	3
6	measQuantity1	RNC	CPICH_EC_NO	CPICH_EC_NO
7	reportingInterval1a	RNC	3	3
8	reportingInterval1c	RNC	3	3
9	reportingRange1a	RNC	6	6
10	reportingRange1b	RNC	10	10
11	selectionPriority	UtranRelation	0	根据实际情况确定
12	timeToTrigger1a	RNC	11	11
13	timeToTrigger1b	RNC	12	12
14	timeToTrigger1c	RNC	11	11
15	timeToTrigger1d	RNC	14	14

表 4-14 频间切换参数

序号	参数名称	作用范围	默认值	推荐值
1	hyst4_2b	RNC	10	10
2	ifHoAmountPropRepeat	RNC	4	4
3	ifHoPropRepeatInterval	RNC	5	5
4	maxIefMonSubset	RNC	32	32
5	nonUsedFreqThresh4_2bEcno	RNC	−9	−10
6	nonUsedFreqThresh4_2bRscp	RNC	−95	−100
7	selectionPriority	UtranRelation	0	根据实际情况确定
8	timeTrigg4_2b	RNC	100	100
9	usedFreqRelThresh4_2bEcno	RNC	−1	0
10	usedFreqRelThresh4_2bRscp	RNC	−3	0

表 4-15 异系统切换参数

序号	参数名称	作用范围	默认值	推荐值
1	gsmAmountPropRepeat	RNC	4	4
2	gsmPropRepeatInterval	RNC	5	5
3	gsmThresh3a	RNC	−95	−95
4	hysteresis3a	RNC	0	0
5	maxGsmMonSubset	RNC	32	32
6	selectionPriority	GsmRelation	0	根据实际情况确定
7	timeToTrigger3a	RNC	6	6
8	utranRelThresh3aEcno	RNC	−1	0
9	utranRelThresh3aRscp	RNC	−3	0

4.1.3 TD-SCDMA 网络关键参数介绍

(1) PCCPCHPOWER(PCCPCH 功率): 主公共控制物理信道发射功率。

① 影响范围: CELL。

② 建议值: 70dBm。

(2) CELLINDIVIDALOFFSET(小区独立偏置): 该参数值给出了本小区和邻区间的单向 CIO。由于 UE 在使用该值时是把该值加到邻区的信号上, 因此调高该参数值会导致两个小区的切换带提前, 从而使切换提前发生; 反之, 减小该参数值, 可以使两个小区的切换延后。当在路测过程或者通话过程中发现切换太早或者太晚时, 可以调整这个值。

① 影响范围: CELL。

② 参数取值范围: −20～20。

③ 建议值: DB。

④ 相关命令: MOD NCELL。

(3) POSITION(UPPCH 位置): 将上行信道 UpPCH 灵活配置在无线子帧的不同上行时隙的不同位置。这个位置可由无线网络控制器(RNC)根据基站(NodeB)对上行时隙的干扰进行测量而确立, 终端接收 RNC 的命令在帧的合适位置发送上行同步信道(UpPCH), 以达到规避干扰的目的。此参数的每个不同的取值代表了从 UpPTS 开始一个不同的 UPPCH 可能存在的位置。

① 影响范围: CELL。

② 参数取值范围: 0～127。

③ 建议值: 0(16chip)。

④ 相关命令: SET UPPCH。

(4) DCHCARRIERORDER(DCH 业务优先级): 载波上针对各种业务的优先级。

① 影响范围: CELL。

② 参数取值范围: 0、80、100。

(5) ULINTERFERERSV(上行干扰余量): 该值用来调整计算上行期望接收功率的大

小。主要是为了方便地对上行期望接收功率进行调整,从而能够满足各个小区不同环境的要求。在其他条件相同的情况下,该值配置得越小,计算出的期望接收功率也就越小。提高上行干扰余量,可以间接提高 SRB/RB 建立时的上行期望接收功率,并提高 RRC 接通成功率和 RAB 建立成功率。

① 影响范围:CELL。

② 参数取值范围:-1000～1000。

③ 建议值:3dB。

④ 相关命令:MOD CELLNBMOLPC。

(6) DLINTERFERERSV(下行干扰余量):该值用来计算下行初始发射功率的大小。主要是为了方便地对下行初始发射功率进行调整,从而能够满足各个小区不同环境的要求。在其他条件相同的情况下,该值配置得越小,计算出的下行初始发射功率也就越小。增大该参数值,接入成功率和切换成功率将有所改善。由于目前在计算下行初始发射功率时,程序中的 Ec/No 参数值有点问题,导致计算出来的值很小,因此调整该参数对实际结果的影响不是很大。如果想更有效地提高初始发射功率,可以直接调整最小下行初始发射功率的值。

① 影响范围:CELL。

② 参数取值范围:-1000～1000。

③ 建议值:180(0.1dB)。

④ 相关命令:MOD CELLNBMOLPC。

(7) ULINTERFERERSVFORHO(切换上行干扰余量):该值用来调整计算切换时上下行期望接收功率的大小。主要是为了方便地对上下行期望接收功率进行调整,从而能够满足各个小区不同环境的要求。在其他条件相同的情况下,该值配置得越小,计算出的期望接收功率也就越小。最有效调整下行初始发射功率的方法是调整最小初始发射功率参数。该值限定了 RNC 配置给 NodeB 时可以采用的最小初始发射功率。提高上行干扰余量和下行最小初始发射功率能够提高专用信道同步的成功概率,从而提高切换成功率。

① 影响范围:CELL。

② 参数取值范围:-1000～1000。

③ 建议值:3(0.1dB)。

④ 相关命令:MOD CELLNBMOLPC。

(8) DLINTERFERERSVFORHO(切换下行干扰余量):该值用来调整计算切换时上下行期望接收功率的大小。主要是为了方便地对上下行期望接收功率进行调整,从而能够满足各个小区不同环境的要求。在其他条件相同的情况下,该值配置得越小,计算出的期望接收功率也就越小。最有效调整下行初始发射功率的方法是调整最小初始发射功率参数。该值限定了 RNC 配置给 NodeB 时可以采用的最小初始发射功率。提高上行干扰余量和下行最小初始发射功率,能够提高专用信道同步的成功概率,从而提高切换成功率。

① 影响范围:CELL。

② 参数取值范围:-1000～1000。

③ 建议值:50(0.1dB)。

④ 相关命令:MOD CELLNBMOLPC。

（9）Qsearch_I（GSM 进行 3G 测量的门限（2G 参数）），其值的具体含义为 0：小于-98dBm 起测；1：小于-94dBm 起测；2：小于-90dBm 起测；3：小于-86dBm 起测；4：小于-82dBm 起测；5：小于-78dBm 起测；6：小于-74dBm 起测；7：一直测；8：大于-90dBm 起测；9：大于-86dBm 起测；10：大于-82dBm 起测；11：大于-78dBm 起测；12：大于-74dBm 起测；13：大于-70dBm 起测；14：大于-66dBm 起测；15：一直不测。

① 影响范围：CELL。

② 参数取值范围：0～15。

③ 建议值：7。

（10）TDD_Qoffset（TDD 重选绝对门限（2G 参数）），其值的具体含义为 0：大于-105dBm 起测；1：大于-102dBm 起测；2：大于-99dBm 起测；3：大于-96dBm 起测；4：大于-93dBm 起测；5：大于-90dBm 起测；6：大于-87dBm 起测；7：大于-84dBm 起测；8：大于-81dBm 起测；9：大于-78dBm 起测；10：大于-75dBm 起测；11：大于-72dBm 起测；13：大于-66dBm 起测；14：大于-63dBm 起测；15：大于-60dBm 起测。

① 影响范围：CELL。

② 参数取值范围：0～15。

③ 建议值：5。

（11）IDLESSEARCHRAT（启动异系统测量门限）：当 $\text{Srxlev} > \text{Ssearch},\text{RAT}$ 时，UE 不进行跨系统的小区重选测量；当 $\text{Srxlev} \leqslant \text{Ssearch},\text{RAT}$ 时，UE 进行跨系统的小区重选测量。

① 影响范围：CELL。

② 相关命令：ET CELLSELRESEL。

（12）TRESELECTIONS（小区重选延迟时间）：在触发测量后，对于满足重选备选条件的小区，终端要根据测量结果对其进行排序：$R_s = \text{Qmeas},s + \text{Qhysts}$；$R_n = \text{Qmeas},n - \text{Qoffsets},n - \text{TO}_n \times (1 - L_n)$。其中，Qhysts 是服务小区的迟滞量；Qoffsets,n 是小区 n 相对于服务小区的偏移；终端根据以上准则将获得的 R_n 和 R_s 进行比较，以确认是否需要小区重选，如果相邻 GSM 小区的 R_n 值优于当前 TD 服务小区的 R_s 值并维持时间 Treselections，则进行小区重选，选择新的 2G 小区驻留。

① 影响范围：CELL。

② 参数取值范围：0～3。

③ 建议值：2s。

④ 相关命令：SET CELLSELRESEL。

（13）QHYST1S（小区重选迟滞）：迟滞量，不利于向临小区发生重选。

① 影响范围：CELL。

② 参数取值范围：0～40。

③ 建议值：4。

④ 相关命令：SET CELLSELRESEL。

（14）QOFFSET1SN（邻小区电平偏置）：邻区的电平偏移量。

① 影响范围：CELL。

② 参数取值范围：-50～50。

③ 建议值：0。

④ 相关命令：SET CELLSELRESEL。

(15) INTERCELLANTIPINGPANGTIMERLTH(防乒乓切换定时器)：防乒乓定时器是指防止乒乓切换机制中乒乓阻隔的有效时间。当切换发生后,在这个时间段内,禁止UE切回到原小区。如果此值设置过大,特别是当UE速度过快时,UE已经移动很长距离,原小区信号质量已变好,也不能切回原小区。需要结合具体场景进行设置。

① 影响范围：CELL/RNC。

② 参数取值范围：0～120。

③ 建议值：0s。

④ 相关命令：SET HOCOMM。

(16) HYSTFOR1G(CS业务1G事件迟滞)：邻区信号高于本小区信号门限值。只有邻区信号测量值比本区高出该门限值时,才可能触发切换。只有当SET CORRMALGOSWITCH的参数HANDOVERALGORITHM设置CORRM_EV_MEAS_HHO_SUPP开关关闭时,本参数才有效。该参数越大,抵抗信号波动的能力越强,可以减少乒乓和误判,但会导致切换的不及时；该参数越小,可以使得切换条件更异满足,但带来乒乓和误判的概率也随之增大。

① 影响范围：CELL。

② 参数取值范围：0～15。

③ 建议值：7(0.5dB)。

④ 相关命令：MOD CELLINTRAFREQHO。

(17) TRIGTIME1G(CS业务1G事件触发时间)：1G事件的延迟触发时间,上报的是该信号质量测量值较好的持续时间。该值与慢衰落特性相关,只有当SET CORRMALGOSWITCH的参数HANDOVERALGORITHM设置CORRM_EV_MEAS_HHO_SUPP开关打开时,本参数才有效。在该参数规定的时间(Time-to-trigger)内一直成立时,UE报告1G事件给RNC。该值越大,误判概率越小,但会减小事件对测量信号变化的响应速度,且切换越不容易发生,但该值的增大会增加掉话的风险。该值越小,对信号的评估不完全,可能会带来乒乓和误判。

① 影响范围：CELL。

② 参数取值范围：D0、D10、D20、D40、D60、D80、D100、D120、D160、D200、D240、D320、D640、D1280、D2560、D5000。

③ 建议值：D1280ms。

④ 相关命令：MOD CELLINTRAFREQHO。

(18) HYSTFOR2A(CS业务2A事件迟滞)：2A事件的迟滞值。上报的是异频邻区信号高出本区信号的门限值。只有当异频邻区信号测量值高出该参数值时,才可能上报2A事件。该参数越大,抵抗信号波动的能力越强,可减少乒乓切换和误判,但会导致事件触发不及时,减弱了切换算法对信号变化的响应速度。该参数越小,对信号的波动会变得敏感,从而带来误判和乒乓切换。

① 影响范围：CELL。

② 参数取值范围：0～29。

③ 建议值：15dB。

④ 相关命令：MOD CELLINTERFREQHONCOV。

(19) TIMETOTRIG2A(CS 业务 2A 触发时间)：2A 事件的延迟触发时间。异频邻区载频质量只有在该参数规定时间内一直满足比本小区质量＋2A 迟滞值大时，才会上报 2A 事件。该值与慢衰落特性有关。该值越大，误判概率越小，但会减小事件对测量信号变化的响应速度，且切换越不容易发生，但该值的增大会增加掉话的风险。该值越小，对信号的评估不完全，可能会带来乒乓和误判。

① 影响范围：CELL。

② 参数取值范围：D0、D10、D20、D40、D60、D80、D100、D120、D160、D200、D240、D320、D640、D1280、D2560、D5000。

③ 建议值：D1280ms。

④ 相关命令：MOD CELLINTERFREQHONCOV。

(20) HYSTFOR3A(CS 业务 3A 事件迟滞)：通过该参数设置 CS 业务 3A 事件迟滞，当 UE 当前使用频率 RSCP 测量值＜CS 业务使用频率 RSCP 质量门限－该参数设置值/2 且 GSM 邻区测量值＞CS 业务异系统切换判决门限＋该参数设置值/2 时，并且持续 CS 业务 3A 事件延迟触发时长，则触发 3A 事件报告。其主要作用是减少 3A 事件的频繁上报。设置此参数前，需要选择异系统测量报告方式为"事件报告方式"。该参数的取值和慢衰落特性相关。该值越大，就越能减少乒乓效应和误判发生，但会对导致 3A 事件触发不及时；该值越小，3A 事件触发越及时，但会增加乒乓效应和误判。

① 影响范围：CELL。

② 参数取值范围：0～15。

③ 建议值：6(1dB)。

④ 相关命令：MOD CELLINTERRATHOCOV。

(21) TIMETOTRIG3A(CS 业务 3A 触发时间)：3A 事件的延迟触发时间。

① 影响范围：CELL。

② 相关命令：MOD CELLINTERRATHOCOV。

(22) USEDFREQCSTHDRSCP(CS 业务 3A 事件使用频率 RSCP 质量门限)：针对 CS 业务，在异系统切换测量报告采用"事件报告方式"的情况下，该参数用于设置 3A 事件的测量控制，只有当 UE 当前使用频率的小区质量低于此门限时，才能满足触发 3A 事件的必要条件之一，同时需要满足 GSM 目标小区 RSCP 测量值高于 CS 业务异系统切换判决门限，才会触发 3A 事件。该值越大，3A 事件下门限越容易满足，且切换概率增加；该值越小，3A 事件下门限值越不容易满足，且事件触发越难，UE 也有掉话的风险。

① 影响范围：CELL。

② 参数取值范围：－115～25。

③ 建议值：－92dBm。

④ 相关命令：MOD CELLINTERRATHOCOV。

(23) TARGETRATCSTHD(CS业务3A事件异系统切换判决门限)：针对CS业务，在异系统切换测量报告采用"事件报告方式"的情况下，该参数用于设置3A事件的测量控制，只有当GSM目标频率的小区质量高于此门限时，才能满足触发3A事件的必要条件之一，同时需要满足CS业务使用频率RSCP测量值小于CS业务使用频率RSCP质量门限，才会触发3A事件；如果异系统切换测量报告采用"周期报告方式"，该参数则用于RNC侧的异系统覆盖切换判决。该值越大，切换条件越不容易满足，对信号的变化响应越不明显，甚至有可能出现掉话。该值越小，切换越容易发生，但有可能带来不需要的切换。

① 影响范围：CELL。

② 参数取值范围：0～63。

③ 建议值：30dBm。

④ 相关命令：MOD CELLINTERRATHOCOV。

(24) USEDFREQR99PSTHDRSCP(PS非H业务使用频率RSCP质量门限)：针对PS非H业务，如果异系统切换测量报告采用"事件报告方式"，则该参数用于设置3A事件的测量控制，只有当UE当前使用频率的小区质量低于此门限时，才能满足触发3A事件的必要条件之一，同时需要满足GSM目标小区RSCP测量值高于PS非H业务异系统切换判决门限，才会触发3A事件。设置此参数前，需要选择异系统测量报告方式为"事件报告方式"。该值越大，3A事件下门限越容易满足，且切换概率增加；该值越小，3A事件下门限值越不容易满足，且事件触发越难，但该值过小UE会有掉话的风险。

① 影响范围：CELL。

② 参数取值范围：-115～-25。

③ 建议值：-97dBm。

④ 相关命令：MOD CELLINTERRATHOCOV。

(25) TARGETRATR99PSTHD(PS非H业务异系统切换判决门限)：针对PS非H业务，如果异系统切换测量报告采用"事件报告方式"，则该参数用于设置3A事件的测量控制，只有当GSM目标频率的小区质量高于此门限时，才能满足触发3A事件的必要条件之一，同时需要满足PS非H业务使用频率RSCP测量值小于PS非H业务使用频率RSCP质量门限，才会触发3A事件；如果异系统切换测量报告采用"周期报告方式"，则该参数则用于RNC侧的异系统覆盖切换判决。该值越大，切换条件越不容易满足，且对信号的变化响应越不明显，甚至有可能出现掉话。该值越小，切换越容易发生，但可能带来不需要的切换，并增加信令交互。

① 影响范围：CELL。

② 参数取值范围：0～63。

③ 建议值：30dBm。

④ 相关命令：MOD CELLINTERRATHOCOV。

(26) USEDFREQHTHDRSCP(H业务使用频率RSCP质量门限)：针对H业务，如果异系统切换测量报告采用"事件报告方式"，则该参数用于设置3A事件的测量控制，只有当UE当前使用频率的小区质量低于此门限时，才能满足触发3A事件的必要条件之一，同时需要满足GSM目标小区RSCP测量值高于PS非H业务异系统切换判决门限，才会触发 3A 事件。设置此参数前,需要选择异系统测量报告方式为"事件报告方式"。该值越大,3A 事件下门限越容易满足,且切换概率增加;该值越小,3A 事件下门限值越不容易满足,且事件触发越难,但该值过小 UE 会有掉话的风险。

① 影响范围:CELL。

② 参数取值范围:−115～−25。

③ 建议值:−97dBm。

④ 相关命令:MOD CELLINTERRATHOCOV。

(27) TARGETRATHTHD(H 业务异系统切换判决门限):针对 H 业务,如果异系统切换测量报告采用"事件报告方式",则该参数用于设置 3A 事件的测量控制,只有当 GSM 目标频率的小区质量高于此门限时,才能满足触发 3A 事件的必要条件之一,同时需要满足 PS 非 H 业务使用频率 RSCP 测量值小于 PS 非 H 业务使用频率 RSCP 质量门限,才会触发 3A 事件;如果异系统切换测量报告采用"周期报告方式",则该参数则用于 RNC 侧的异系统覆盖切换判决。该值越大,切换条件越不容易满足,且对信号的变化响应越不明显,甚至有可能出现掉话。该值越小,切换越容易发生,但可能带来不需要的切换,并增加信令交互。

① 影响范围:CELL。

② 参数取值范围:0～63。

③ 建议值:30dBm。

④ 相关命令:MOD CELLINTERRATHOCOV。

(28) BATONHOSUPPORT(邻区关系接力指示开关):两个开关联合起来用来确定两个邻区之间的切换类型。只有 RNC 级的接力切换总开关打开时,接力切换才生效。第二个开关主要针对两个小区之间是否支持接力切换。在现在的系统中,主要是 RNC 内小区间切换为接力切换,RNC 间的切换仍为硬切换。

① 影响范围:CELL。

② 参数取值范围:ON/OFF。

③ 建议值:ON。

④ 相关命令:MOD NCELL。

(29) BATON_HHO_SUPP(RNC 接力指示开关):两个开关联合起来用来确定两个邻区之间的切换类型。只有 RNC 级的接力切换总开关打开时,接力切换才生效。第二个开关主要针对两个小区之间是否支持接力切换。在现在的系统中,主要是 RNC 内小区间切换为接力切换,RNC 间的切换仍为硬切换。

① 影响范围:RNC。

② 参数取值范围:ON/OFF。

③ 建议值:ON。

④ 相关命令:SET CORRMALGOSWITCH。

(30) FILTERCOEFFOR1G1I(同频测量层三滤波系数):该参数用于配置同频事件机制的层三滤波系数。该参数越大,对信号的平滑作用越强,抗快衰落能力越强,但对信号变化的跟踪能力越弱。如果该值过大,则会由于不能及时地判断切换而造成 UE 掉话。如果该值过小,则容易因误判而进行错误地切换。

① 影响范围:CELL。

② 参数取值范围:D0、D1、D2、D3、D4、D5、D6、D7、D8、D9、D11、D13、D15、D17、D19。

③ 建议值:D5。

④ 相关命令:MOD CELLINTRAFREQHO。

4.1.4 BSC 无线参数的优化方法

网络优化是一个长期的过程,它贯穿于网络发展的全过程。只有不断提高网络的质量,才能获得移动用户的满意,吸引和发展更多的用户。在日常网络优化的过程中,可以在维护终端和日常 DT 中发现问题,当然还有用户的反映。主要优化方法就是对投入运行的网络进行数据采集、数据分析、参数检查,找出影响网络质量的原因,通过各种技术手段或参数调整使网络达到最佳运行状态,使网络资源获得最佳效益;同时,还需要了解网络的增长趋势,为扩容提供依据。

1. 无线网络优化的 BSC 具体优化内容

在日常的无线网络优化工作中,一般把无线网络优化工程分为 DT/CQT 工作组、BSC 工作组和投诉处理工作组。BSC 无线网络优化的主要工作如下:对无线网络进行日常分析和检查、每天 TOP 问题小区的处理、优化处理前端及客户反馈的网络问题点、根据网络优化需求提交相应的解决方案、每周提交优化周报、每月提交月报、项目经验交流和原理的培训、对优化区域优化效果进行评估及后期的网络规划、对整网工程参数的核查和校正等。BSC 无线参数优化的主要工作内容如图 4-1 所示。

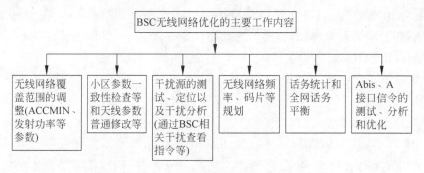

图 4-1 BSC 无线网络优化的主要工作内容

2. BSC 无线网络优化的具体流程

BSC 无线网络优化项目组首先从 DT/CQT 项目组、用户投诉和通过在 OMC-R 后台管理系统查看系统相关性能等得到网络实际运行数据后,对该数据进行相关分析处理。如果是无线参数导致的问题,则首先将进行问题定位分析,再制定优化方案和方案实施,并将优化方案提交给 DT/CQT 项目组对调整的系统进行实时路测和监控等过程;如果是相关设备硬件、传输或特殊的人为原因,则应将其报送相关部门或单位。BSC 无线网络优化主要流程如图 4-2 所示。

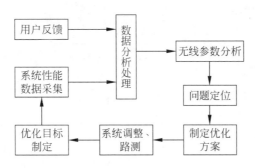

图 4-2　BSC 无线网络优化主要流程图

3. BSC 无线网络优化的方法

BSC 无线网络优化主要是通过在后台管理系统 OMC 平台上实时监控网络的运行情况,对有问题的基站等做出相关参数的修改使其恢复正常运行。BSC 无线网络优化除了日常的监控外,还特别需要关注以下几个方面。

(1) 一致性检查(GSM 系统)

一致性检查是 BSC 无线网络优化的一个基本日常工作,一般一周做一次。在优化过程中,应不断地进行一致性检查以发现不一致设置的存在。其主要包括以下几类检查。

① 小区定义单向。在别的 BSC 中发现有相邻关系定义,反向却没有,这意味着切换只能单向进行,除了特殊情况外反向相邻关系都应添加。

② NCCPERM 设置。如果 NCCPERM 的设置与 NCC 不同,则不能切换进入这些小区。NCCPERM 是以 8 位 BIT MAP 的形式编码,0 为不允许,1 为允许。例如,允许 NCC＝1,编码为二进制 00000010,NCCPERM＝2(十进制);允许 NCC＝0 和 1,编码为二进制 00000011,NCCPERM＝3(十进制)。

③ MBCCHNO 设置。相邻小区的 MBCCHNO 没有定义,会使得这些小区的切换也无法进行;而 MBCCHNO 定义过多,又会影响小区的切换准确性和及时性。

④ BCCH、BSIC、CGI 定义是否有误。外部小区的参数定义正确性对外部切出切换成功率至关重要。如果 BCCH、BSIC 和 CGI 其中一个定义有误,对这些小区的切换同样无法进行。

⑤ 邻小区同 BCCH 同 BSIC。这将严重影响切换成功率和随机接入性能(在同一 BSC 内最好不要存在相同 BCCHNO 和 BSIC 的小区)。

⑥ 本小区与邻小区同 BCCH。这样会产生 BCCH 干扰,因而导致掉话率高,并影响切换指标。

⑦ BCCH 与 TCH 或 TCH 与 TCH 间的同邻频干扰。其会造成掉话率高,并影响切换指标(内切换频繁),从而影响网络的总体性能。

(2) 高掉话小区分析

掉话率指标是运营商考核的一个重要指标,一般要求小于等于 5％。当然,影响掉话的原因很多,具体可参见 4.5.3 小节的相关内容,高掉话小区分析流程图如图 4-3 所示。

如果发现某个 BSC 整体的 TCH 掉话率异常,则开始分析该 BSC 各个小区的掉话情况,可以通过 Excel 来做大规模小区的统计和对比。主要通过 TCH 射频丢失率(％)、TCH

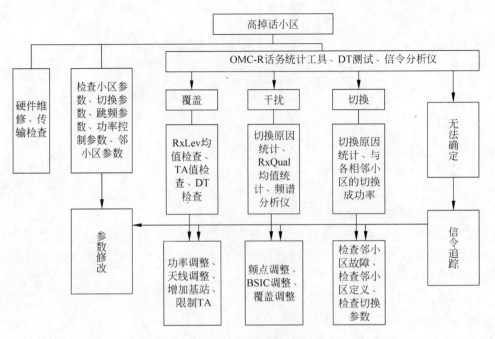

图 4-3　高掉话小区分析流程图

掉话率(%)、掉话次数等指标来区分高掉话小区;当确定高掉话小区后,再查看该小区的干扰带情况、驻波报警、硬件报警、TRX 性能、天馈问题等情况来分析、定位掉话的原因;最后,如果能通过修改无线参数解决的就修改相关参数,不能的则提交相关维护部门解决。

（3）TCH 高拥塞小区分析流程

TCH 拥塞率是一个反映申请 TCH 时遇到无空闲 TCH 可分配的次数占 TCH 占用请求次数的百分比的指标。如果 TCH 拥塞率指标较高,则将导致网络的服务质量下降,需要通过扩容优化、调整接入参数、调整天线等手段进行改善。图 4-4 所示为 TCH 高拥塞小区分析流程图。

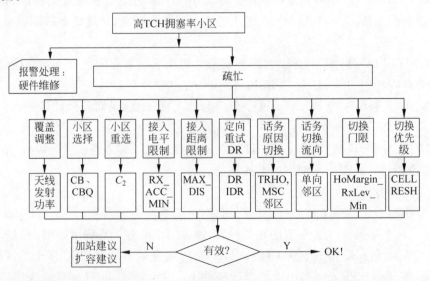

图 4-4　TCH 高拥塞小区分析流程图

可以通过 OMC-R 话务统计方式检查 TCH 拥塞率是否因全忙拥塞。若因遇全忙拥塞，则可通过调整天线参数、接入参数，减少发射功率和扩容等修改无线网络参数的优化手段来解决全忙问题。对于中继电路、模块等硬件引起的情况，可以提交相关维护部门解决。

（4）SDCCH 高拥塞小区分析流程

SDCCH 的全称是独立专用控制信道，其主要用于呼叫的建立、位置更新、短信的传输等过程。一般进行的信令交互主要利用 SDCCH 信道承载，SDCCH 信道的分配也称立即指配过程。SDCCH 信道拥塞是指在立即指配时，如果网络没有可用的 SDCCH 信道来分给手机，则统计一次 SDCCH 分配失败。SDCCH 信道的拥塞会直接影响到基站的性能和用户的感观。图 4-5 所示为 SDCCH 高拥塞小区分析流程图。

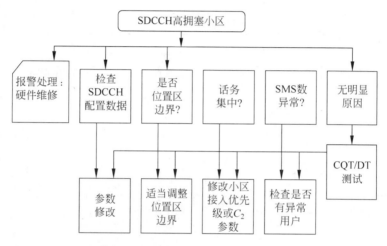

图 4-5　SDCCH 高拥塞小区分析流程图

在硬件设备正常的情况下，如果某小区 SDCCH 高拥塞，则可以通过 BSC 修改 SDCCH 信道数目、C_2 值以及短信等参数来解决该问题。

（5）热点地区话务分析

对于那些人流比较密集的地区或举办大型活动的场所，话务量都比较高，需要考虑优化，主要的解决方法就是话务分担或扩容。图 4-6 所示为热点地区话务分析流程图。

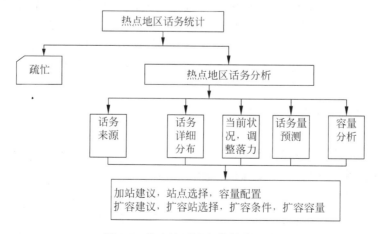

图 4-6　热点地区话务分析流程图

可以通过修改 BSC 无线参数,如 ACCMIN、MS-TXPWR-MAX-CCH、BSTXPWR-MAX、BS-TXPWR-MIN、BS-TXPWR-MAX-CCH、寻呼信道复帧数(BS-PA-MFRMS)等,激活话务分担功能、设置启动话务分担的比例等参数来实现话务分担,也可以通过扩容、调整天线参数等方式解决热点区域的话务问题。

(6)切换成功率低的详细分析思路

切换就是指当 MS 在通话期间从一个小区进入另一个小区时,将呼叫在其进程中从一个无线信道转换到另一个信道的过程。切换有硬切换和软切换之分。频繁的切换会导致掉话和占用系统资源等一系列问题,切换成功率也是无线网络优化必须考虑的指标之一。图 4-7 所示为切换问题分析流程图。

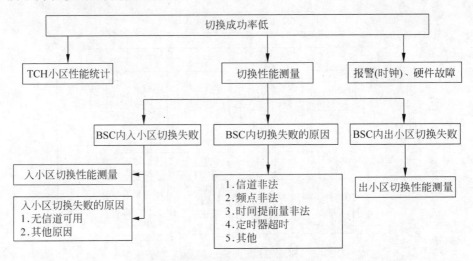

图 4-7   切换问题分析流程图

如果发现该 BSC 整体的小区间切换成功率异常,则开始分析该 BSC 各个小区的切换成功率情况,可以通过 Excel 来做大规模小区的统计和对比,首先区分是普遍现象还是几个小区或者部分小区的切换成功率都特别低,如果是几个小区的切换成功率都特别低,那么就对低切换成功率的小区进行统计,主要通过小区间切换成功率、出入 BSC 的切换成功率、切换失败次数等指标来确定低切换成功率小区。主要的 BSC 无线切换参数有 THYST、KHYST、KOFFSET、LHYST、LOFFSET、TRHYST、TROFFSET、HIHYST、LOHYST、OFFSET、AWOFFSET、BQOFFSET、BQOFFSETAFR、PROFFSET 等,当然还与话务、干扰因素等有关系,只有全面考虑,综合判断,才能准确地定位切换问题。

4.1.5   BSC 无线参数优化案例分析

由于在 4.1.3 小节中介绍的 BSC 相关指令,很多是针对爱立信的 GSM 系统的,因此下面所有案例都是基于爱立信的 GSM 系统的。测试软件使用的是万禾的 ANTPILOT 分析软件。

案例 1   同频干扰

同频干扰是指当前手机所使用的 BCCH 或 TCH 频率和相邻小区或非相邻小区频率相同造成的相互干扰。在 GSM 系统中,同频干扰比较常见;在 CDMA 系统中,只有异频组网才有可能发生同频干扰现象。

（1）问题分析：在图 4-8 中，梅州中学 2 的 BCCH（87）受到梅州公园 1BCCH（87）的干扰，造成 SDCCH 掉话率很高。

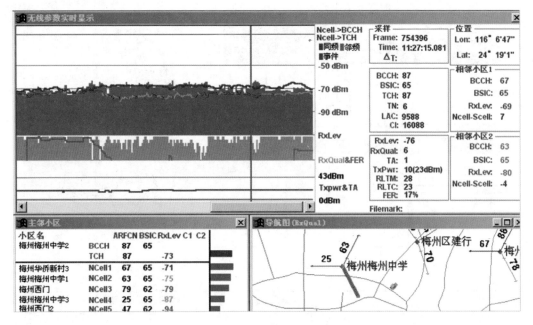

图 4-8 同频干扰

（2）解决方法：用 CELLCHECK 计算出要更改的频率，用 RLDEC 把 BCCH 直接换掉（R8）。注意：如果在相邻小区中有相同的 BCCH 和 BSIC，会造成很大的 SDCCH 掉话，因为手机发送 ACCESS 信号时会被这两个小区同时收到，结果只能 ACCESS 一个小区，另外一个就造成 SDCCH 掉话，所以在路测时一定要注意这种情况。

案例 2 漏定邻区关系

漏定邻区关系：在 GSM 系统中，其指的是只定义了 MBCCHNO 而没有把相邻小区定义上。

（1）问题分析：在图 4-9 中，红色线 RxLev 很高，它是四会 2 的信号，红色下面蓝色是服务小区为海景花园的信号，这时候应该进行 HANDOVER。

（2）解决方法：只要用 RLNRI 把它们的相邻关系定义就解决问题了。

注意 　在网络优化的开始，网络优化人员会用 CELLCHECK 软件包扫描所有小区的多余的 MBCCHNO 和 CELLR，并用 RLMFE 和 RLNRE 把全部多余的 BCCHNO 和 CELLR 删除，这是很正确的。由于 CELLCHECK 软件包并没有考虑小区的实际地理环境，因此需要路测把需要的相邻关系找回来。

案例 3 弱信号、质量差、盲区等

在一些山区或农村等话务较少的地方，由于运营商投资力度不够，因此造成网络不够完善引起弱信号、盲区等情况而导致掉话、信号质量差等情况也是比较常见的。图 4-10 和图 4-11 就是 GSM 系统在某山区路段的测试结果图。

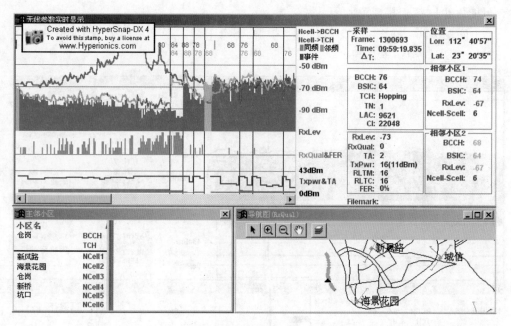

图 4-9 漏定邻区关系

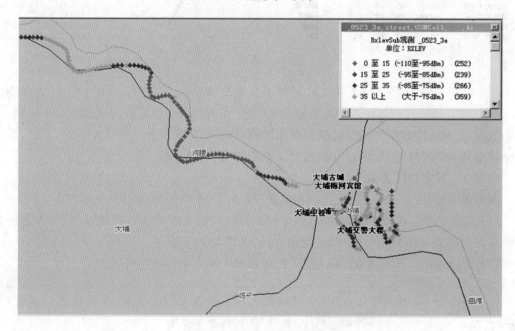

图 4-10 信号强度测试图

(1) 问题分析：在图 4-10 中,红色部分是弱信号；在图 4-11 中,红色部分是质差。盲区是没有任何图形的。上述的地理环境是山区路段,因此路测的时候要注意地理环境。

(2) 解决方法：加基站是最好的解决办法。为了话务指标,可以采取下面几种方法。

① 用 RLBCE 指令把相关覆盖信号的小区动态功率设为 INACTIVE,关掉功率控制让放射机以最大功率发射,从而提高覆盖范围。

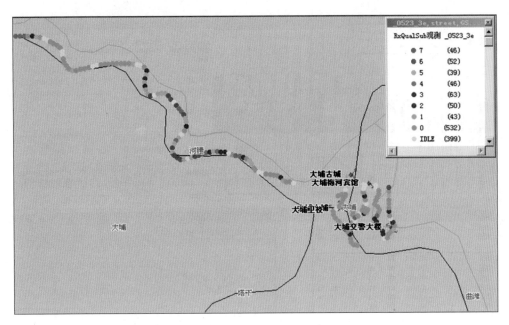

图 4-11　信号质量测试图

② 用 RLSSC 指令设置 RLINKT＝48，ACCMIN＝104，目的是降低手机接入的信号强度，相当于扩大了覆盖范围。

③ 用 RLCPC 指令把 BSPWRT、BSPWRB 调到最大。

④ 用 RLLDC 指令设置 RLINKUP＝48。

特别提示	语音质量会很差。

案例 4　乒乓切换

乒乓切换是指手机在服务小区和相邻小区来回进行 HANDOVER。由于乒乓切换在硬切换中很容易导致掉话，因此其也是引起掉话原因中一个主要的因素，在日常优化中须特别注意。

（1）问题分析：在图 4-12 中，手机在频点 68 和频点 78 之间来回乒乓切换，容易造成掉话。

（2）解决方法：由于信号在无线环境传播中的多变性，滞后参数（KHYST）可以用来避免乒乓切换，设计文件中一般设置为 3，也就是说，邻小区电平必须比当前服务小区电平高 3dB，并且保持一定的时间，才会进行切换。可以用 RLNRC 指令设置 KHYST＝6。

案例 5　孤岛效应

孤岛：由于小区规划的时候没有实地考察，某个小区的信号覆盖较远，在其他的小区上的 RxLev 很强，而且和其他小区没有相邻关系，结果呼叫一直保持在该小区上，直到呼叫掉话。

（1）问题分析：在图 4-13 中，平远电视台 3（82、64）的 RxLev 在 70～80dBm 之间，TA＝16，即 16×500＝8000m，RxQual 较差，由导航图可见，用户在平远坝头附近，而且该手机没有测量到周围的相邻小区的信号，孤岛的现象很多。

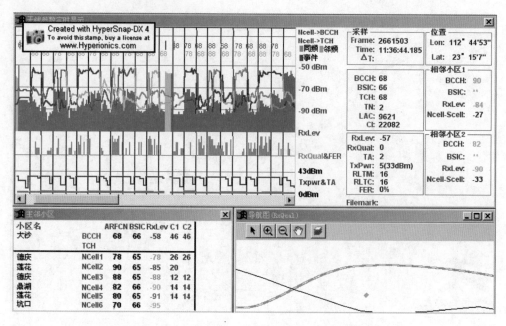

图 4-12　乒乓切换

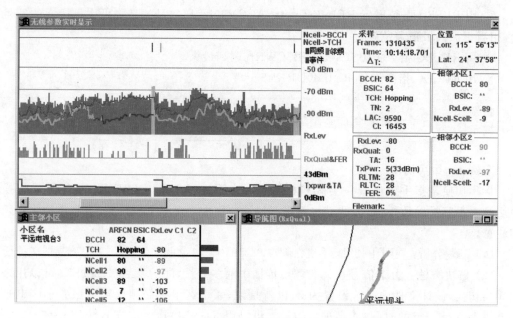

图 4-13　孤岛效应

（2）解决方法：①调大该小区的天下方向角，使其覆盖范围扩大；②观察 ANTPILOT 所收集的数据，用 RLNRI 和 RLMFC 指令把该小区的相邻关系及测量频点补定义上。

总结：BSC 无线网络优化主要是从参数角度入手，通过相关指令的修改来微调网络性能，有些参数的修改效果比较明显，如同频干扰、邻区关系等参数的修改效果比较明显；也有些参数的修改效果不是很好，如关掉某站的功率控制，其效果还不如调整天线参数效果好。至于在什么情况下调整参数，是通过 BSC 相关指令去观察、分析和定位相关问题，还是通过调整参数来解决相关问题,这往往需要通过长期的经验积累才可以对各种方法应用自如。

4.1.6　BSC 无线参数修改相关指令

由于网络优化分核心网的网络优化和无线网络优化两种,而无线网络优化又分为工程网络优化和日常网络优化,因此在日常网络优化中工种比较多,如 DT、CQT、投诉处理以及 BSC 无线网络优化等工作岗位,对于一个中级水平的无线网络优化工程师而言,必须掌握其相应网络相关 BSC 操作。下面是以爱立信 GSM 网络为例,介绍在日常网络优化中常用的爱立信 BSC 相关指令。

(1) 查询邻区关系

RLNRP:CELL=×××,CELLR=×××或者 ALL。

(2) 历史上行干扰查询

查这个参数:IDLEUTCHF×××;查 FPDCH 个数:RLGSP=×××。

(3) 可以查看 BCCH 频点和 BSIC、CGI、BCCHTYPE 等信息

RLDEP：CELL=SWG1062。

(4) 查看 ACCMIN、NCC 等参数

RLSSP、查看测量频点:RLMFP:CELL=×××。

(5) 开关跳频

RLCHC:CELL=×××,HOP=ON 或 OFF,CHGR=信道组所对应的数。

(6) 查看小区定义的发射功率

RLCPP：CELL=SWG1062。

(7) 修改发射功率

RLCPC：CELL=×××,BSPWRB=×××,BSPWRT=×××。

(8) 查看小区定义的层次

RLLHP：CELL=SWG1062。

(9) 查 CRO

RLSBP：CELL=×××。

(10) 查小区载波配置和 SDCCH 配置

RLCFP：CELL=×××。

(11) 查最大的 TA 值

RLLDP：CELL=×××。

(12) 查 CRH

RLSSP：CELL=×××。

(13) 调整 CRO

RLSBC:CELL=×××,CRO=×××。

(14) 查跳频配置

RLCHP：CELL=×××。

(15) 查邻区

RLNRP：CELL=×××,CELLR=×××,(NODATA)。

（16）查 TG 各个载波时隙的状态

RXTCP：CELL＝×××，MOTY＝RXOTG。

RXCDP：MO＝RXOTG-X（RBS2000 系统用 RXOTG，RBS200 系统用 RXETG）。

（17）修改跳频功能

RLCHC：CELL＝×××，HOP＝ON/OFF，CHGR＝0/1。

（18）闭载波

RXBLI：MO＝RXOTRX－局号－载波号，SUBORD，FORCE。

（19）开载波

RXBLE：MO＝RXOTRX－局号－载波号，SUBORD。

（20）查层参数

RLLHP：CELL＝×××。（LAYER、LAYERTHR、LAYERHYST）。

（21）关闭 GPRS

RLGSE：CELL＝×××。

（22）开启 GPRS

RLGSI：CELL＝×××。

（23）闭站和开站

RLSTC：CELL＝04GB292，STATE＝HALTED。

RLSTP：CELL＝04GB292。

（24）查看滤波器的参数

RLLFP：CELL＝×××。

（25）修改滤波器的参数

RLLFC：CELL＝×××，参数名＝×××。

（26）查小区当前的工作状态

RLSTP：CELL＝×××。

（27）闭载波

RXBLI：MO＝RXOTRX－M－N，SUBORD，FORCE。

（28）开载波

RXBLE：MO＝RXOTRX－M－N，SUBORD。

（29）闭掉小区

RLSTC：CELL＝SZB0121，STATE＝HALTED。

（30）激活小区

RLSTC：CELL＝SZB0121，STATE＝ACTIVE。

（31）对小区做即时统计

SDTDP：RPTID＝102，OBJ＝12GB091，OBJTYPE＝CELTHCF，INT＝15；END。

（32）查各种 RU，包括 cdu 型号和基站的型号

RXTCP：CELL＝01GA132，MOTY＝RXOTG；RXMFP：MO＝RXOCF-76。

（33）修改小区的 SDCCH 个数

RLCCC：CELL＝18GA412，SDCCH＝4，TN＝2，CHGR＝0。

（34）小区的 GPRSRLGSP

CELL＝ALL；取出每小区的 FPDCH。

RLBDP：CELL＝×××；取出第小区的 NUMREQEGPRS

RLBDP：CELL＝×××。

取出小区的 NUMREQEGPRSBPC，

RLDHP：CELL＝×××；

RLDHC：CELL＝×××，DTHAMR＝比例，DTHNAMR＝比例。

4.1.7　同步练习

（1）GSM 主要有哪些关键性参数？

（2）GPRS 主要有哪些关键性参数？

（3）WCDMA 主要有哪些关键性参数？

（4）TD-SCDMA 主要有哪些关键性参数？

（5）列举几个爱立信 BSC 无线参数修改指令。

4.2　天线参数的优化

4.2.1　天线的基本原理

在无线通信系统中，天线系统是与外界传播媒介的接口。它的基本原理如下：无线电发射机输出的射频信号功率通过馈线（电缆）输送到天线，由天线以电磁波形式辐射出去，即把高频电流转换为电磁波。当电磁波到达接收地点后，由天线接下来（仅仅接收很小很小的一部分功率），并通过馈线送到无线电接收机，即把电磁波转换为高频电流。天线是发射和接收电磁波的一个重要的无线电设备，没有天线也就没有无线电通信。天线主要由振子、馈电网络、外罩三大部分组成。其组成部分如图 4-14～图 4-16 所示。

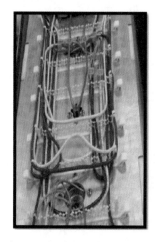

图 4-14　一次性铸造振子　　　图 4-15　同轴电缆馈电网络　　　图 4-16　天线外罩及附件

在移动通信中，天线较多的用在基站和室内分布系统中，基站天馈线系统示意图如

图 4-17 所示。图 4-18 所示为室内分布系统天馈线示意图。

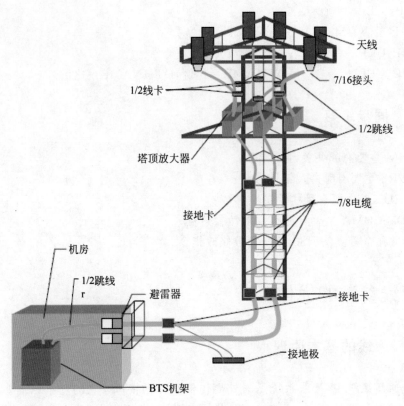

图 4-17　基站天馈线系统示意图

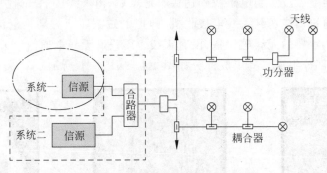

图 4-18　室内分布系统天馈线示意图

1. 天线的分类

天线品种繁多，以供不同频率、不同用途、不同场合、不同要求等情况下使用。按照辐射方向划分，有定向天线和全向天线。图 4-19～图 4-21 所示分别为板状定向天线、八木定向天线、全向天线。

板状定向天线和全向天线多用作基站天线。此外，还有帽形的定向天线，其多用在室内分布系统中作为吸顶天线；而八木天线则多用在直放站系统中作为施主天线。

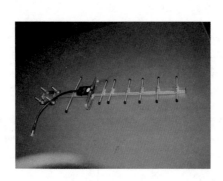

图 4-19　板状定向天线　　　　　图 4-20　八木定向天线　　　　图 4-21　全向天线

按照外形可将天线划分板状天线、帽形天线、鞭状天线和抛物面天线，如图 4-22～图 4-25 所示。

图 4-22　板状天线　　　　图 4-23　帽形天线　　　　图 4-24　鞭状天线　图-25　抛物面天线

无论是在 GSM 系统中还是在 CDMA 系统中，板状天线都是用得最为普遍的一类极为重要的基站天线。这种天线的优点如下：增益高、扇形区方向图好、后瓣小、垂直面方向图俯角控制方便、密封性能可靠以及使用寿命长。

按极化方式可以将天线分为单极化定向天线、双极化定向天线和全向天线，如图 4-26～图 4-28 所示。

图 4-26　全向天线　　　　图 4-27　单极化定向天线　　　　图 4-28　双极化定向天线

2. 天线的指标

天线的基本技术参数主要有电气性能参数和机械参数。电气性能参数主要有半波振子天线、工作频段、增益、方向图、水平、垂直波瓣 3dB 宽度、下倾角、前后比、旁瓣抑制与零点填充、输入阻抗、驻波比、极化方式和天线口隔离；机械参数主要有尺寸、重量、天线罩材料、外观颜色、工作温度、存储温度、风载、迎风面积、接头类型、包装尺寸、天线抱杆和防雷。在工程实施中,考虑较多的是机械参数,但若从规划优化长远来看,则比较看重电气性能方面的参数。下面主要就电气性能参数做一些解释。

(1) 前后比 (Front to back Ratio)

前后比定义的是信号主瓣和后旁瓣＋/－ 30°内能量的比值,单位是 dB。前后比值越大越好,前后比过低意味着后旁瓣对相邻天线主瓣会有影响。图 4-29 所示为主瓣和后旁瓣信号图。

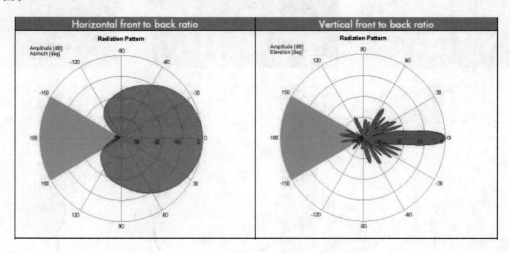

图 4-29　主瓣和后旁瓣信号图

天线的前后比 F/B 的典型值为 18～30dB,特殊情况下,要求达 35～40dB。

(2) 隔离度 (Isolation)

隔离度只用来描述双(多)极化天线,它描述的是两个极化的信号相互影响的程度,单位为 dB。

(3) 下倾角 (Down Tilt)

下倾角 (Down Tilt)就是主瓣的峰值与水平面形成的角度,人们将其称为天线的倾斜角(Tilt),如图 4-30 所示。此角度既可以为正(Up Tilt),也可以为负(Down Tilt)或为零。通常天线的倾斜角都是下倾角(Down Tilt)。倾斜角有电器倾角和机械倾角两类,其中电器倾角又有固定和可调之分。

固定电器倾角(Fixed Electrical Tilt,FET):在天线生产过程中固定的、不可变的倾角,常见的有 0°、－2°、－6°;可调电器倾角(Manually adjustable Electrical Tilt,MET):天线内置调节器,调节范围通常为 0°～－11°,电器倾角如图 4-31 所示。

机械倾斜是通过安装角度的调节来改变天线的倾斜度,如图 4-32 所示。

(4) 旁瓣抑制 (Side Lobe Suppression)

天线所发出的信号波束包含一个主瓣和若干旁瓣,根据位置不同,旁瓣又可分为上旁瓣、下旁瓣和后旁瓣。这些旁瓣有些是无关紧要的,但有些是十分重要的。旁瓣抑制指的是某一信号旁瓣对另一天线发出的信号的主瓣的影响。当天线以一定下倾角使上旁瓣中的第一旁瓣为水平位置时,如果此旁瓣没有足够的抑制,则会影响到其他信号的主瓣。天线所发

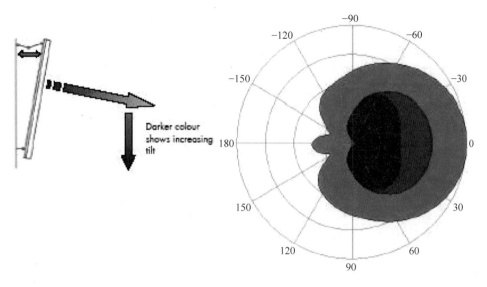

图 4-30　下倾角示意图

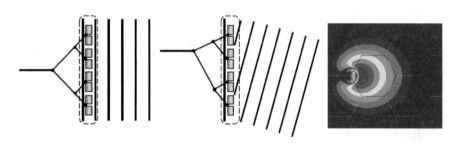

图 4-31　电器倾角

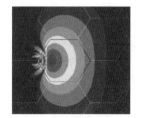

图 4-32　机械倾斜

出的信号波束图如图 4-33 所示。

（5）波瓣宽度

在天线所发出的信号波束图中通常都有两个或多个瓣,其中辐射强度最大的瓣称为主瓣,其余的瓣称为副瓣或旁瓣。在主瓣最大辐射方向两侧,辐射强度降低 3dB(功率密度降低一半)的两点间的夹角定义为波瓣宽度(又称波束宽度或主瓣宽度或半功率角),如图 4-34 所示。波瓣宽度越窄,方向性越好,作用距离越远,抗干扰能力越强。

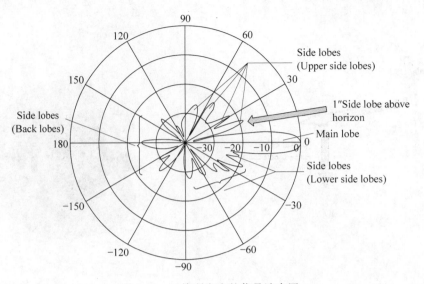

图 4-33　天线所发出的信号波束图

（6）天线增益

天线增益是在输入功率相等的条件下，实际天线与理想的辐射单元在空间同一点处所产生的信号的功率密度之比。它定量地描述一个天线把输入功率集中辐射的程度，方向图主瓣越窄，副瓣越小，增益越高。半波对称振子的增益为 $G=2.15\text{dBi}$。

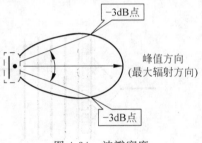

图 4-34　波瓣宽度

天线增益的若干近似计算式如下。

① 天线主瓣宽度越窄，增益越高。对于一般天线，可用如下公式估算其增益。

$$G(\text{dBi})=10\lg\left(\frac{32000}{2\theta_{3\text{dB,E}}\times 2\theta_{3\text{dB,H}}}\right)$$

式中：$2\theta_{3\text{dB,E}}$ 与 $2\theta_{3\text{dB,H}}$ 分别为天线在两个主平面上的波瓣宽度；32000 是统计出来的经验数据。

② 对于抛物面天线，可用如下公式近似计算其增益。

$$G(\text{dBi})=10\lg[4.5\times(D/\lambda_0)2]$$

式中：D 为抛物面直径；λ_0 为中心工作波长；4.5 是统计出来的经验数据。

③ 对于直立全向天线，有如下近似计算式。

$$G(\text{dBi})=10\lg[2L/\lambda_0]$$

式中：L 为天线长度；λ_0 为中心工作波长。

基站天线增益示意图如图 4-35 所示。

其中，EiRP 为有效辐射功率。

（7）驻波比 SWR

驻波比是一个数值，用来表示天线和电波发射台是否匹配。如果 SWR=1，则表示发射传输给天线的信号没有任何反射，全部发射出去；如果 SWR>1，则表示有一部分信号被反射回来。SWR 的计算公式为

$$\text{SWR}=\frac{R}{r}=\frac{1+K}{1-K},\quad K=\frac{R-r}{R+r}$$

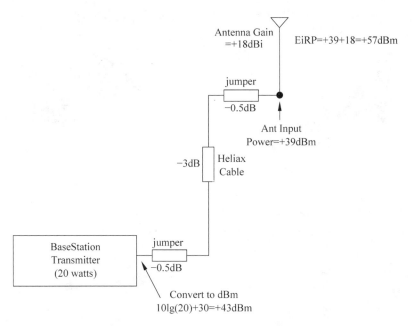

图 4-35　基站天线增益示意图

其中 R 和 r 分别是输出阻抗和输入阻抗,当 K 为负值时,表明两者相位相反。

(8) 天线的输入阻抗 Z_{in}

天线的输入阻抗就是天线输入端信号电压与信号电流之比,称为天线的输入阻抗。输入阻抗具有电阻分量 R_{in} 和电抗分量 X_{in},即 $Z_{in}=R_{in}+jX_{in}$。电抗分量的存在会减少天线从馈线对信号功率的提取。

输入阻抗与天线的结构、尺寸以及工作波长有关,半波对称振子是最重要的基本天线,其输入阻抗为 $Z_{in}=73.1+j42.5(\Omega)$。当把其长度缩短 $3\%\sim5\%$ 时,就可以消除其中的电抗分量,使天线的输入阻抗为纯电阻,此时的输入阻抗为 $Z_{in}=73.1(\Omega)$,(标称 75Ω)。严格来说,纯电阻性的天线输入阻抗只是对点频而言的。

(9) 天线的工作频率范围(频带宽度)

天线的频带宽度就是天线的驻波比 SWR 不超过 1.5 时天线的工作频率范围,如图 4-36 所示。

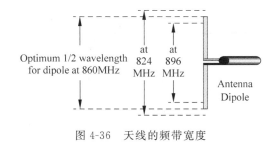

图 4-36　天线的频带宽度

工作带宽(Bandwidth)= $896-824 = 72$(MHz)(由天线厂家设计和电测决定)。

(10) 天线的极化

天线向周围空间辐射电磁波。电磁波由电场和磁场构成。人们规定,电场的方向就是天线极化方向。一般使用的天线是单极化的。垂直极化和水平极化如图 4-37 和图 4-38 所示。

图 4-37　垂直极化

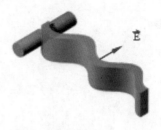

图 4-38　水平极化

若把垂直极化和水平极化两种极化的天线组合在一起,或者把 +45°极化和 −45°极化的天线组合在一起,就构成了双极化天线,如图 4-39 和图 4-40 所示。

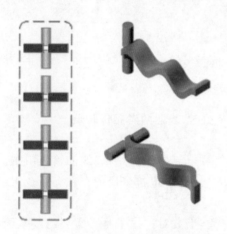

图 4-39　V/H(垂直/水平)型双极化

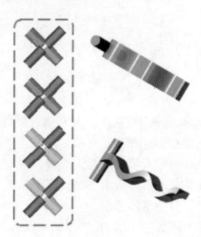

图 4-40　+45°/−45°型双极化

3. 天线的选型

在无线网络规划优化中,天线的选择应根据网络的覆盖要求、话务量、干扰和网络服务质量等实际情况来进行。天线选择得当,可以增大覆盖面积、减少干扰、改善服务质量。具体可以参阅表 4-16 所示的基站天线选型一览表。

表 4-16　基站天线选型一览表

地形	站型	天线选择建议	备　注
城区	定向站	选用半功率波束宽度 65°/中等增益/带固定电下倾角或可调电下倾角 + 机械下倾角的天线	机械下倾角不应该超过垂直面半功率波束宽度
郊区	定向站	选择半功率波束宽度 90°/中、高增益的天线,可以是电器倾角,也可以是机械倾角	机械下倾角不应该超过垂直面半功率波束宽度,超过时,应采用电下倾角 + 机械下倾角

续表

地形	站型	天线选择建议	备　注
平原农村	定向站	选择半功率波束宽度 90°、105°/中、高增益/单极化空间分集或 90°双极化天线,主要采用机械下倾角/零点填充大于 15%	广覆盖
平原农村	全向站	首选有零点填充的天线高增益天线,若覆盖距离不要求很远,则可以采用电器倾角(3°或 5°)	天线相对主要覆盖区挂高不大于 50m 时,可以使用普通天线全向站型
高速公路(铁路)	定向站	纯公路覆盖时根据公路方向选择合适站址采用高增益(14dBi)8 字形天线(02/01 站型),不考虑 0.5/0.5 的配置,最好具有零点填充,若需要更远距离的覆盖,则采用 S1/1 或 S2/2 定向高增益(21dBi)站型;当高速公路一侧有小村镇,且用户不多时,可以采用 210°~220°变形全向天线	采用 S1/1 或 S2/2 可以减少近一半基站,且建设成本更低
高速公路(铁路)	全向站	若高速公路两侧有分散用户,则应采用全向天线,全向站型的使用方法同上	
山区	全向站型	当近距离居住用户对天线的仰角不大于 18°时,应采用赋形(零点填充)全向高增益天线(固定电下倾角不超过 3°);当近距离居住用户对天线的仰角超过 18°时,应采用赋形(零点填充)全向中增益天线(固定电下倾角不超过 3°)	广覆盖
山区	定向站型＋全向站型	当近距离居住用户数量较多且在某定向区域,而远距离为公路或分散用户,定向区域对天线的仰角大于 18°时,应采用赋形(零点填充)全向高增益天线(固定电下倾角不超过 3°)＋定向站型;定向天线的波束宽度取决于特定区域的大小,常规建议 90°/9°电下倾＋15°机械下倾角/15~16dBi 增益/单、双极化均可	
隧道	定向天线	10~12dB 的八木/对数周期/平板天线	

dB、dBc、dBm、dBi、dBd 参数定义如下。

（1）dB 是一个表征相对值的单位,当考虑甲的功率相比于乙功率大或小多少个 dB 时,按如下公式进行计算:10lg(甲功率/乙功率)。

（2）dBc 也是一个表示功率相对值的单位,与 dB 的计算方法完全一样。一般来说,dBc 是相对于载波(Carrier)功率而言的,在许多情况下,用来度量与载波功率的相对值,如用来度量干扰(同频干扰、互调干扰、交调干扰、带外干扰等)以及耦合、杂散等的相对量值。在采用 dBc 的地方,原则上也可以使用 dB 替代。

（3）dBm 是一个考证功率绝对值的值,其计算公式为 10lg$P$(功率值/1mW)。

【例】　对于 40W 的功率,按 dBm 单位进行折算后的值应为

10lg(40W/1mW)＝10lg(40000)＝10lg4＋10lg10＋10lg1000＝46dBm。

（4）dBi 和 dBd 是考证增益的值(功率增益),两者都是一个相对值,但参考基准不一样。dBi 的参考基准为全方向性天线,dBd 的参考基准为偶极子,所以两者略有不同。一般认为,若表示同一个增益,用 dBi 表示出来比用 dBd 表示出来大 2.15dB。

小贴士

4.2.2　无线电传播模型

无线电波是无线通信中信息传播的载体，而且无处不在。陆地无线电波传播极其复杂，存在直射、反射、绕射和散射等多种传播方式和途径，有时会引起严重的信号衰落。

1. 自由空间的电波传播

自由空间电波传播损耗是无线电工程的一个基本参数，它可提供一个有用的比较标准来评价传输路径的性能。所谓自由空间，是指充满均匀、线性、各向同性理想介质的无限大空间。对于示意图 4-41，其计算公式为

$$P_r = P_t G_t G_r / [4P_r = P_t G_t G_r / (4\pi d / \lambda)^2]$$

式中：P_r 为接收信号功率；P_t 为发射信号功率；G_t 为发射天线增益；G_r 为接收天线增益；d 为接收和发射天线之间的距离；λ 为射频信号波长。

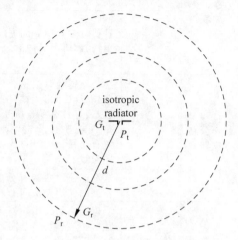

图 4-41　自由空间电波传播损耗示意图

自由空间传播路径损耗（发射天线和接收天线都为点源天线）的计算公式为

$$L_{fs}(\text{dB}) = 10\lg \frac{P_t}{P_r} = -10\lg\left[\frac{\lambda^2}{(4\pi)^2 d^2}\right] = 20\lg\left(\frac{4\pi d}{\lambda}\right)$$

$$= 32.45 + 20\lg 10 d(\text{km}) + 20\lg 10 f(\text{MHz})$$

$$= 36.58 + 20\lg 10 d(\text{mi}) + 20\lg 10 f(\text{MHz})$$

如果是理想全向天线，则自由空间的路径损耗为

$$L_p = 32.4 + 20\lg f + 20\lg d$$

式中：f 为频率(MHz)，d 为距离(km)。L_p 与距离 d 成反比。当 d 增加一倍时，自由空间路径损耗增加 6dB。当提高频率 f 时，路径损耗增大。

2. 常用传播模型

无线传播模型很多，常用的传播模型主要有 Okumura-Hata 模型、COST231-Hata 模型、COST231-WIM 模型、Standard Macrocell 模型和室内传播模型。

（1）Okumura-Hata 模型

该模型是 Hata 在 Okumura 模型的基础上设定了一系列的限制条件，通过曲线拟合出来的经验公式。

模型假设条件如下。

① 作为两个全向天线之间的传播损耗处理。

② 作为准平滑地形而不是不规则地形处理。

③ 以城市市区的传播损耗公式作为标准，其他地区采用校正公式进行修正。

该模型的适用条件如下。

① 频段 f 为 150～1500MHz。

② 基站天线有效高度为 $30\sim200\text{m}$。

③ 移动台天线高度为 $1\sim10\text{m}$。

④ 通信距离为 $1\sim35\text{km}$。

该模型的计算公式为

$$L(\text{dB})=69.55+26.16\lg_{10}f_{\text{MHz}}-13.82\lg_{10}h_1-a(h_2)$$
$$+(44.9-6.55\lg_{10}h_1)\lg_{10}d_{\text{km}}-K$$

式中：$a(h_2)$ 为天线高度增益校正因子；K 为在郊区和开阔区域中应用小城市的校正因子。其参数修正表见表 4-17。

表 4-17 参数修正表

区域类型	$a(h_m)$	K
开阔区域	$(1.1\lg_{10}f_{\text{MHz}}-0.7)h_m-$ $(1.56\lg_{10}f_{\text{MHz}}-0.8)$	$4.78(\lg_{10}f_{\text{MHz}})^2-18.33\lg_{10}f_{\text{MHz}}+40.94$
郊区		$2[\lg_{10}(f_{\text{MHz}}/28)]^2+5.4$
中小城市		0
大城市$(f_{\text{MHz}}>400)$	$3.2(\lg_{10}11.75h_m)^2-4.97$	0

（2）COST231-Hata 模型

COST231-Hata 模型也是以 Okumura 等人的测试结果为依据，通过对较高频段的 Okumura 传播曲线进行分析得到的。

该模型的适用条件如下。

① f 为 $1500\sim2000\text{MHz}$。

② 基站天线有效高度为 $30\sim200\text{m}$。

③ 移动台天线高度为 $1\sim10\text{m}$。

④ 通信距离为 $1\sim35\text{km}$。

该模型的计算公式为

$$L_{\text{XHata}}=46.33+(44.9-6.55\lg_{10}h_b)\lg_{10}d_{\text{km}}$$
$$+33.9\lg_{10}f_{\text{MHz}}-a(h_m)-13.82\lg_{10}h_b+C$$

其中，环境校正因子 $C=0$ 适用于中等城市和郊区；$C=3$ 适用于大型城市。

4.2.3 天线参数的勘测

天线参数的具体勘测可以参阅本书 3.3 节的相关内容。

4.2.4 天线的优化

天线的优化在无线网络优化中占有很重要的位置，也是解决无线网络优化问题最直接、最有效的方法之一。

天线的优化主要从两个方面考虑：一是硬件方面，包括工程施工是否符合设计要求，如天馈鸳鸯线、天线接反、天线硬件故障等；二是天线参数是否符合当时当地的无线环境要求。这里所说的天线参数主要是指天线的位置、天线的挂高、方向角、下倾角、增益等。有效地优化天线参数可以解决弱覆盖、过覆盖、越区覆盖问题以及频繁切换、导频污染，甚至干扰等问题，所以它在无线网络优化中占有很重要的位置。

4.2.5　天线优化案例分析

天线在无线网络优化中占很重要的位置，下面提供一些常用的天线案例，从这些案例中可以体会到天线优化的重要性。

案例6　天馈鸳鸯线

1. 现象描述

某基站的两个小区一段时间以来切换成功率明显偏低，只有80%左右。

2. 原因分析

收集该基站3个小区的Per Carrier（载频级别）的IOI、BER、PB和RF等统计项，发现3个小区的IOI、PB、BER都基本在正常值范围内，但第一和第三小区的载频间的PB和BER值存在较大的差别，如图4-42所示。

Cell	RTF	PATH_BA	BER	BER	BER	BER	BER	BER
SLNX49-31126-53441	RTF-00-00	114.6	0	1.17	1.35	0.39	0.29	0.29
SLNX49-31126-53441	RTF-00-02	113.76	0.29	0.16	0.09	0.13	0.25	0.19
SLNX49-31126-53441	RTF-00-01	105.86	0.91	0.77	0.89	0.92	1.14	0.74
SLNX49-31126-53441	RTF-00-03	103.24	1.03	3.35	1.08	0.92	0.85	1.19
SLNX49-31126-53442	RTF-01-00	113.12	0	1.51	0.54	0.39	0.53	0.23
SLNX49-31126-53442	RTF-01-01	112.78	0.27	0.14	0.26	0.17	0.24	0.19
SLNX49-31126-53442	RTF-01-02	112.15	1.6	0.4	0.48	0.34	0.45	0.57
SLNX49-31126-53442	RTF-01-03	112.44	1.93	0.79	0.65	0.41	0.8	0.47
SLNX49-31126-53443	RTF-02-00	114.21	0	1.74	1.58	0.34	0.5	0.38
SLNX49-31126-53443	RTF-02-03	112.5	0.35	0.26	0.3	0.14	0.19	0.25
SLNX49-31126-53443	RTF-02-01	102.38	4.44	1.21	1.64	1.48	1.6	1.21
SLNX49-31126-53443	RTF-02-02	102.78	1.16	0.64	1.36	1.25	1.02	0.88

图4-42　3个小区的相关统计数据

3. 处理措施

这种现象一般是由于两个小区的天馈线相互交叉（鸳鸯线）导致BCCH的天线和非BCCH载频的天线覆盖不一致造成的。

4. 问题跟踪

经过基站工程师现场检查，发现第一小区和第三小区的第二根馈线交叉（鸳鸯线），处理整改后，各项统计指标恢复正常。

案例7　天线接反

1. 现象描述

某日，在对温厚高速公路例行测试时发现，温圳镇基站2、3扇区覆盖区域与基站设计规划覆盖方向相反，初步怀疑为2、3扇区天线接反，如图4-43所示。

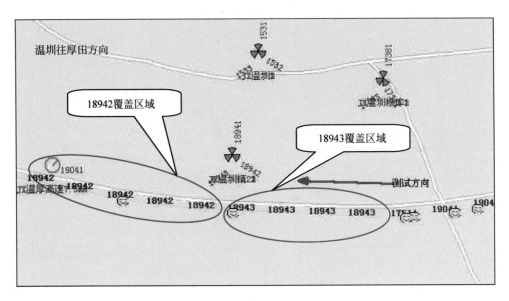

图 4-43 天线接反前 DT 测试路线图

2. 数据分析

现场检查发现 2、3 扇区天线的确接反了,避开忙时后,由华星 BTS 工程师在柜顶对 2、3 扇区天线进行了调整,调整后经实地测试,从温圳至黄马方向,先占用了 2 扇区(18942),后占用了 3 扇区(18943);从黄马至温圳方向,先占用了 3 扇区(18943),后占用了 2 扇区(18942),该站 2、3 扇区覆盖恢复正常,符合现有规划。

调整后的测试结果如图 4-44 和图 4-45 所示。

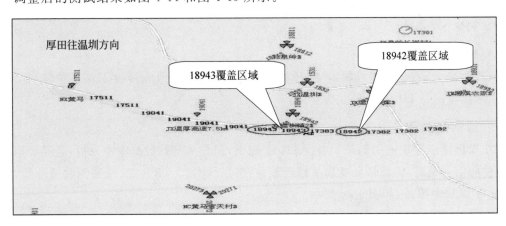

图 4-44 测试结果(1)

3. 处理措施

将接反的天线复位。

4. 问题跟踪

在正常情况下,频率及切换关系的规划是按照天线方位进行设计的,如果天线接错,就有可能造成不必要的同邻频干扰及切换关系混乱,进而影响到网络的各项指标,并有可能造

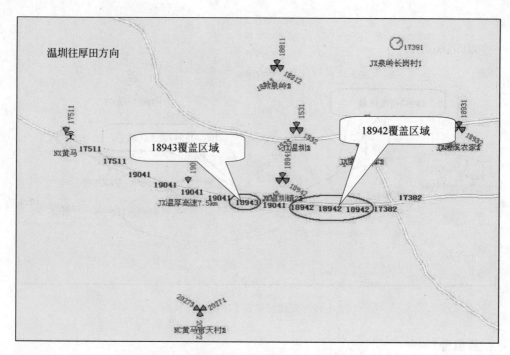

图 4-45　测试结果(2)

成用户投诉。

天线接反后,信号覆盖混乱,原有的频率规划及切换关系也相应出现错误。由于 2、3 扇区实际的信号覆盖与规划易位,造成了 2、3 扇区的 TCH 频点与附近基站的 TCH 频点成了同邻频,加大了信号干扰,使通话质量下降,对网络危害很大。

案例 8　鸳鸯线

1. 现象描述

11 月 20 日,在处理城外横街 47 号投诉处理时,发现当地应接收 11012 老局 2 小区信号,实际接收的是 11013 老局 3 信号。

2. 数据分析

在投诉地点发现占用老局 3 扇区 11013 通话,但是从基站数据库中分析,老局 3 扇区明显为反向信号覆盖,因此怀疑老局基站天线存在接反嫌疑。11 月 20 日路测数据分析,老局 11013 小区反向覆盖,如图 4-46 所示。

3. 原因分析

11 月 22 日,对老局基站天馈线进行顺藤摸瓜式检查,发现 1 小区天馈线连接正常,但是 2、3 小区主收发天馈线均接在 2 扇区天线面包板上,2、3 小区分极接收天馈线均接在 3 扇区天线面包板上,存在天馈线交叉连接现象。所以,在路测时发现,11013 小区存在反向覆盖现象,与 11012 小区覆盖相同的区域。

4. 处理措施

把 2 小区的分集接收天馈线和 3 小区的主收发天馈线进行对调。

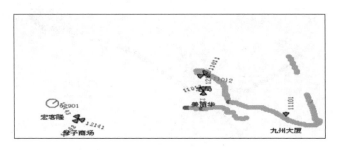

图 4-46　老局 11013 小区反向覆盖

5. 效果确认

11 月 22 日,在现场对老局 2 小区的分集接收天馈线和 3 小区的主收发天馈线进行对调,之后进行路测数据分析,老局 11013 小区覆盖路段为其天线面包板正对方向路段,未出现反向覆盖现象,覆盖正常。调整后的测试结果如图 4-47 所示。

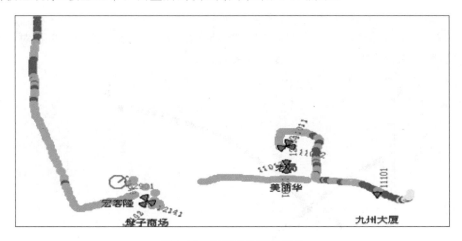

图 4-47　调整后的测试结果

案例 9　天线硬件故障问题

1. 现象描述

11 月 20 日河源乡用员反映,当地手机信号很差,手机上显示的信号波动很大,经常从满格跳跃至一两格,室内信号更弱经常只显示一两格,且通话断断续续。

2. 数据分析

在河源乡道路上作 DT 测试,信号强度也不够理想,信号电平值在 −80dBm 以下占很大比例,而且当 MS 在河源乡道路上通话时会切换到 3km 之外的三江口基站通话,但是切换后信号电平也很差。河源乡覆盖图如图 4-48 所示。

3. 原因分析

怀疑河源基站天馈系统故障,导致信号覆盖弱。

4. 处理措施

倒换 BCCH 频点,检查天馈系统,更换天线。

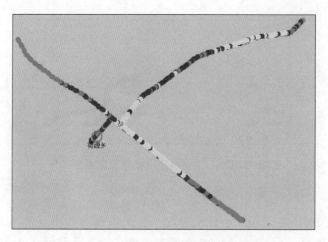

图 4-48　河源乡覆盖图

5. 问题跟踪

更换天线后,河源乡信号覆盖正常。复测效果如图 4-49 所示,可以看出,在对河源乡基站进行处理后,河源乡覆盖率和整体覆盖效果明显提高。

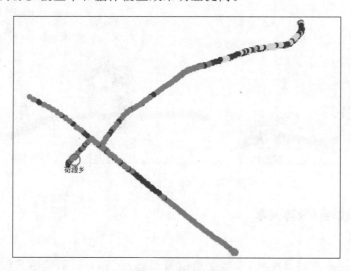

图 4-49　复测效果

案例 10　扇区反向覆盖

1. 现象描述

3 月 20 日,昌樟高速(南昌大桥至梅林方向)DT 测试,车辆行驶在解放大道上(由南昌大桥驶往昌九高速入口方向),在红谷滩汽车广场附近主叫 MS 异常占用 NC 省外贸学校 1 扇区 19861(BCCH 69)信号(背向信号)通话,语音质量始终为 7 级,导致 MS 无法正常解码,最终因 RLT 超时,导致一次射频掉话。3 月 24 日上午在同一位置,手机再次占用 19861 信号出现掉话。

2. 数据分析

通过对测试文件进行分析,当时主叫手机通话时由万达星城可园 20793(BCCH 79,切换

前信号电平－69dBm,如图 4-50 所示)切换到省外贸学校 19863(BCCH 81,电平－50～
－76dBm,如图 4-51 所示),最后再切到省外贸学校 19861(BCCH69 如图 4-52 所示),随后
信号电平维持在－84dBm 左右、语音质量一直维持在 7 级,导致 MS 无法正常解码,最终因
RLT 超时导致一次射频掉话。

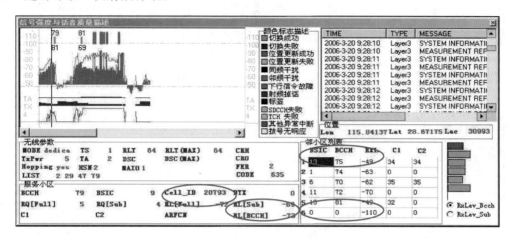

图 4-50　手机占用万达星城可园 20793 通话时抓图

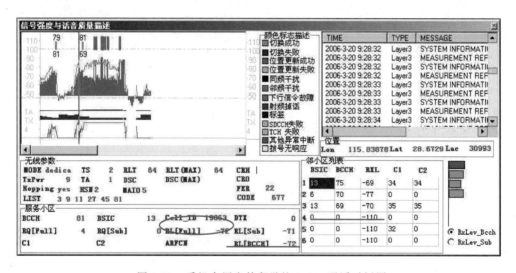

图 4-51　手机占用省外贸学校 19863 通话时抓图

由图 4-53 可以看到,正常情况下发生掉话的地点应该由外贸学校 19863 来覆盖,而不
应该占用 19861 的信号,很明显 19861 存在反向覆盖的情况。

对省外贸学校基站进行了现场勘察和天线连接检查,未发现有异常情况。该站天线位
于 6 层居民楼顶、外加 4m 高简易塔,实测天线挂高 27m;3 个扇区的方位角分别为 60°、
140°、250°;经纬度为 115.84173,28.67708。

3. 处理措施

根据现场勘察情况来看,外贸校 3 扇区天线主瓣方向受到新盖商品房的阻挡。由于
3 月 24 日复测结果被叫 MS 仍然占用 19861 小区的信号发生掉话。所以,尝试将 18961 小

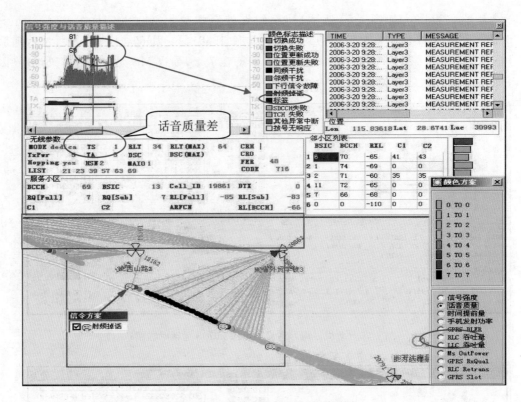

图 4-52　省外贸学校 19861 测试图

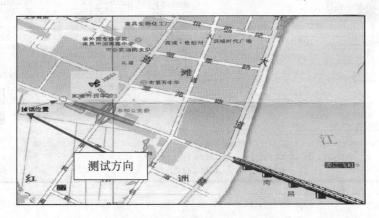

图 4-53　省外贸学校天线方位图

区天线下降。3 月 27 日将天线挂高下降约 2m(方位角不变),具体如图 4-54 所示。调整后再次复测,主、被叫 MS 不再占用 19861 小区信号,也未发生掉话。但是,因为 19863 小区信号被阻挡,所以占用时信号电平并不理想(图 4-54),建议将 NC 西山路 3 基站 2 扇区 18162 小区天线倾角抬高 2°(具体调整方案应在现场勘察后再做决定)。

4. 效果确认

　　3 月 27 日复测发现当主叫 MS 占上外贸学校 19863 小区信号时,在其邻小区列表中未发现 BCCH 69 BSIC 13 的 19861 小区信号,没在发生掉话事件。复测结果如图 4-55 所示。

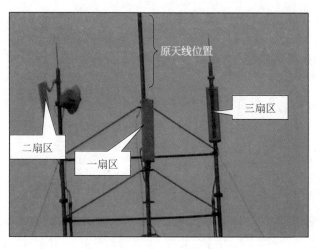

图 4-54　具体调整图

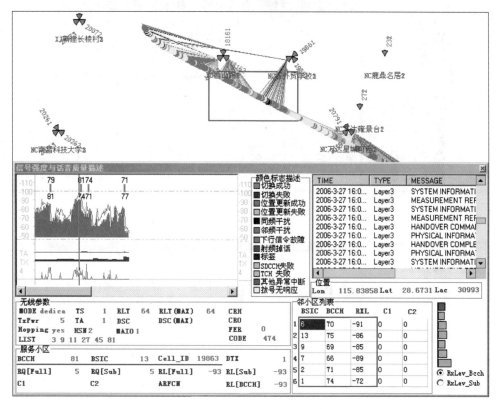

图 4-55　复测结果

案例 11　越区覆盖案例

1. 现象描述

全球通大厦通话存在掉话现象。

2. 原因分析

通过对全球通大厦 1、2、3、4、8 楼进行定点测试发现，1 楼大门处主服务小区 47091

TCH7 受到 42111（楼梯岭）TCH8 邻频干扰。47092 TCH54 受到 42322（黄金广场）的 TCH53 干扰，42111、42322 均为越区覆盖。2 楼处主服务小区为 49463（沙石东风村），该小区是新开站，距全球通大厦 7.5km，在测试中存在一次掉话。

3. 处理措施

（1）调整 49463（沙石东风村）下俯角为 $4°\sim10°$。

（2）调整 42322（黄金广场）方位角为 $140°\sim150°$，下俯角为 $8°\sim12°$。

（3）调整 42111（楼梯岭）下俯角为 $2°\sim6°$。

4. 问题跟踪

调整前后的测试结果如图 4-56 和图 4-57 所示。

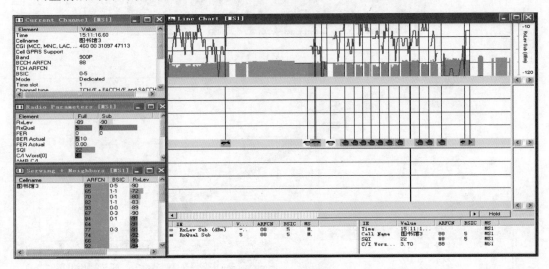

图 4-56　调整前的测试结果

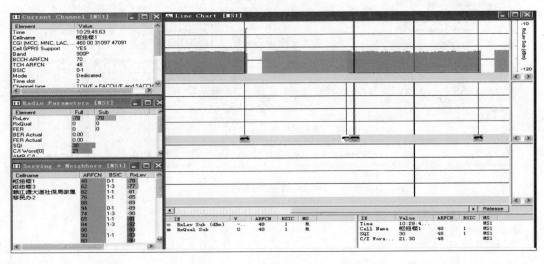

图 4-57　调整后的测试结果

4.2.6 同步练习

一、填空题

1. 天线的前后比是指_____。

2. 一般来说,八木天线的前后比比壁挂天线要_____。

3. 天线的波瓣宽度是指_____。

4. 天线的增益是天线的重要指标,它通常_____。

5. 目前,人们工程中使用的双极化天线极化方式一般为_____。

6. 一般来说,天线的方向图越宽,增益越_____。

7. _____指为了使业务区内的辐射电平更均匀,在天线的垂直面内,下副瓣第一零点采用赋形波束设计加以填充。

8. 室外板状天线的上副瓣抑制的作用主要是_____。

9. 室外天线一般要求具备三防能力,所谓三防,就是指防_____、防_____和_____能力。

10. 一般要求室内天线驻波比要小于_____,室外天线驻波比要小于_____。

11. 天线的下倾方式分为_____与_____两种方式。

12. 八木天线主要由_____、_____、_____三部分组成。

13. 在天线指标中,人们通常会看到 dBd 与 dBi 两个表征天线增益的参数,其中 dBi 表示_____,dBd 表示_____。

二、选择题

1. 在进行勘测时,使用 GPS 进行站点经纬度记录时,要求 GPS 中至少显示搜索到( )颗以上卫星数据才可用。

    A. 一颗   B. 两颗   C. 3 颗   D. 4 颗

2. 天线必须处于避雷针( )保护角内。

    A. 30°   B. 40°   C. 45°   D. 60°

3. 室外馈线接地是为了( ),接地是向着馈线( )方向。

    A. 防雷   B. 防静电   C. 下行   D. 上行

4. 下面关于 dBi、dBd、dBc、dB 的说法错误的是( )。

    A. dBi 和 dBd 是考证增益的值(功率增益),两者都是一个相对值

    B. dBi 的参考基准为偶极子,dBd 的参考基准为偶极子全方向性天线

    C. 如果甲天线为 12dBd,乙天线为 14dBi,那么可以说甲比乙小 2dBc

    D. dBc 是一个表示功率相对值的单位,与 dB 的计算方法完全一样

5. 当驻波比为 1.4 时,回波损耗为( )。

    A. 14dB   B. 15.6dB   C. 16.6dB   D. 17.6dB

6. 当用圆极化天线接收任一线极化波或用线极化天线接收任一圆极化波时,都要产生( )dB 的极化损失。

    A. 2   B. 3   C. 4   D. 6

7. 驻波比是( )。

    A. 衡量负载匹配程度的一个指标

    B. 衡量输出功率大小的一个指标

    C. 驻波比越大越好,直放站驻波大则输出功率就大

    D. 与回波损耗没有关系

8. 天线增益是( )获得的。

    A. 在天线系统中使用功率放大器

    B. 使天线的辐射变得更集中

    C. 使用高效率的天馈线

    D. 使用低驻波比的设备

9. 选用施主天线应选用( )的天线。

    A. 方向性好   B. 前后比小   C. 增益高

10. 全向站周围并未阻挡,但路测发现基站近处与远处信号正常,中间区域信号反而较弱,原因是( )。

    A. 天线主瓣与旁瓣之间出现的零点

    B. 天线故障

    C. 功率设置不合理

    D. 此区域正好是动态功控作用的区域

三、简答题

1. 简述天线的输入阻抗含义、测量方法、指标要求。

2. 简述天线的驻波比含义、测量方法、指标要求。

3. 如何测量双极化天线的隔离度?

4. 解释什么是天线的互调,如何测量。

4.3 无线网络干扰优化

随着移动通信业务的不断发展,客户对网络的服务质量要求越来越高,如何利用现有的网络资源,最大限度地提高网络的服务质量和经济效益,是网络优化的重要目标。

干扰是影响语音质量、掉话率、接通率等网络指标的重要因素。所以,在日常网络优化工作中,干扰优化是一项必做的工作,对提高网络指标有很重要的作用。

4.3.1 干扰原理

干扰的定义就是将所有网络上存在的影响通信系统正常工作的信号均视为干扰,但有时也将出现在接收带内但不影响系统正常工作的非系统内部信号也视为干扰。干扰基本原理如图 4-58 所示,就是指强干扰信号或加强噪声干扰信号通过干扰源发射机传播到空间,而被干扰接收机接收到那些干扰信号后就会引起一些系列网络问题。

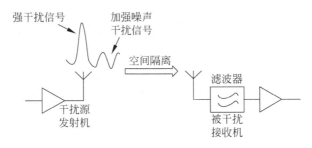

图 4-58　干扰原理图

4.3.2　干扰类型

随着移动通信业务的不断发展,客户对网络的要求越来越高,其中干扰对网络质量的影响比较大,会导致被干扰系统的接收机灵敏度降低和接收机过载等。总的来说,移动通信的干扰主要分成三大类:外部干扰、系统间干扰和系统内干扰。

外部干扰主要是指一些非法的设备引起的干扰或不同系统频率外泄导致的干扰,如私装全频的放大器、电视台、大功率电台、微波、雷达、高压电力线和模拟基站等。

系统间干扰主要指不同体制系统相互间的干扰,如 TD-SCDMA 系统和 GSM 系统间的干扰、WCDMA 系统和 GSM 系统间的干扰以及 WiMAX(802.16e)与 WCDMA 系统邻频共存干扰等。此外,还包括加性噪声干扰、邻道干扰、交调干扰、阻塞干扰和镜频干扰等。

小贴士	**杂散干扰**:由于发射滤波器的滚降特性导致干扰源系统总存在一定的带外辐射。当这种干扰信号电平超过被干扰系统的接收灵敏度一定比例时,会导致其接收灵敏度下降,进而导致被干扰系统 QOS 指标下降。 **阻塞干扰**:任何接收机都有一定的接收动态范围,当接收功率超过接收动态允许的最大功率电平时,会导致接收机饱和阻塞。 **互调干扰**:当有多个不同频率的信号加到非线性器件上时,非线性变换将产生许多组合频串信号,其中一部分可能落到接收机带内成为对有用信号的干扰,则为互调干扰。

系统内的干扰(也称网内干扰):对于不同的系统可能表现不一样,但对于设备交叉等引起的干扰是一样的,对于 GSM 系统,网内干扰主要是指同频干扰、邻频干扰、直放站干扰以及 TA 干扰等;对于 TD-SCDMA 系统,网内干扰主要是指交叉时隙干扰、上下行导频间干扰、导频污染、同频干扰,相邻小区扰码相关性较强;对于 WCDMA 系统而言,网内干扰主要指上下行干扰、导频污染、同频干扰。

4.3.3　干扰排查的流程

干扰对网络性能影响非常大,在排除干扰时,首先需要确定是内部干扰还是外部干扰,干扰排查的具体流程如图 4-59 所示。

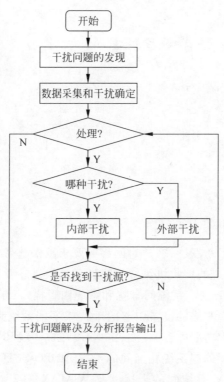

图 4-59　干扰排查的具体流程

在干扰处理流程中,比较重要的就是干扰问题的发现和干扰源的定位,干扰源的定位在 4.3.4 小节将有详细介绍。不同的系统,干扰的发现方法是不一样的。

对于 GSM 系统而言,主要从以下几个方面发现有无干扰问题。

(1) 通过频率规划中找到有无同频邻频现象。

(2) 从通过话务统计中看哪些话务指标比较异常。

(3) 查看 GSM 的干扰带 INTRBD1~INTFBD5 的干扰等级。

(4) 查看报警信息,看看有没有其他直放站出现问题而对周围基站产生影响。

对于 TD-SCDMA 系统而言,主要从以下几个方面发现有无干扰问题。

(1) 从话务统计分析中发现某些指标出现异常。

(2) 提取基站底噪 ISCP 值发现异常。

(3) 查看报警信息,看看有没有其他直放站出现问题而对周围基站产生影响。

对于 WCDMA 系统而言,主要从以下几个方面发现有无干扰问题。

(1) 通过观察网络运行指标中的"平均 RTWP"来发现上行是不是存在干扰。

(2) 通过话务统计查找某些指标是否异常。

(3) 查看报警信息,看看有没有其他直放站出现问题而对周围基站影响。

4.3.4　干扰源的定位

干扰源的定位是一个比较复杂的工作,耗时耗财也耗力,有时还需要各个部门各位同事通力合作,才能完美解决问题。干扰分为系统内干扰、系统间干扰以及系统外干扰 3 种,对于系统内干扰,如同频、邻频干扰,一般从话务统计或 DT 测试中看看有没有相关指标异常情况,如果有,再看看该站周围频率配置情况就会发现问题,这类问题一般可以自行解决;对于系统间干扰,需要不同运营商在建网的时候有个约定才可以避免这类问题;对于系统外干扰,相对比较复杂,其具体定位流程如图 4-60 所示。

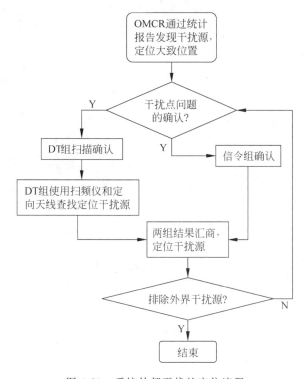

图 4-60　系统外部干扰的定位流程

如果在定位外界干扰源的时候,发现是私人安装的非法放大器等无证发射设备,在协商不果的情况下,可以向无线电委员会申诉来解决问题;如果是军队内某些无线电发射设备引起的干扰,这个问题需要通过上层交流沟通来解决。

4.3.5　干扰案例分析

了解了干扰类型及其干扰原理之后,下面提供一些案例作为参考。

案例 12　扰机的干扰

扰机干扰是出于特殊目的,为阻断移动通信信号而采取的一种干扰方法,主要应用于会议保密、加油站以及特殊考试考场(如高考)等。某型号干扰机如图 4-61 所示。

干扰机造成的干扰极其强大,统计上附近基站的 INTERFERENCE BAND 值最高达到 30 左右,使掉话次数成倍增长,用户明显感觉通话存在问题,对移动通信网络的影响非常大。

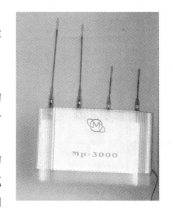

图 4-61　某型号干扰机

图 4-62 所示为在某会议场所外 400m 处测试到的军方干扰机干扰频谱。从中可看出，GSM 的上行信号已大部分被干扰信号淹没，此时的现象为手机有信号，但无法顺利拨打电话。

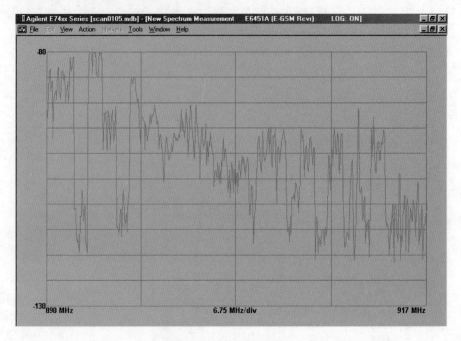

图 4-62　频谱干扰图

案例 13　不同网络之间信号干扰造成的上行干扰问题

系统间的干扰在实际网络运营中也时常发现。如果 CDMA 基站和 GSM 基站同站址，或相距很近，但由于同址站之间的隔离度不够，那么 CDMA 系统会对 GSM 系统造成干扰。在实际工作中发现，当 CDMA 基站天线与 GSM 基站天线距离很近，特别是两天线正对，并且距离小于 100m（经验值）时，CDMA 系统会对 GSM 系统产生较强的上行干扰，图 4-63 所示为受到 CDMA 系统干扰的中国移动基站接收端测试到的上行干扰频谱。

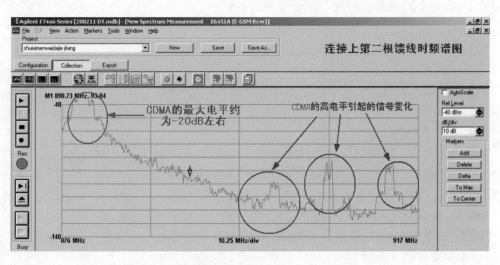

图 4-63　CDMA 下行对 GSM 上行的影响

从图 4-63 中可明显看出,处于 876MHz 左右的 CDMA 信号存在明显的脱尾现象,脱尾信号已落入中国移动 GSM 系统的上行频段 890～909MHz,从而对中国移动 GSM 系统的上行频段造成干扰,使 INTERFERENCE BAND 统计偏高,造成掉话和通话质量变差。对于此类的上行干扰问题,常用的解决方法为在 CDMA 基站发射端安装波形滚降特性良好的外置带通滤波器,以保证带外辐射干扰最小;或调整两个运营商之间基站的天线方位或垂直位置,使其隔离度增加,以消除干扰问题。

案例 14 直放站引起的上行干扰问题

直放站产生干扰的原因是空间的白噪声和直放站自身的噪声经过放大后,通过上行链路连同手机信号一同到达基站接收端造成对基站的上行干扰。如果直放站上行噪声底部电平(UpLink Noise Floor)调试不合理,则会对基站系统的上行产生干扰。

直放站引起的上行干扰统计上的规律一般表现如下:与话务量无关,只要直放站工作,INTERFERENCE BAND 统计 24h 高。

图 4-64 所示为受到非法直放站影响的上行频谱。对于非法直放站的问题,实际的解决方法是帮助用户解决信号覆盖问题,并拆除造成干扰的直放站。

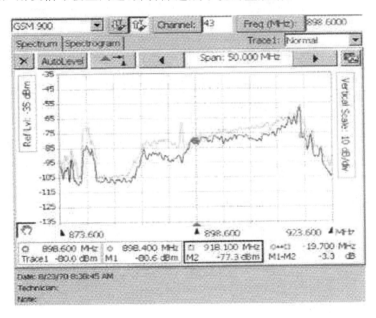

图 4-64 受到非法直放站影响的上行频谱

案例 15 同频干扰

在某时对南昌市青云谱区进行了小范围内的频率调整割接,在割接以后的 DT 测试中发现,在井冈山大道和洪城南大道交接的地段出现了掉话的现象。进行后台分析发现当时存在同频的干扰,超过了同频 9dB 的门限,导致当时通话质量变差后掉话。用 MapInfo 查看发现 42712 洪都八区基站和 42963 新溪基站存在同频,如图 4-65 所示。

将 42712 的 BCCH 频点设为 99 后,42712 质量明显好转,而 42963 由于没有了 42712 的干扰,载频质量也明显回复,问题得以解决。42712 洪都八区基站和 42963 新溪基站下行质量,频率更改好前后的测试结果如图 4-66 和图 4-67 所示。

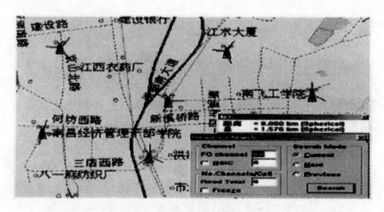

图 4-65　MapInfo 查看结果

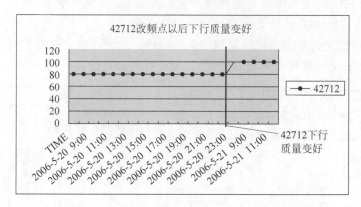

图 4-66　42712 洪都八区基站换频前后的下行质量结果图

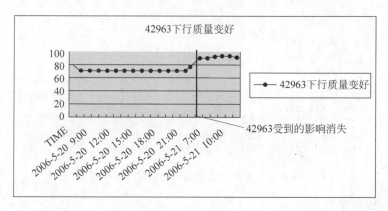

图 4-67　42963 新溪基站换频前后的下行质量结果图

4.3.6　同步练习

（1）什么叫干扰？

（2）简单介绍一下干扰的基本原理。

（3）干扰分哪几类？

（4）简述干扰源排查的流程。

（5）如何对干扰源进行定位？

4.4　移动无线网络投诉处理

4.4.1　投诉处理的意义

投诉处理的意义就在于及时响应用户投诉，提升用户感知度。

4.4.2　投诉处理的流程

在日常投诉工作中，对于各方面收集到的投诉信息，首先甄别筛选出可能由无线原因导致的投诉，然后根据用户资料确认是否为 VIP 投诉。对于 VIP 用户提出的投诉，应予以高优先级处理，必要时，可上报相关领导协调各方资源提供支持。投诉处理流程图如图 4-68 所示。

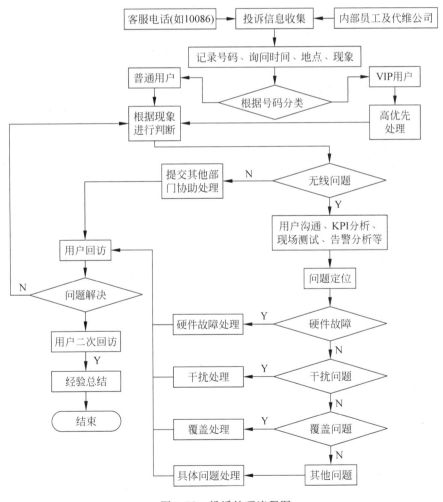

图 4-68　投诉处理流程图

4.4.3　投诉现象的分类

根据以上流程,当接到投诉后首先根据其现象进行归类。投诉问题主要可以分成语音类和数据业务类两种。

1. 语音类问题

(1) 用户终端问题:用户反映的情况如果是手机终端问题则客服须沟通解释。

(2) 信号差:用户投诉信号差问题是由于网络弱覆盖或无覆盖,需要调整相关参数或补点加站等手段来解决。

(3) 信号不稳定:用户投诉信号不稳定问题是由于网络弱覆盖或无主覆盖,需要调整相关参数或补点加站等手段来解决。

(4) 通话断断续续:用户投诉通话断断续续问题是由于网络弱覆盖或无主覆盖,也可能是强信号区无主导频导致的乒乓切换引起的,需要调整相关参数等手段来解决。

(5) 有信号打不了电话(接入失败):根据实际情况,综合统计和现场测试来定位问题所在。

(6) 通话回音:需根据实际情况,综合统计和现场测试来定位问题所在。

(7) 有信号却提示用户不在服务区:需根据实际情况,综合统计和现场测试来定位问题所在。

(8) 掉话:需根据实际情况,综合统计和现场测试来定位问题所在。

(9) 单向通话(单通):需根据实际情况,综合统计和现场测试来定位问题所在。

2. 数据类问题

(1) 无法进行视频通话:手机是否支持视频通话业务、手机系统版本是否正确以及信号是否符合要求。

(2) 上网卡上网速度慢:信号不好等问题。

(3) 手机上网速度慢:信号不好等问题。

(4) 连接上网但无法访问网站:接入点问题。

(5) 上网卡连接失败:信号问题、操作问题以及欠费等问题。

4.4.4　投诉处理的工作方法

在投诉处理的过程中涉及 3 个对象:运营商、代维公司和客户。其中,运营商、代维公司都是负责解决客户的投诉问题的,是解决问题的主体。在这两者中,运营商和代维公司担负着不同的角色,运营商主要负责投诉资料的甄别、投诉任务单的下达以及客户回访等工作;而代维公司则主要解决运营商下达的投诉任务单中的问题,同时也有附有代表运营商维护运营商形象等形象。下面就运营商和代维公司就投诉问题的工作方法做分类讲解。

1. 运营商的投诉处理工作方法

(1) 用户投诉收集筛选

在日常工作中,用户投诉量比较大,需要进行投诉资料的收集筛选,给投诉问题进行分类,然后转交相关部门进行处理。客服人员在接到客户投诉时,应当及时与投诉人进行沟通,需记录问题发生的时间、地点、现象等,如果在自己的技术能力下,可以指导用户做一些简单的故障排除。

(2) 无线原因用户投诉处理

用户投诉产生的原因很多,网络优化工程师需要根据用户投诉的内容,通过 KPI 观察、报警分析、现场测试等手段来定位问题,并提出解决方案,及时组织实施。

(3) 投诉处理效果跟踪及用户回访

在每起投诉处理过程中,均需要密切跟踪投诉处理效果,当用户投诉后,如果能马上解决的,就马上解决,并及时对用户回访,确认问题的解决效果。如果不能马上解决的,需对用户进行解释,并告知大概解决方法与时间,安抚用户耐心等待,问题解决后,对用户进行回访,确定问题的解决效果。

(4) VIP 投诉处理

VIP 投诉处理为日常投诉处理中比较特殊的一部分。VIP 为大客户,对此需要非常重视,在处理 VIP 投诉过程中要优先于普通投诉,必要时,可上报相关领导派专人负责。

(5) 处理投诉资料整理

通过对投诉处理资料的整理,实现投诉信息实时共享。在资料整理的过程中,建议建立投诉信息数据库,对投诉内容及其解决方法和效果进行详细记录,更好地实现资源共享。

2. 代维公司的投诉处理工作方法

(1) 话务跟踪分析

话务跟踪分析是处理投诉问题的常用方法,它可以快速定位投诉问题的原因,如话务量激增造成的拥塞、突发硬件问题引起的大量系统侧呼叫失败和掉话、外部干扰的影响及过覆盖导致的干扰等。

(2) 硬件故障查找

如果从话务统计数据上发现在投诉的日期或时间段服务基站的多项性能指标突然恶化,而之前或随后又基本正常时,投诉问题很大程度上和硬件的瞬间故障有关,建议参看硬件报警及其相关信息。

(3) 现场测试分析

接到投诉后,在上述几项分析完成后大概可以确定问题所在时,应进行现场测试、现场调整、现场解决,若仍然无法定位故障原因或没有足够的线索,则需要去投诉现场进行问题测试。具体问题需要根据现场测试得到的结果具体分析、解决。

4.4.5 投诉处理案例分析

案例 16 信号差

投诉问题:新阳路三医院门口公车站一带信号很弱,通话声音断断续续。

投诉分析:该现象是由于信号弱引起的通话断续。现场测试发现用户反映情况属实,且罐头厂大门口离基站 500m 左右 RxLev 为 −85dB,医院门口测试结果如图 4-69 所示。

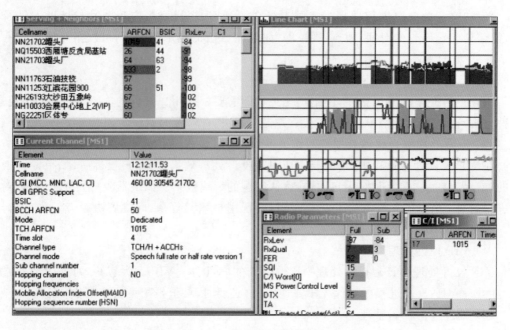

图 4-69　医院门口测试结果

从现场测试观察,投诉点应占用罐头厂 NN21702 小区但未占用,查找相关参数发现,该小区天线的俯仰角为 13°,俯仰角过大导致覆盖范围缩小。

解决措施:将 NN21702 天线俯仰角 13°调整为 7°。

结果验证:图 4-70 所示是 NN21702 小区天线俯仰角为 7°后的测试结果,投诉问题解决。

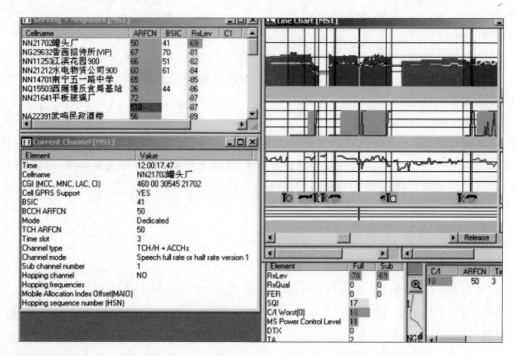

图 4-70　NN21702 小区天线俯仰角为 7°后的测试结果

案例 17　单通问题

投诉问题：有用户投诉能听到对方讲话，而对方不能听见自己的声音。

投诉分析：单通现象可能引起的原因主要有 A 接口互联互通和无线侧硬件故障问题。就用户反映的问题，进行了 CQT 测试，发现很少占用主覆小区 CID：NH25710 TCH：7，在对 7 号频点（TRX-69-1）进行锁频测试时，被叫对方听不到主叫的声音，但主叫能听见被叫声音即单向通话。闭掉其中一块好的载频（TRX-69-0），让通话都占用 TRX-69-1 载频，结果发现都是单通，不断尝试都如此，如图 4-71 所示。

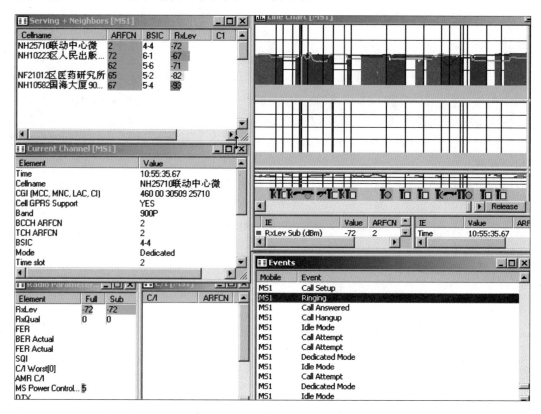

图 4-71　锁频测试结果

图 4-71 所示是单通测试情况。激活 TRX-69-0，闭掉载频 TRX-69-1 后通话正常，因此可知这是由于硬件故障引起的单通现象。

案例 18　部分手机打不通电话

投诉问题：宾阳大桥附近部分手机打不了电话，但有些手机能正常通话。

问题分析：出现部分手机打不了电话的几种可能性有手机故障、弱信号问题、上行干扰问题、覆盖小区（载频、天馈线等）硬件故障。

表 4-18 是故障问题出现后的某时段的话务统计指标，从该统计中发现，覆盖小区 NT11931 随机接入申请和 SDCCH 试呼为 0 次，用户无法在该小区起呼，只有切入的话务，判断可能是 BCCH 载频吊死，尝试重启 BCCH 载频后都能在 NT11931 小区发起呼叫，现场反馈也表示能正常占用，且统计指标正常。

表 4-18　故障问题出现后某时段的话务统计指标

MO	TCH 话务量	TCH 试呼数	TCH 分配失败数（不含切换）	TCH 试呼数	TCH 分配失败数	随机接入请求	随机接入成功数	随机接入成功率	SDCCH 试呼数	SDCCH 占用次数	SDCCH 分配成功率
NT11931	5.68	8	0	685	133	0	0	0.00%	0	0	0.00%
NT11931	4.47	6	0	586	87	0	0	0.00%	0	0	0.00%

案例 19　连接失败——SIM 欠费原因

投诉问题：某用户反映在软件园 C 区使用无线网卡经常断线，无法正常使用，用户表示之前使用是正常的。

问题分析：后台查询可能覆盖该区域的基站运行情况，均正常；到软件园 C 区进行现场测试，该处信号覆盖也正常。通过客服查询该 SIM 卡状态，各项业务均正常；查询用户数据卡欠费信息，用户欠费 0.1 元，导致无法上网。用户充值后，恢复正常使用。

案例 20　无法视频通话——终端系统问题

投诉问题：在滨北汽车城某用户手机 HTC Touch 2 无法视频通话，若接听视频通话则手机会死机。

问题分析：在现场使用两台测试机互拨视频电话正常。用户手机是 Windows Mobile 6.1 系统，在手机论坛中有多个 6.1/6.5 系统应对多普达不同型号手机，而用户不知选哪个版本系统导致视频通话问题，更新后，可以正常使用视频通话功能。

4.4.6　同步练习

案 例 练 习

工单流水账号：2010062801365464

工单生成时间：2010.06.28 13:45:37

客户投诉号码：15912652291

投诉内容：15912652291 来电反映从前天开始在大理银桥镇双阳村出现不能主被叫的问题。

提示：网络忙，其他功能也有影响，用户手机诺基亚 SN，周围用户存在同样情况（15912674261），请贵部查询处理，谢谢！

根据上述投诉情况，投诉处理技术人员应该如何分析、处理网络问题？

参考资料：实际数据分析经确认，大理银桥双阳（CI＝4419）基站在 6 月 26 日前后均未做过参数修改，排除呼入呼出参数设置错误的可能；查询大理银桥双阳（CI＝4419）基站 6 月 23 日～28 日的话务量未有增加反而下降且不存在 SD、TCH 拥塞，排除突发话务拥塞的可能；查询此站近 10 日历史告警，发现此站 TRX3、TRX8、TRX11 3 块载频从 6 月 24 日 17 时开始 7745 告警（诺基亚设备告警，掉话告警）持续重复出现，查询小区信息此 3 块载频为此站 3 个扇区的 MBCCH，属于主 B 载频故障导致的小区下不能主被叫。经 ZDTC 指令将主 B 频点 OMU 信令打死，使其 OMU 信令走其他载频。待信令激活后电话联系客户，客户通话正常，客户满意。

4.5　撰写无线网络优化分析报告

4.5.1　移动无线网络优化分析报告格式的要求

移动无线网络优化分析报告的格式要求在不同的企业有所不同,不同运营商分公司要求也不同,在目前还没有统一的格式要求,但在分析报告里一般都要体现以下几个方面的主要内容:时间、地点、人物和事件(现象、分析、解决)以及总结。具体分析模板也可以参阅第1、2章中的相关内容。

4.5.2　移动无线网络优化综合分析方法

无线网络优化是网络建设和维护中一项比较重要的工作,涉及多个学科、多个部门,也是一项烦琐的工作。在网络建设前期,由于要不断去完善网络覆盖而去建设跟多基站,因此在基站交付使用时,必须经过工程优化后,发现没有问题才真正投入使用;在网络建设中后期,由于规划的不足以及网络的不断扩建,再加上无线环境的不断改变等,导致无线通信网络出现新的问题,如拥塞、过覆盖等而影响网络质量。在不同时期的优化可能有所区别,在工程优化期间,主要针对覆盖、通话以及数据业务是否正常,而很少从全网的角度来考虑;在日常网络优化中,更多的是从全网角度考虑,分析和解决个别问题,但也可能针对某些问题做专题网络优化的,如切换专题网络优化、专题扫频以及天线普查等专题问题。下面就工程网络优化和日常网络优化的方法做一些介绍。

工程无线网络优化主要是解决某些无线基站开通后是否运行正常而做的优化。在工程网络优化中,主要工作就是普查和测试。普查工作主要是无线参数的普查,包括天线高度、天线方位角、天线下倾角、增益、基站经纬度以及天线周围的无线环境等;测试工作有 DT 和 CQT 测试,在基站上电后要及时在基站周围进行 CQT 测试,如发现掉话、接不通等严重现象,要及时对基站进行下电以免影响其他无线基站或带来更多的投诉,如 CQT 测试正常后,要及时安排 DT 测试。在工程网络优化中,对 DT 测试数据的分析,一般主要考虑的有覆盖问题、导频污染问题、邻区漏定问题、切换问题以及无主导频问题,也可能存在天线接反问题,还可能存在驻波比过高等工程问题,也要注意开通的无线基站有无存在干扰,特别是那种带直放站的无线基站更需要重视干扰问题。

日常网络优化相对工程网络优化而言,比较复杂,也比较烦琐。日常网络优化主要是提高网络的运营质量,提升用户的感官度而做的日常工作。网络问题主要从下面几个方面进行分析和优化。

1. 覆盖分析

覆盖是指无线电波辐射的区域。覆盖的优化在网络优化中的地位是非常重要的,很多问题都是由于无覆盖、弱覆盖以及过覆盖导致的。覆盖有多种方式实现,即宏蜂窝、微蜂窝、街道站等无线基站覆盖;光纤直放站、无线直放站等直放站方式覆盖;对于室内覆盖而言,还可以通过室内分布系统来加强覆盖；对于地铁覆盖而言，可以采用泄漏电缆的方式来解决；对于一些海域的覆盖，可以通过小区分裂以及高站等方式来覆盖，当然也可以通过卫星、微波方式来解决。在有的情况下，即使接收信号很强也可能出现接收不正常（乒乓效应）的现象，也应采用覆盖优化的方法解决。

覆盖优化主要是通过天线的方向角、俯仰角和发射功率来调整所需要覆盖的区域，或者通过搬迁基站位置调整覆盖范围，达到清除盲区的目的。

2. 无线接通率分析

影响无线接通率的主要因素是业务信道（TCH）的拥塞和信令（SDCCH）的拥塞、SDCCH 和 TCH 的分配失败以及寻呼无响应等。因此，若要提高该指标，必须进行话务均衡处理和分配失败率的分析处理。

话务均衡是指各小区载频应得到充分利用，避免某些小区拥塞，而另一些小区基本无话务的现象。通过话务均衡可以减小拥塞率、提高接通率，减少由于话务不均引起的掉话，使通信质量进一步改善、提高。话务均衡问题的定位手段包括话务统计数据、话务量、接通率、拥塞率、掉话率、切换成功率、路测和用户反映。

话务不均衡原因主要表现在以下几个方面。

（1）由于基站天线挂高、俯仰角、发射功率设置不合理，引起小区覆盖范围较大，导致该小区话务量较高，造成与其他基站话务量不均衡。

（2）由于小区处于商业中心或繁华地段等地理原因，手机用户多而造成该小区相对其他小区话务量高。

（3）小区接入参数设置不合理，如允许接入最小电平等设置不合理而导致话务量不均衡。

（4）小区优先级参数设置未综合考虑等。

解决方法主要有如下几种。

（1）Paging 成功率低可以加大基站覆盖范围，减小 ACCMIN 参数。

（2）合理的 T3212 时间设置可以减少无效 Paging 次数，设置 T3212 时，要结合 BSC 和 MSC 的负荷能力，设置太小会影起交换机负荷过重。

（3）由于频率干扰，可造成手机对 Paging 无响应，使系统接通成功率偏低，必须进行扫频来解决干扰问题。

3. 掉话分析

掉话是指用户通信过程中发生异常释放，主要有以下几种。

（1）无线射频掉话。在复杂的无线环境中，由于信号快衰落、信号覆盖不足或弱等原因而引起的掉话。通常在楼内（室内）、卫生间、地下室、深山区、基站信号覆盖的边缘地带等区域很容易造成这类掉话。

注意　不包括手机掉电、非正常关机造成的掉话。

（2）切换过程中的掉话。其包括局间（MSC、BSC 之间）切换、小区之间切换、常规层与超层之间切换等引起的掉话。切换过程中的掉话在总的语音掉话中占有相当一部分比例，特别是硬切换导致的掉话。切换导致的掉话主要原因是由于信道繁忙,请求切出的呼叫在占不到目标信道,当要返回源信道时,源信道已分配给另一用户,在这种情况下,便产生掉话。

(3) 干扰掉话。对于 GSM 系统而言,由于频率资源紧张,因此理想的频率规划很难实现,这样在规划中就可能存在同频、邻频干扰;对 3G 系统而言,由于采用异频组网,因此也可能存在频率干扰,还可以存在不同系统间的共存干扰;在优化过程中,解决干扰问题工作量比较大,主要工作是扫频,即查找非法放大器;当然,由于直放站设计不合理而引起的干扰也需要重视,其破坏性也比较大。

(4) Abis 接口掉话。这类掉话主要是传输质量引起的,如传输误码、滑码、帧丢失等。

(5) A 接口掉话。A 接口掉话特别容易发生在 MSC 之间、BSC 之间等与 A 接口有关的切换过程中,MSC、BSC 之间的切换除了与无线网络有关外,还与组网配合、信号同步等因素有关,局间切换相对较复杂,也较容易引起掉话。

导致掉话的原因主要有以下几个方面。

(1) 覆盖原因引起的掉话。

(2) 切换引起的掉话。

(3) 设备硬件或者系统参数错误引起的掉话。

(4) 由于干扰而导致的掉话

(5) 天馈线原因而导致的掉话。

(6) 由于传输故障造成的掉话。

(7) 由于采用直放站而导致的掉话。

掉话问题的定位主要通过话务统计数据、用户反映、路测、无线场强测试、CQT 呼叫质量拨打测试等方法,然后通过分析信号场强、信号干扰、参数设置等,找出掉话原因。

解决方法主要有如下几种。

(1) 信号弱掉话可通过调整基站功率和检查相邻小区关系解决。

(2) 质量差掉话主要存在同频或邻频干扰,打开跳频能减少干扰,降低掉话率。

(3) 检查切换数据是否合理完整,检查小区 BSIC 参数,BSIC 错误会引起切换失败。

(4) 排除基站硬件故障、传输不稳定、上下行功率不匹配等。

4. 切换分析

切换与位置更新是移动通信系统中的重要概念,切换发生在通话过程中,位置更新则发生在 MS 空闲状态下。不合理的切换和位置更新会显著影响通话质量和接入质量,过多的切换和位置更新会占用大量系统负荷,减少系统的有效容量。切换与位置更新分析主要着重于切换和位置更新原因及构成比例,切换的频度及由切换引起的掉话次数。

切换失败的分析定位必须和其他指标的分析结合起来,首先检查是否为交换部分数据或路由定义有误;然后,根据统计检查是否是由于目标小区的信道出现拥塞、硬件故障、传输故障而导致无法指配;接着,分析是否和无线干扰有关,导致 MS 无法占用系统所分配的信道;最后,检查是否和切换参数及切换邻小区参数定义有关,或是出现了孤岛效应或同 BCCH、同 BSIC 小区。

5. 通话流程分析

信令追踪和分析是确定和解决疑难问题的重要手段,由于话务统计中许多计数器是由信令触发的,所以某些统计项目异常可以用信令来检验和解释。

6. 话务量分析

话务量优化的目的就是将移动通信网中的话务量均衡,从而使整个网络的业务负荷是均匀的,尤其是在一些人口密集的商业区和某些大型的活动中,需要及时优化话务量而进行话务均衡。

解决方法主要有如下几种。

(1) 修改 BSC 参数,调整小区的重选服务小区和通话服务小区,从而达到资源与需求的平衡,如考虑 C_2 参数和 CBQ、CBA 等参数的设置。

(2) 调整天线参数,改变小区的服务区域。

(3) 增加载频或基站提供更多的载频数等。

(4) 调整小区参数来解决,如调节基站功率,更改切换关系,调整 ACCMIN,打开 Assign to Worse cell 功能,调整小区切换边界参数,提高切换来降低话务量,利用 Cell Load Sharing 小区负荷分担等方法。

(5) 排除干扰、硬件故障等来均衡话务量,使网络达到最佳平衡状态。

7. 设备分析

随着移动通信网的发展和网络优化工作逐步深入,提供主设备的厂家和提供配套设备的厂家也多了起来,因此各厂家设备之间的配合问题也成为网络优化的一个内容。如果设备配合不好,将会产生许多通信故障。

总而言之,无线网络优化是一个多学科(设备、无线、交换、传输以)、多部门(建设、维护、网络优化、客服等)、多手段(CQT、DT、OMC、投诉、扫频、硬件故障告警等)的一个综合技术工作,对网络优化人员查找问题、分析问题、解决问题的能力要求比较高,既要求经验丰富,也要求理论扎实。

4.5.3　移动无线网络优化综合案例分析

移动无线网络优化工作内容比较复杂、技术要求比较高、经验要求丰富,有些问题可能涉及多学科、多部门才能解决,有些问题可能凭个人的经验就很容易解决。下面就覆盖、接通率、切换、掉话、信令、话务量以及设备等问题,选部分案例作为参考案例来学习无线网络优化分析方法。

 注意　以下所有案例均按技术体制分类,有些案例可能是 GSM 系统的,有些可能是 TD-SCDMA 系统的,分析软件也不是同一款,学习中须融会贯通。

1. 覆盖问题案例分析

覆盖问题也是网络优化常见问题之一,主要有无覆盖、弱覆盖和过覆盖 3 个方面的问题,带来的问题就是接通率、切换率以及掉话率很高,通话质量很差这样的一个结果。解决覆盖问题的主要措施就是调整天线参数、补点(加站、扩容或移站)、调整发射功率以及调整相关接入参数,如 C_1、C_2 等参数。

（1）弱覆盖问题案例分析

弱覆盖问题是由于基站密度不够、规划不合理或无线环境的大改变（后期建筑的盖起阻挡了信号）等导致覆盖不足而引起的弱覆盖问题。该问题的表象主要有通话质量差、电话接不通（语音提示"不在服务区"等）、频繁切换以及由于频繁切换导致的掉话等问题。解决弱盖问题的主要方法就是通过调整天线方向、增加发射功率或加站补点等来加强覆盖。

案例 21　湖北大厦异频切入失败多问题（TD-SCDMA 系统）

现象描述：多日的 KPI 显示湖北大厦 T1 异频切入失败较多。查看切换数据发现，异频切入失败主要集中在新洲村 T1、新洲村 T2 及益田二 T1 小区。基站分布图及卫星图如图 4-72 和图 4-73 所示。

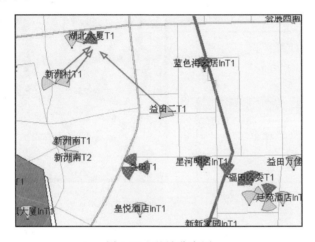

图 4-72　基站分布图

图 4-73　卫星图

问题分析：对周边进行测试发现，3 个基站之间存在弱覆盖问题是导致切换失败的主要原因。其中，新洲村 T 站因周边楼层较高且较密集在新洲村内信号受阻挡严重，且在该位置为湖北大厦 T1 旁瓣信号，只能通过增加新洲村 T1 新洲村 T2 发射功率增强覆盖，但效果不明显。对于益田村内弱信号问题，可通过增加高层站点福田区委 T1 小区发射功率来解决弱覆盖问题,调整后弱信号情况有所改善。

优化措施:调整新洲村T1及新洲村T2发射功率,由265调整为85,福田区委T1发射功率由60调整为125,将继续关注湖北大厦T1 KPI指标变化。

优化前后的测试结果如图4-74和图4-75所示。

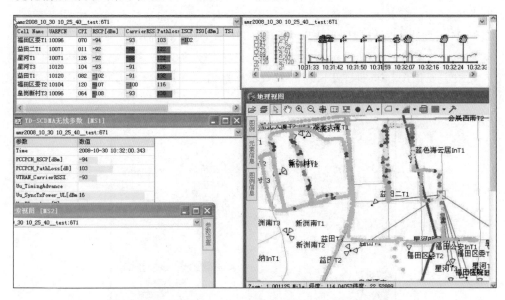

图 4-74　优化前的测试结果

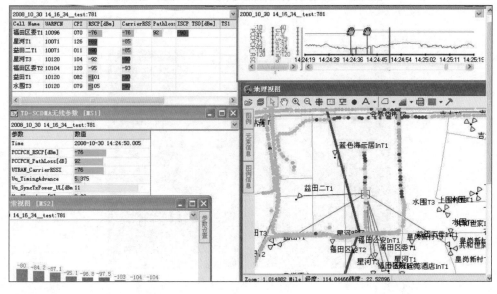

图 4-75　优化后的测试结果

案例 22　步步高服装城电话起呼难(GSM 系统)

现象描述:步步高服装城是一个比较封闭的地方,内部没有设计室内分布系统,主要靠室外基站来覆盖,而且步步高服装城人流量比较大,是一个重要的话务分布点,用户多次反映很难呼叫,通过测试发现信号强度比较弱,在−90dBm 左右,测试结果如图4-76所示。

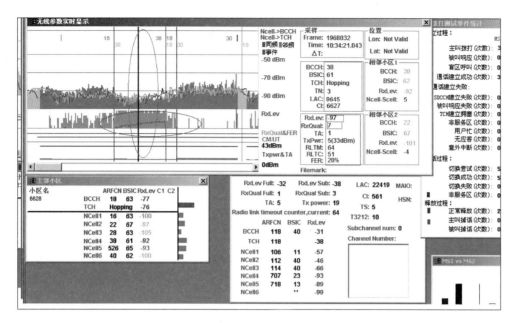

图 4-76　测试结果

问题分析：此处为步步高服装城 D18 号出现弱覆盖情况。当时的网络环境为 BCCH＝38，BSIC＝61，LAC＝9645，CI＝6627，RxLev＝－97dBm，RxQual＝7。由于该点位于较为封闭的地方，接收信号很弱。步步高服装城面积大、人流量大、手机用户多，受墙壁和装修材料等的屏蔽，里面很多区域信号都较弱，而且很难通过调整基站的天线或 BSPWRT/BSPWRB 等方法来改善。

优化措施：建议通过安装室内覆盖系统来改善。

（2）越区覆盖（过覆盖）问题案例分析

越区覆盖是过覆盖的一种，就是主服务小区的覆盖范围超过了规划的范围。而过覆盖有两层意思：一是指覆盖范围超过了设计规范的范围，这样容易引起无主导频而导致切换频繁甚至掉话；二是指很多扇区同时覆盖某个区域，导致该区域强信号很多，这样容易引起干扰（GSM 系统）和导频污染（3G 系统）。解决该类问题的方法有调整天线方向角、压低天线、降低发射功率、搬迁某些基站。

案例 23　滨河大道皇岗南 T3 越区干扰问题

现象描述：新开站点皇岗南 T3 信号存在越区干扰现象，在滨河大道与彩田路交界处与福强瑞昌 T3 同频且信号相当，C/I 较差，存在掉话风险。具体测试结果如图 4-77 所示。

问题分析：皇岗南 T3 越区覆盖与福强瑞昌 T3 为同频且信号相当，因美化树脚蹬上方没有安装树枝，不能对天线下倾角做调整，且周边小区无较合适频点更换，只能通过降低功率控制覆盖范围。

优化措施：修改皇岗南 T3 发射功率，由 265 调整为 205。

优化结果如图 4-78 所示。

（3）导频污染（弱覆盖和过覆盖）问题案例分析

导频污染是指当手机收到 4 个或更多个 Ec/Io 的强度都大于 T_Add 的导频，且其中没有一个导频的强度大到可作为主导频时所发生的干扰。经常发生在弱覆盖和过覆盖区域，

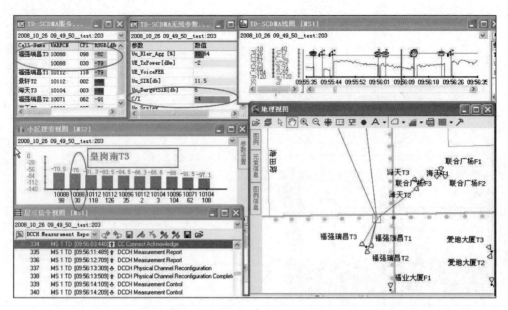

图 4-77　越区干扰测试结果

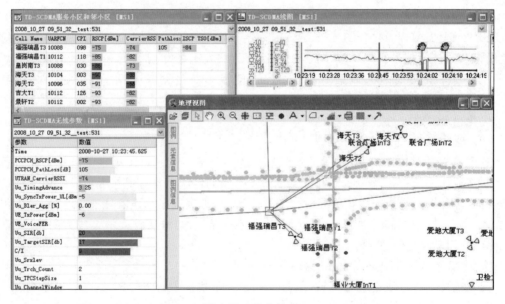

图 4-78　优化结果

严重时会导致掉话。

案例 24　农轩路无无主导频

现象描述：在农轩路上，无清晰主导频、切换混乱，C/I 和 BLER 也比较差，连续出现切换失败情况，掉话比较严重。

测试情况：在测试时发现，在高级中学 T 扇区与农园北 T 扇区，还有农林 T 扇区之间切换时多次出现物理信道重配置失败的情况。另外，还发现 RNC680 的熙园 T3 在该路段也偶有冒尖出来，C/I 很差，测试结果如图 4-79 和图 4-80 所示。

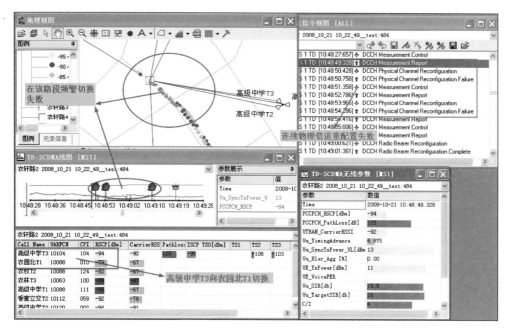

图 4-79 测试结果(1)

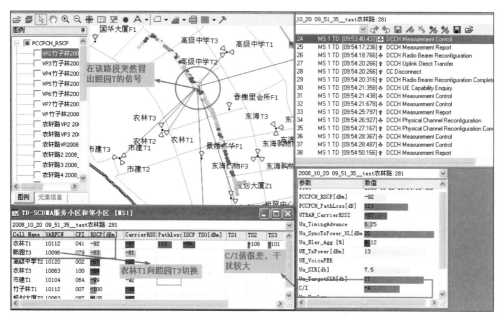

图 4-80 测试结果(2)

在测试时发现,在该路段突然出现了频点和扰码分别为(10112,044)的未知站点信号,测试情况如图 4-81 所示。

问题分析:通过仔细分析该路段的测试数据,发现该路段无清晰主导频,C/I 和 BLER 值都很差,切换混乱,而且有两个未知强信号,在最新工参表中无法查知是哪个站点。通过与机房联系配合查找出了这两个强信号的来源为 RNC681 区域的新增站点:山姆 T;再对该站点的参数配置进行核查,发现邻区配置不完整,导致了该切换混乱,或者是无法切换导

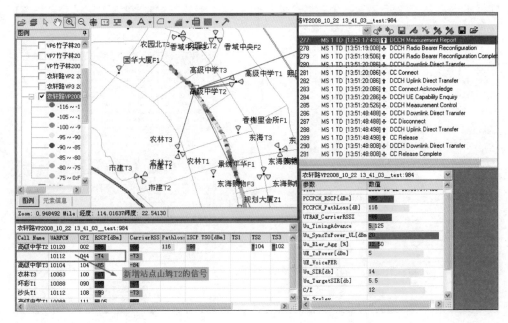

图 4-81　测试结果(3)

致掉话的问题。另外,RNC680 熙园 T3 在该路段有较强的旁瓣信号冒尖出来,导致跨 RNC 切换频繁;竹子林 T1 信号也非常不稳定,经常有较强旁瓣信号出现在农林 T1 与东海 T2 衔接覆盖的路段,导致跨 RNC 切换频繁,掉话风险较大;RNC680 新增站点:农园北 T 的信号也不稳定,在该路段时强时弱,导致频繁切换失败发生,RNC680 站点农牧 T 也偶有信号冒出来。

解决方案:要根本解决该路段的问题,首先要确定那两个未知强信号到底是哪个站点,调整出清晰主导频,再将切换关系调整顺畅,更改相应站点的扰码,来改善 C/I 和 BLER 值,消除干扰。

切换关系为由南向北:竹子林 T1→东海 T2→农林 T1→农林 T3→高级中学 2→高级中学 T3→山姆 T2。

涉及的参数调整如下。

① 通过查看 MML 数据,核查新增站点山姆 T 的邻区配置关系,发现山姆 T 的邻区配置不完善。通过将山姆 T1(22781)与农园北 T1(28671)、农林 T1(21491)、农林 T3(21493)互配邻区;山姆 T2(22782)与高级中学 T3(22763)、农园北 T1(28671)、T2(28672)、T3(28673),农林 T1(21491)互配邻区,来完善该站点的邻区配置。

② 通过将熙园 T3(21873)和竹子林 T1(22161)的波束赋形都由 60 更改为 30;将竹子林 T1(22161)的功率由 290 降低至 265 来减小这两个小区旁瓣信号。

③ 通过将农林 T1(21491)的扰码由 41 更改为 108,减少该路段的干扰。

④ 通过将农林 T3 的功率由 265 增加至 295,来加强该小区对该路段的覆盖。

⑤ 通过将农林 T3(21493)到高级中学 T2(22762)的 CIO 更改为 6,将高级中学 T2(22762)到农林 T3(21493)的 CIO 更改为 6,来使这两个小区之间的切换更加顺畅。

⑥ 通过将农牧 T2 的功率由 295 降低至 265,来消除该小区在该路段的冒尖信号。

最终优化结果如图 4-82 所示。

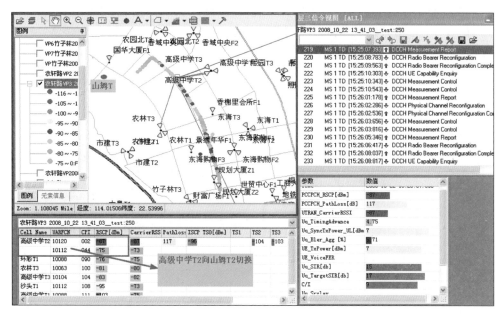

图 4-82　最终优化结果

通过上述参数的调整之后,该路段导频清晰,切换顺畅,各项无线指标都正常,无切换失败发生,无掉话现象;消除了熙园 T3、农牧 T2 的冒尖信号,但是竹子林 T1 小区一直存在问题,信号不稳定,还是时有信号冒尖出来。还是有掉话风险存在,后续将跟踪解决。

案例 25　大福 T2 小区异频切换成功率低

现象描述:大福 T2 小区异频切换成功率较低。图 4-83 所示为大福 T2 小区异频切换测试图。

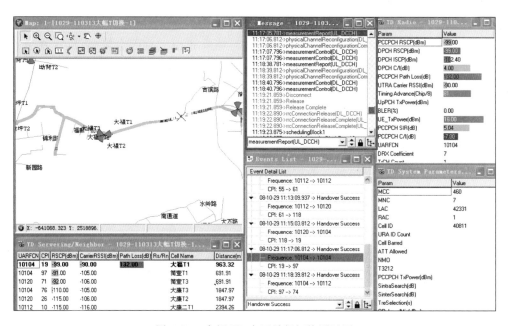

图 4-83　大福 T2 小区异频切换测试图

问题分析：由于大福 T2 和横平 T2 都使用了 10112 频点，当 UE 经过此覆盖路段时，UE 上发的 measurementReport 产生同频干扰，导致此路段切换困难；另外，在 UE 经过大福 T1 向简壹 T1 移动时经过路段产生弱覆盖现象。

优化措施：经过现场测试分析将大福 T2 小区频点由 10112 修改为 10096，并且将其 PCCPCHPOWER 提高 2dBm，将大福 T1 小区 PCCPCHPOWER 提高 2dBm，将简壹 T1 小区频点由 10104 修改为 10088 并将其 PCCPCHPOWER 提高 3dBm。

优化结果：调整后覆盖明显改善，异频切换无掉话。图 4-84 所示为大福 T2 小区调整后优化测试图。

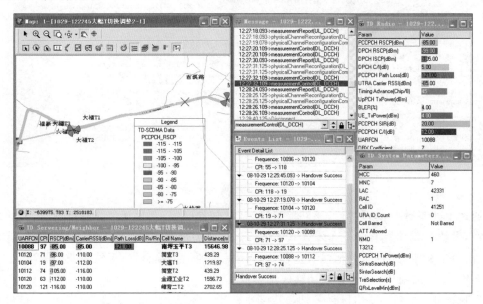

图 4-84　大福 T2 小区调整后优化测试图

2. 无线接通率问题案例分析

影响无线接入问题的原因主要有弱信号问题、话务和信令资源不够、参数设置不合理、硬件故障问题以及干扰问题。在覆盖案例和话务分析案例中都提到了无线接入案例。由于 GSM 系统和 CDMA 系统在无线接入方面的参数设计上有很大的区别，在不同系统接入优化时，需注意其分析方法。

3. 切换问题案例分析

切换问题在 GSM 系统中比较明显，60％以上的掉话都是由于硬切换导致的。在 CDMA 系统中，切换问题仍然是一个不能忽视的问题。导致切换失败的原因很多，如干扰问题（同频干扰、邻频干扰、直放站干扰、非法频率干扰、系统间的干扰等）、导频污染、弱覆盖、设备故障、邻区漏定、切换参数设置错误、上下行链路不平衡和时钟问题（基站变为内时钟、上级时钟不稳或偏移较大）等。

案例 26　邻区关系配置不合理导致的切换问题案例分析

现象描述：在测试中发现，UE 占用油松 T2，扫频仪中可见牛栏前 T1 的信号很强，但油松 T2 的邻小区列表中没有它的信息，通过 KPI 统计发现，牛栏前 T1 的切换失败率较高，影响网络指标。

问题分析：对该路段进行复测，发现油松 T2 和牛栏前 T1 未添加双向邻区关系。怀疑这是造成切换成功率低的主要原因。

优化措施：添加油松 T2 和牛栏前 T1 双向邻区关系。

优化结果：具体的复测结果如图 4-85 和图 4-86 所示。

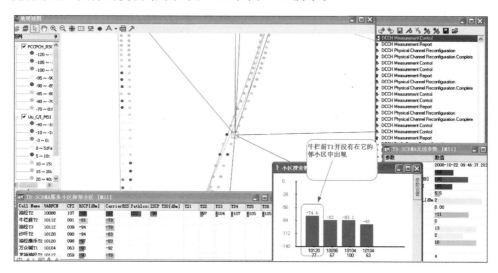

图 4-85 油松 T2 和牛栏前 T1 中间路段的复测结果

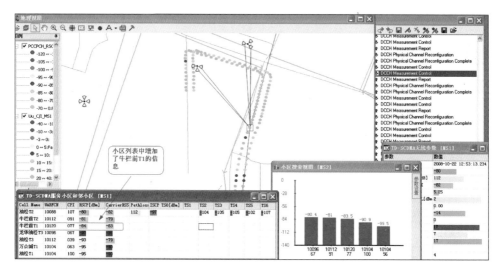

图 4-86 增加双向邻区后的复测结果

案例 27 弱覆盖引起的切换失败案例分析

现象描述：对五村 T 覆盖的大康路进行了双向四车道与周边非双向四车道测试，测试发现存在弱覆盖和邻区关系缺失现象，有掉话发生，大康路的测试结果如图 4-87 所示。

优化措施：经过现场测试发现横岗 T1 与大康二 T3 无邻区关系，将其邻区关系添加后并增加大康二 T3 功率 3dBm，调整马五村 T1 到大康二 T3 参数 CIO 从 0 改为 10。

优化结果：调整后无掉话发生，大康路覆盖有所加强，优化后的效果图如图 4-88 所示。

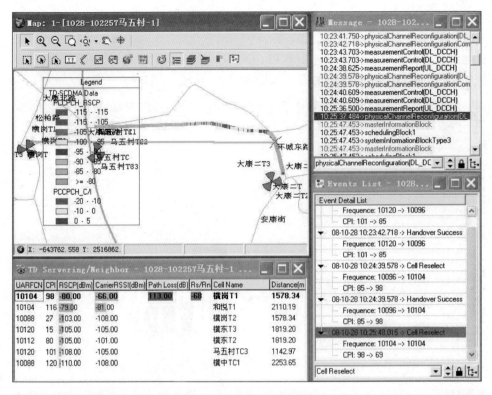

图 4-87　大康路的测试结果

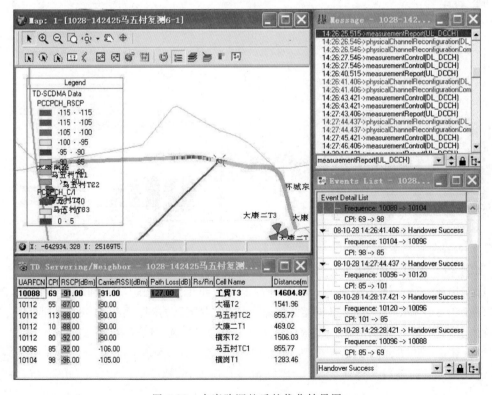

图 4-88　大康路调整后的优化结果图

案例 28　切换参数设置不合理导致的切换问题案例分析

现象描述：高铁由南向北测试,终端在该区域应由明日国际 T2 切换到明日国际 T3,终端由明日国际 T2 向明日国际 T3 切换不及时,明日国际 T2 的 PCCPCH-RSCP 已达到 -104dBm,无法正常切换,导致掉话。图 4-89 所示是高铁测试结果图。

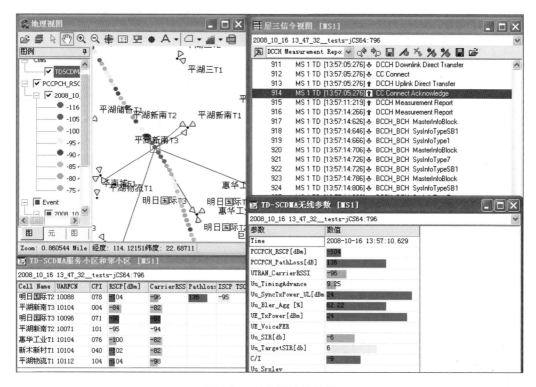

图 4-89　高铁测试结果图

优化措施：更改明日国际 T2 与明日国际 T3 的小区偏置(CIO)。

优化效果：修改明日国际 T2 与明日国际 T3 的小区偏置(CIO),问题解决,高铁复测情况如图 4-90 所示。

4. 掉话问题案例分析

掉话是指用户通信过程中发生异常释放,掉话率是评价通信系统性能的一项重要指标。一般来说,可以通过后台信令跟踪、前台信令分析等方法来处理掉话问题。

可能导致掉话的原因主要有以下几个方面。

(1)覆盖原因引起的掉话。

(2)切换引起的掉话。

(3)设备硬件或者系统参数错误引起的掉话。

(4)由于干扰而导致的掉话

(5)天馈线原因而导致的掉话。

(6)由于传输故障造成的掉话。

(7)由于采用直放站而导致的掉话。

这些案例在覆盖、切换、设备等问题分析中都已详细提及。

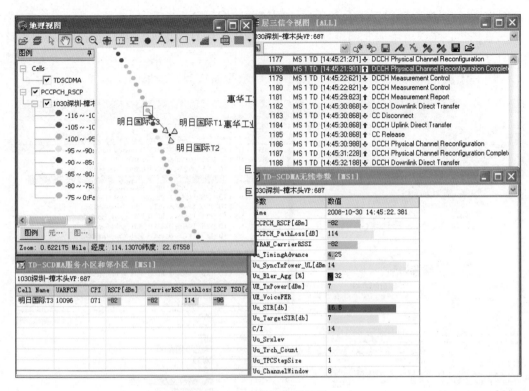

图 4-90　高铁复测情况

案例 29　吉柠路漏定邻区关系导致掉话

现象描述：用户反映在吉柠路大转弯处乘车使用手机出现掉话的现象，其测试结果如图 4-91 所示。

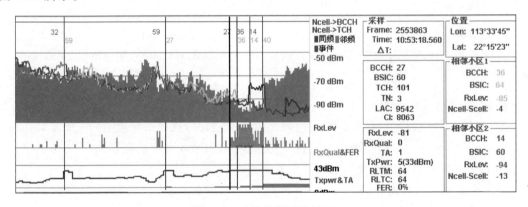

图 4-91　吉柠路测试结果(1)

问题分析：如图 4-92 所示，在红圈所标的路段，在由南向北的测试中，出现一段弱信号质差。手机占用小区长城宾馆 3(9542—8063)在信号变弱时先切到长城宾馆 2(9542—8062)再切到吉大 3(9542—6719)，之后才切到信号较强的通信大厦 3(9542—6789)，之间出现严重弱信号质差。且每次由南向北方向测试在该路段基本上都出现类似问题，有时长城宾馆 3 向长城宾馆 2 切换时还出现切换失败，容易出现掉话。

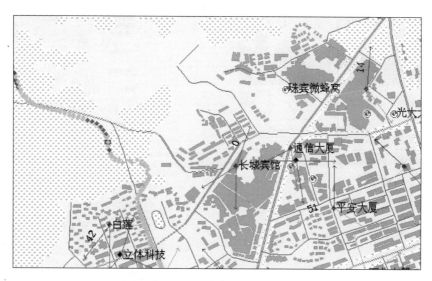

图 4-92　吉柠路测试结果(2)

驱车由南向北行驶,在占用长城宾馆 3 后出现弱信号停下来。此时,结束通话,关机再重新开机,手机占用到通信大厦 3,信号明显要强过长城宾馆 3,如图 4-93 所示。

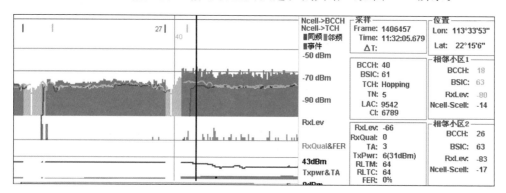

图 4-93　手机占用到通信大厦 3,信号明显要强过长城宾馆 3

在由北向南的测试中,在同一路段,手机占用通信大厦 3 且信号较好,如图 4-94 所示。

综上可看出,长城宾馆 3 和通信大厦 3 之间没有定义相邻关系,致使手机占用长城宾馆 3 在信号变弱时不能直接向信号较好的通信大厦 3 切换而出现弱信号质差,很容易出现掉话。

优化措施:建议定义长城宾馆 3 和通信大厦 3 之间的相邻关系。

5. 三层信令案例分析

三层信令分析无论在 GSM 系统,还是在 3G 系统网络优化分析中都是经常用到的。所谓三层信令,就是指 GSM-Um、3G-Uu 接口的网络层(层三信令)、链路层(层二信令)、物理层(层一信令)。层 1 信令为无线接口或陆地接口的最底层部分,用于提供传送位流所需的物理链路,为高层提供各种不同功能的逻辑信道,包括业务信道和逻辑信道,每个逻辑信道都有其自己的逻辑接入点。层二信令的主要目的是建立 GSM 各功能单元间进行消息通信所需的可靠专用数据链路。层二信令所使用的协议依据物理功能单元间接口的不同而不

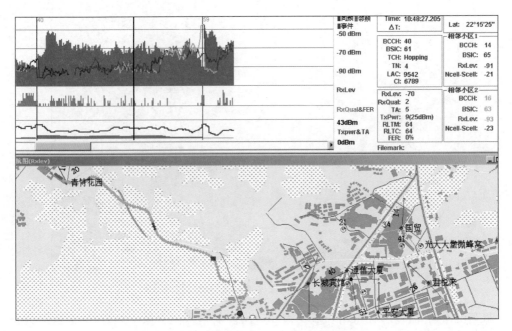

图 4-94   手机占用通信大厦 3 且信号较好

同,使用的协议有基于 ISDN 的 D 信道接入协议(LAPD)、LAPDm 和 7 号信令的链路层协议等。层三信令,一共包括如下 3 个子层。

(1) 连接管理 CM(Connect Management)子层。即呼叫控制(CC)、补充业务(SS)和短消息业务(SMS)管理。呼叫控制主要面向电路的业务,负责呼叫接续控制和话路路由选择等功能。

(2) 移动管理 MM(Mobility Management)子层。MM(Mobility Management)子层的主要作用是支持用户终端的移动性,如通知网络 MS 的当前位置,提供用户身份安全性管理以及向上层 CM 子层提供连接管理服务。

(3) 无线资源管理 RRM(Radio Resource Management)子层。对无线信道进行分配、释放、切换、性能监视和控制等。

GSM 用户侧协议模型如图 4-95 所示。

案例 30   未接通三层信令案例分析

信令流程:GSM 系统信道建立信令的主要流程如下。

(1) Additional Assignment:附加指配。

(2) Immediate Assignment:立即指配,网络给移动台分配一个 SDCCH(只包含一个 MS 指配信息),包括指配信道的描述、"信道请求"的信息字段和接收到"信道请求"帧的帧号、最初的时间提前量、起始时间指示(可选)。

(3) Immediate Assignment Extended:立即指配扩展(同时包含两个 MS 指配信息)。

(4) Immediate Assignment Reject:立即指配拒绝。

三层信令测试结果如图 4-96 所示。

信令分析:从图 4-96 中可以看出,手机发出 paging request 后,网络发出命令 immediate assignment(立即指配)之后但手机没收到 assignment complete(指配完成),而网

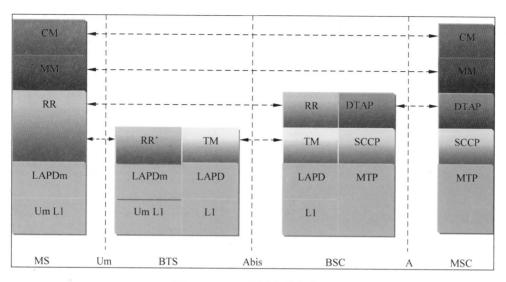

图 4-95　GSM 用户侧协议模型

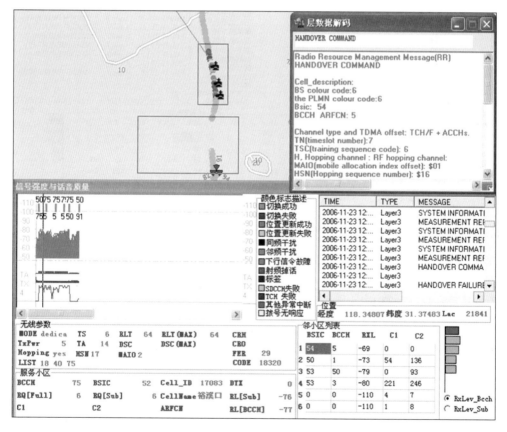

图 4-96　三层信令测试结果(1)

络直接发 paging request 命令。说明手机没占上 SDCCH 信道（呼叫建立信令信道），经查该区域处于 LAC21840 和 21841 交界处，跨区的大量位置更新使 SD 信令负荷增大。

优化措施：建议检查 17063 小区的 SDCCH 数目，统计是否经常性拥塞，如果是，则给 17063 小区增加 SDCCH 数目。

案例 31　切换失败三层信令案例分析

三层信令测试结果如图 4-97 所示。

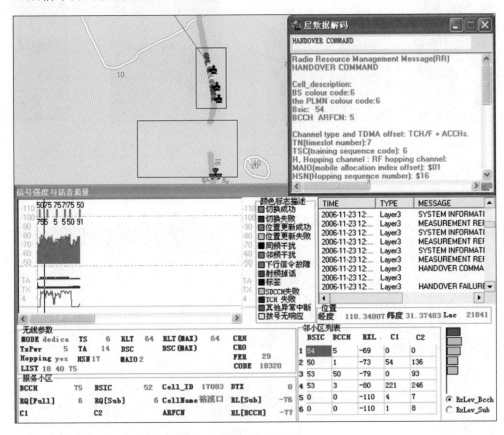

图 4-97　三层信令测试结果（2）

信令分析：从图 4-97 中可以看出，该区域处于长江边沿，手机占用长江西的裕溪口基站 17083 小区信号，在该区域手机语音质量较差，而且连续 3 次切换失败。经后台数据分析，手机从源小区 17083 向目标小区（BCCH5，BISIC52 的巢湖基站从层三信令中可看出）连续切换 3 次失败。

优化措施：建议检查 17083 小区是否做（BCCH5，BISIC52）的邻小区以及切换门限是否合理。另外，检查压低 17083 的倾角。

案例 32　掉话三层信令案例分析

三层信令测试结果如图 4-98 所示。

信令分析：从图 4-98 中可以看出，手机掉话时信号电平和语音质量均正常，从层三信令上分析，网络发出两次 handover command 命令，而手机没收到 handover complete 或 handover failure，网络就直接发出 paging request（寻呼），说明是切换掉话（没切换到目标小

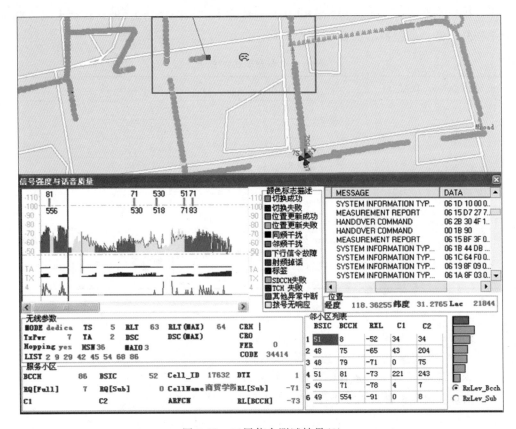

图 4-98　三层信令测试结果(3)

区 17623,也没返回源小区 17632),规定的切换时间内 BSC 没收到切换成功与否的消息,BSC 自动释放链路,计为掉话一次。

优化措施:建议检查 17632 小区的邻区 17623 在 24 号 16 点时是否拥塞,同时也要检查 17632 小区向 17623 切换门限是否合理以及切换时长。

6. 话务量分析案例分析

话务量分析是网络优化、运行维护工作的一个重要组成部分,常见的话务统计指标有掉话率、拥塞率、切换成功率、TCH 指配成功率、无线系统接通率、话务量、信道可用率等。

案例 33　掉话问题话务分析

现象描述:3 月 16 号,从 OMCR 后台统计,PAKTEL 网络的 BSC80 的 3 号站 I10 的掉话率突然增加很多,掉话率(含切换)大于 7%,掉话次数大幅度增加。

问题分析如下。

(1) 统计详细的性能数据,查看掉话类型,发现以无线链路失败掉话居多。

(2) 统计该小区的干扰带,发现三级以上干扰带所占比例非常高。

(3) 初步怀疑该站存在干扰,检查频率规划,发现与周围小区无同邻频干扰,通过 BTS 测量统计发现该站的第二、三载频指配失败率较高。

(4) 从告警统计上看,该站无硬件告警,无漏缺乏邻小区,切换参数合理,但是在检查该站的跳频参数 MAIO 时发现第二块和第三块载频的 MAIO 相同。

优化措施：将第三块载频的 MAIO 从 8 调整成 10 后，干扰消失，掉话次数大幅度降低，掉话率恢复正常。调整前后的数据见表 4-19。

表 4-19　调整前后的数据

Region	Cell Name	BSC ID	CELLID	DATE	TCH in call drop rate(%)	Remark
NORTH	1102	80	50022	2008-3-16	8.17	调整前
				2008-3-17	7.74	
				2008-3-18	7.53	
				2008-3-19	7.97	
				2008-3-20	8.66	
				2008-3-31	1.03	调整后
				2008-4-1	0.94	
				2008-4-2	0.85	
				2008-4-3	0.78	
				2008-4-4	0.95	

案例 34　切换问题话务分析

现象描述：后台性能报表数据显示，未央草滩站 1 小区切换成功率低。

问题分析：检查无线参数，设置合理，没有问题。从 OMCR 后台动态管理发现，该小区的一块载频不能被占用。判断载频有硬件故障，提交工单，要求排查故障。

优化措施：故障板件经过更换后，指标明显提升（表 4-20），问题解决。

表 4-20　故障板件经过更换后的指标

日　　期	站　　名	小区位置区(LAC-CI)	切换请求总次数	切换成功总次数	切换成功率(%)
2005-06-10 18:00～19:00	未央_草滩_DIA	LAC8415-CI25023	345	52	15.1
2005-06-11 18:00～19:00	未央_草滩_DIA	LAC8415-CI25023	221	64	29
2005-06-12 18:00～19:00	未央_草滩_DIA	LAC8415-CI25023	266	28	10.5
调　　整　　后					
2005-06-14 18:00～19:00	未央_草滩_DIA	LAC8415-CI25023	160	152	95
2005-06-15 18:00～19:00	未央_草滩_DIA	LAC8415-CI25023	160	154	96.3

案例 35　TCH 拥塞问题话务分析

现象描述：12 月 21 号，从 OMCR 后台统计，Libyan 网络下 BSC8 的 106 号站第三扇区的 TCH 话务突然变得非常拥塞，TCH 拥塞率（不含切换）达到 30% 以上。

问题分析：以前该扇区并无拥塞，突然 TCH 话务拥塞，统计该站周围小区的性能报表和告警统计，发现与该小区针对的一个基站 127 号站断站导致周围话务被 106 号站的三扇区吸收而导致拥塞。

优化措施：经与局方协调，127 号及时开通后，106 号站三扇区的 TCH 话务拥塞被消除。拥塞调整前后的指标见表 4-21。

表 4-21　拥塞调整前后的指标

BSC_SITE ID-BTS	Cell and Location Area Cell(LAC-CI)	SDCCH in congestion rate(%)	TCH in congestion rate(exclude handover)(%)	TCH overflow total number (exclude handover)
Bsc8-Site106-Bts1	LAC8198-CI11061	0	0	0
Bsc8-Site106-Bts2	LAC8198-CI11062	0	0	0
Bsc8-Site106-Bts3	LAC8198-CI11063	0.04	30.24	936
调整后				
Bsc8-Site106-Bts1	LAC8198-CI11061	0	0	0
Bsc8-Site106-Bts2	LAC8198-CI11062	0	0	0
Bsc8-Site106-Bts3	LAC8198-CI11063	0.04	0	0

案例 36　SDCCH 拥塞问题话务分析

现象描述：2 月份，61 号新站开通后，第三小区 SDCCH 信道突然拥塞，SDCCH 拥塞率高于 35%。

问题分析：经分析该小区的基本测量统计，发现导致第三小区 SDCCH 拥塞的原因是存在大量的位置更新。检查规划数据和 LAC 划分，没有发现不合理的地方。由此初步分析得知，该新站开通的数据存在错误之处。

优化措施：经过检查发现，该站第三小区的 LAC 号是 8198，而该站其他两个小区的 LAC 号是 8199，经确认，在做新站数据时误将第三小区的 LAC 号 8199 输入成了 8198，从而导致大量的位置更新。调整后，SDCCH 拥塞率恢复正常。

7. 设备问题案例分析

设备问题可以引起掉话、接入失败等问题，设备问题主要有传输方面的、载波方面的、天馈线方面的，还有交换和接口方面等问题，如何定位对初学者来说难度比较大，需要多部门合作。

案例 37　传输误码导致载频闭塞接入失败

现象描述：某 BSC 下的某站点从 4 月 10 号起，呼建成功率由以前的 98% 左右下降到 80% 左右。站点为 S111 配置。查其告警信息为传输误码超过告警门限。

原因分析如下。

(1) 查看话统，发现失败原因基本都是资源分配失败。

(2) 查看该站点话务量及信道拥塞话统。从话统中可以看出，该站点的话务量并不高，并且码资源、CE、功率等无线资源并不拥塞，信道拥塞的原因为其他。

(3) 分析 runlog 日志，发现该基站存在 52b 接入失败原因值，即导频状态不可用。联系客户了解到维护人员并没有在后台对该基站的载频 Block，因此可以排除后台闭塞载波导致导频状态不可用。

(4) 检查基站侧和 BSC 侧告警，发现该基站链路存在 E1/T1Link BER Threshold Crossed Alarm 和 Instant E1/T1 Link BER Threshold Crossed Alarm 告警，而且该告警出现的时间点与指标下降的时间点相吻合，知会客户整改传输。

(5) 一般情况下传输问题导致接入失败的原因值为 F1F，即 Abis 链路建立超时，但在该案例中为 52b，由此怀疑传输问题。

优化措施：传输整改之后，指标回升到 98% 左右。

案例38　站点故障

现象描述：某日桂园 T1 与电影大厦 F1 切换失败高。通过现场对桂园 T1 小区附近道路进行测试发现，桂园 T1 无法进行正常起呼，测试切图如图 4-99 所示。

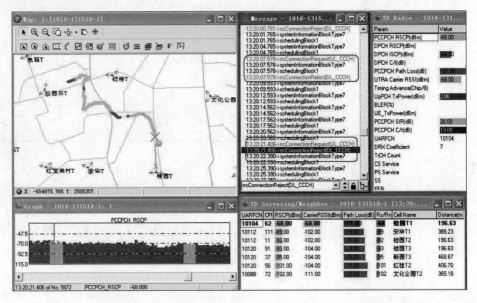

图 4-99　测试切图

问题分析：现场无线环境良好，在测试时 RRC 连接无法正常建立，通过 RNC 侧查询告警得知，桂圆 T1 小区资源不可用，初步判定是站点故障问题。

优化措施：站点故障，需要重启站点观察。

优化结果：通过站点重启后，发现 RRC 连接正常，业务正常，问题得到解决，其测试结果如图 4-100 所示。

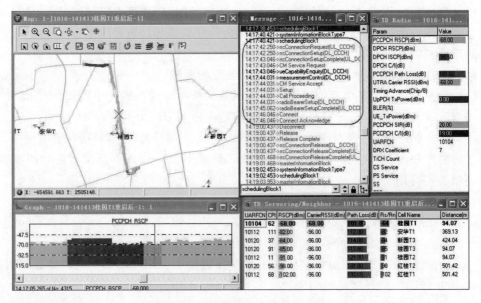

图 4-100　站点重启后的测试结果

4.5.4　移动无线网络优化分析报告归档

　　文档管理是优化工作的重要组成部分,是网络优化工作有序进行的基础。文档管理的主要内容是建立各种优化资料数据库,并按期进行更新维护,同时对各类文档实施归类、存放、备份工作。

1. 网络优化资料数据库管理

　　(1) 网络优化数据库的主要内容

　　网络优化工作须建立网络优化资料数据库,在该数据库主要有基站相关信息、DT/CQT 测试数据、网络优化分析报告、用户投诉处理等资料以及相关的技术资料。该资料须保存在专用、可共享的计算机中。

　　(2) 网络优化数据库的更新周期

　　为了准确分析测试数据,网络优化相关数据的更新可以根据需要确定时间周期的长短,如日常更新、月度更新和年度更新。日常更新的数据库包括日常网络运行 KPI 指标、告警信息、用户投诉数据、与基站信息相关的数据、DT/CQT 测试数据;月度更新的数据包括月度网络 KPI 指标、用户申告信息汇总、勘站信息汇总、网络优化月报;年度更新的数据包括网络优化年报、不定期的专项优化总结以及技术资料汇总。

2. 网络优化工单管理

　　在日常网络优化工作中,对于制定的优化方案需形成网络优化工单,按照规定的流程,履行相关责任人员和领导签字等必要程序,然后组织实施。实施后,需进一步跟踪优化效果,若达到既定目标,将对网络优化工单建档;若没有达到既定目标,则需组织技术人员讨论,形成新的优化方案,直到问题解决,再建档。

3. 电子文档管理

　　(1) 电子文档归类存放

　　目前的文档一般采用电子文档,应发挥电子文档便于储存、便于备份的特点,建立合理的文档保存机制,健全文档目录结构,以便查询。对于日常使用的各种表格应当尽量使用标准统一的格式,以便文档的合并整理。对于经常使用的文件,还应当按照合理的方式统一规范文件名的命名规则。

　　(2) 电子文档备份

　　所有电子文档都应当按照重要性进行备份,并应以一台专用的服务器存储数据,定期在固定的计算机硬盘上备份,同时应使用光盘备份,备份的光盘要按时间编号并保存起来。

第 5 章

无线网络优化仪器仪表的使用

在无线网络优化分析中,相关的仪器仪表是非常重要的优化工具。天线的普查、驻波比的测试、干扰源的排查和定位、相关设备噪声的测试以及传输质量的定位等都需要通过仪器仪表来排查和定位。因此,熟练掌握相关仪器仪表的使用是很重要的,不仅可以提高工作效率,而且可以准确查找和定位故障问题。

本章首先简要介绍仪器仪表在无线网络优化中的地位;接着,讨论扫频仪、驻波比测试仪、频谱分析仪、天馈测试仪和功率计等仪器仪表的使用方法;最后,简单的介绍指南针、GPS 和水平尺的使用方法。

教学参考学时 6 学时

读者学习本章,要重点掌握以下内容:
- 扫频仪、驻波比测试仪的使用方法;
- 频谱分析仪、天馈测试仪和功率计的使用方法;
- 指南针、GPS 的使用方法。

学习目的与要求

在无线网络优化中,仪器仪表的使用是比较多的,如在干扰排除中,如果发现基站的驻波比过高,则需要到现场利用驻波比测试仪器进行测试来确认问题;还有使用扫频仪来定位外部干扰源的具体位置等。在无线优化中,使用比较多的是驻波比测试仪、扫频仪、频谱分析仪以及功率计,其中有些仪表相对比较简单,如指南针、GPS 和手机工程模式的测试终端。

5.1 扫频仪的使用

在无线网络优化中,无论在网络建设初期,还是在发展阶段,扫频仪的使用都比较频繁。在网络建设前期准备阶段,扫频仪主要用于模型校正和室内、室外站址勘察;在安装、开通阶段,其主要用于覆盖验证、优化覆盖和频率规划、导频规划以及干扰最小化;在优化阶段,其主要用于天线优化、邻小区优化,重新定义邻小区,调整网络容量或数据吞吐量,确立覆盖盲区,查找干扰源,故障排除,查找无线异常小区或基站,提高网络无线服务质量,有效进行无线参数的调整等;在扩容阶段,其主要用于干扰识别/定位、射频容量分析;在网络演变阶段,其主要用于频谱整合和 2G 与 3G 的互联互通。

下面主要以 PCTEL 扫频仪为例来介绍扫描仪的使用方法。

　　PCTEL 扫频仪具有高速、高动态范围、高灵敏度等特性,其支持多种网络制式,涵盖所有无线网络。图 5-1 所示为 PCTEL 扫频仪。

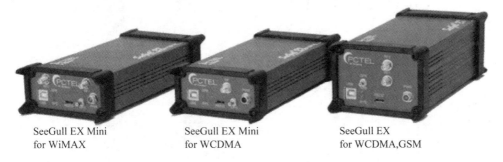

SeeGull EX Mini　　　　　SeeGull EX Mini　　　　　SeeGull EX
for WiMAX　　　　　　　for WCDMA　　　　　　　for WCDMA,GSM

图 5-1　PCTEL 扫频仪

其具体使用方法如下。

1. Scanner 测试步骤

　　完成 Scanner 测试准备以后即可开始进行 Scanner 测试,Scanner 测试操作步骤如下。

　　(1) 执行 Logging→Connect 命令或单击工具栏中的 ![按钮] 按钮进行设备连接。连接成功以后将 ![按钮] 切换显示为 ![按钮],完成 Pilot Pioneer 同外部设备的连接。

　　(2) 单击工具栏中的 ![按钮] 按钮,弹出 log 文件保存窗口。完成 log 文件保存设置以后,按“保存”按钮将 log 文件保存并弹出 Logging Control Win 窗口。

　　(3) 单击 Logging Control Win 窗口中的 Advance 按钮进入 Scanner 测试频段设置窗口,如图 5-2 所示。

图 5-2　Scanner 测试频段设置窗口

　　(4) 选择对应的频段后单击 OK 按钮进入测试任务设置界面,如图 5-3 所示。

　　(5) 单击 Logging Control Win 窗口上的 Start 按钮开始执行测试业务。

　　(6) 单击测试工具栏中的 ![按钮] 按钮停止测试。

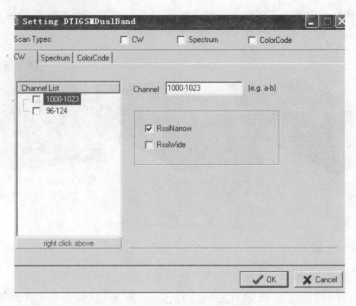

图 5-3　测试任务设置界面

（7）单击测试工具栏中的 按钮断开设备连接，测试结束。

2. CW 测试

PCTEL 的 CW 测试在 GSM 网络下，可通过选中 CW 测试设置页面来决定是否测试 RssiNarrow 和 RssiWide。PCTEL 扫频仪 CW 设置窗口如图 5-4 所示。

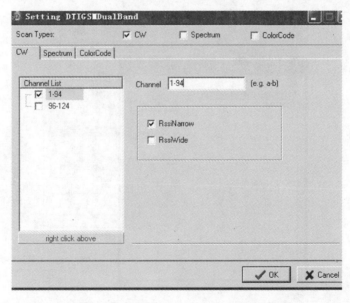

图 5-4　PCTEL 扫频仪 CW 测试设置窗口

CW 测试窗口包括 RSSI Narrow 测试结果和 RSSI Wide 测试结果，如图 5-5 和图 5-6 所示。

其中，X 轴为测试频点，Y 轴为扫描信号强度。RSSI Narrow 和 RSSI Wide 的区别在

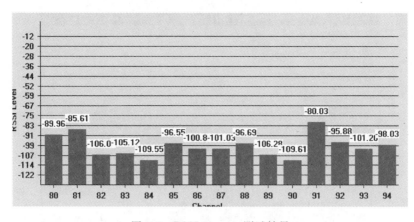

图 5-5　RSSI Narrow 测试结果

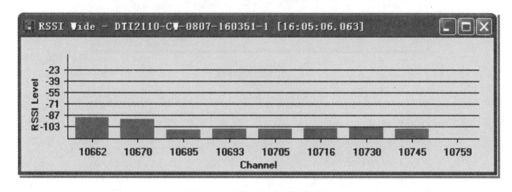

图 5-6　RSSI Wide 测试结果

于以中心频点为基点的扫频范围不同,如 WCDMA 的 RSSI Wide 测试是对中心频点周围 3.84MHz 范围内的信号强度进行累加,而 RSSI Narrow 测试则是对中心频点周围 200KHz 范围内的信号强度进行累加,在基站的发射功率使用调制方式时,RSSI Wide 和 RSSI Narrow 的区别较为明显。

CW 测试主要是基站选址模型校正,当在某地规划建站时,选定一个比较纯净的频点 (如 95,这些频点在实际中并没有被用到,同频干扰几乎为 0),利用一个小功率的发射机,在 95 频点上发射信号。然后,利用 Scanner 进行以同心圆式线路环绕基站进行 CW 测试(只扫 95 频点),测量到各地点的信号强度,将其与基站的原发射信号强度进行对比,得出信号衰落变化情况,从而能够得到基站的大致覆盖范围和存在的盲区,进而判断基站建设在此处否为最佳地点,然后做相应的调整。另外,如果设置扫描一个范围频点,则可以看到这些频段范围内频点的信号强度。

3. Spectrum 测试

单击 Spectrum 标签展开 Spectrum 测试设置页面。PCTEL Scanner 的 Spectrum 设置窗口如图 5-7 所示。

PCTEL Scanner 的 Spectrum Chart 测试结果如图 5-8 所示。

其中,X 轴为频谱频率,Y 轴为频谱信号强度。频谱分析测试是某段频率范围内的对应信号强度的线性图,主要用来查看是否有外来干扰。当某频率的信号很好,但是它附近又出

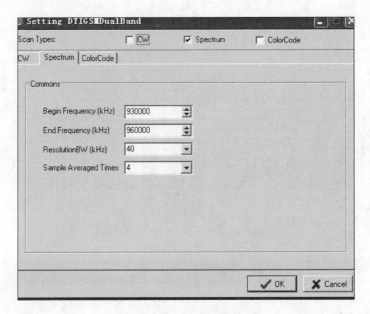

图 5-7   Spectrum 设置窗口

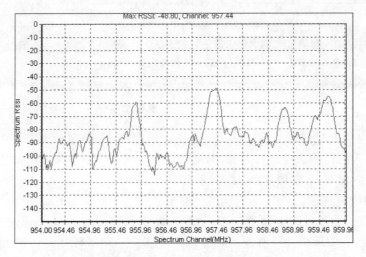

图 5-8   Spectrum Chart 测试结果

现一个信号很强的频率点,可以根据频率与频点换算公式计算出其频点对应的频点号,如果该频点号不是实际通信中使用的频点,则有可能是一个外来干扰的信号。目前,扫频仪只能扫下行频率,测试时,若输入上行频率范围,将无法出现线性图。

4. Color Code 测试

单击 Color Code 标签展开 Color Code 测试设置页面。PCTEL 扫频仪的 Color Code 测试设置窗口如图 5-9 所示。

ColorCode 测试结果如图 5-10 所示。

Color Code 测试是 G 网所特有的测试方式,其通过对基站 BISC 的锁定来对指定基站进行信号强度的扫频。X 轴为频点码,Y 轴为扫描信号强度。如果对应某频点柱状图显示

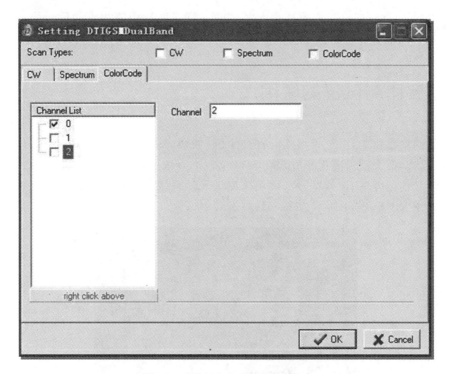

图 5-9　Color Code 测试设置窗口

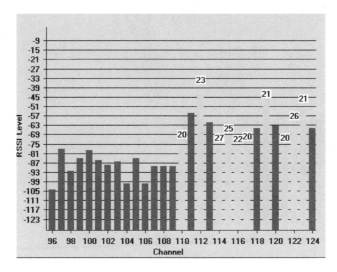

图 5-10　Color Code 测试结果

黄色,且上方出现相应数字,则表示此频点对应 BSIC 能够被解出,上方的数字即是 BSIC 值。Color Code 测试主要是用来测定点的同频干扰和邻频干扰用的。

同频干扰:在定点测试时,若某频点解出的 BSIC 发生变化(显示两个或两个以上不同的值),则表示此处存在两个或两个以上相同的频点,如果两个频点对应信号强度的差值满足小于 12dB,则此处存在同频干扰。另外,当某频点手机能够正常解出其 BSIC,但是 Scanner 一直未能解出 BSIC,则此频点也很有可能存在同频干扰。

邻频干扰：在定点测试时,若某频点对应的信号强度与相邻频点的信号强度的差值小于－6dB,则表示此处存在邻频干扰的情况。

5.2　驻波比测试仪的使用

在无线网络优化中,由于天馈线的种种原因,如接头因没有密封好而进水等,需要对其进行测试、检查,那么就需要用到驻波比测试仪。本节主要以 S331A、S331B 驻波比测试仪为例来介绍其使用方法,该款型号主要用来测试天馈系统驻波比和判断影响驻波比指标故障点的大致位置。图 5-11 所示为 S331B 驻波比测试仪外形图。

图 5-11　S331B 驻波比测试仪外形图

S331B 驻波比测试仪的主要使用方法如下。

1. 测试准备

(1) 测试电缆：两条,各约 1.5m 长。

(2) 转接头、双阴、双阳：不同型号 N、SMA、TNC。

(3) 50Ω 标准负载：N 型接口。

(4) 开路、短路校准件：N 型接口。

2. 仪器校准

(1) 打开 SiteMaster(ON/OFF 键),按 FREQ 键后,设置初始频率 F1 和终止频率 F2为需要使用的频段。按键后直接输入数值,再按 Enter 键。

(2) 按 START CAL 键进行仪器校准,用上下键选择 CAL A (为初始设置的频段)后按 Enter 键。根据提示先接上开路 OPEN,然后按 Enter 键。依次接上短路 SHORT,然后按 Enter 键。最后接上负载 LOAD,按 Enter 键后等待仪器内部校准,即可开始测试。

3. 仪器设置

(1) 打开 SiteMaster(ON/OFF 键),按 FREQ 键后,设置初始频率 F1 和终止频率 F2为相应值。按键后直接输入数值,再按 Enter 键。

(2) 按 MAIN 键后返回初始状态,再设置 SCALE。按 SCALE 键进入,将 TOP 设为1.5,将 BOTTOM 设为 1.0,LIMIT 是自己设置的基准线,但需在 TOP 和 BOTTOM 之间。

中间均可以使用 CLEAR 键撤销操作。测试时,如发现驻波比过差,则调整 TOP 至 5 或 10 或更大。

(3) 按 MAIN 键返回初始状态,设置 OPT。进入 OPT 按 B1 键后把 B1 设置为 SWR 状态(使用上下键选择)。B2 的开关状态 00000 打到 OFF。MORE、MAIN 或 CLEAR 返回。

(4) 当需要频标读数时,在测试状态下,按下 MARKER 键,屏幕上出现 M1、M2、M3、M4 和 MAIN,按 M1 键后选择 ON/OFF 打开频标,然后按 EDIT 键开始输入数字或用上下键移动频标,同时读出相应的值和频率,按 Enter 键。若需要多个频标,则同样使用 M2、M3 等。中间均可以使用 CLEAR 键撤销操作。若不需要频标,则选定该频标后按 ON/OFF。

(5) 数字 5、6 键上分别标有最初基本设置的 SAVE 存储和 RECALL 提取,可以使用它们来存取,免去每次开机时的设置。RUN HOLD 用来锁定扫描。

4. 关于距离测试

(1) 此测试主要用于判断影响驻波比的断裂处的大致距离。

(2) 在初始界面下 DIST,选中 D1 输入 0,按 Enter 键后,选中 D2,输入被测试馈线的长度后,按 Enter 键。LIMIT 是自己设置的基准线,根据需要设置,或者关闭。

(3) 按 MKRS 使用 4 个频标读出相应数据。

(4) 数字 5、6 键上分别标有最初基本设置的 SAVE 存储和 RECALL 提取,可以使用它们来存取,免去每次开机时的设置。RUN HOLD 用来锁定扫描。

5.3　频谱分析仪的使用

频谱分析仪是研究电信号频谱结构的仪器,用于信号失真度、调制度、谱纯度、频率稳定度和交调失真等信号参数的测量,可用以测量放大器和滤波器等电路系统的某些参数,是一种多用途的电子测量仪器。它又可称为频域示波器、跟踪示波器、分析示波器、谐波分析器、频率特性分析仪或傅里叶分析仪等。现代频谱分析仪能以模拟方式或数字方式显示分析结果,能分析 1Hz 以下甚至低频到亚毫米波段的全部无线电频段的电信号。

频谱分析仪外形图如图 5-12 所示。

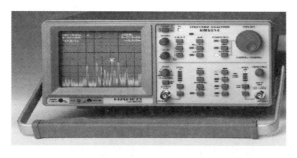

图 5-12　频谱分析仪外形图

由于频谱分析仪在电子电路实验课程中有较多的使用,因此这里省略对其使用方法的介绍。

5.4　天馈测试仪的使用

SiteMaster 天馈线分析仪主要用于频域测量、距离域测量、频谱分析以及功率测试。

频域测量：频域测量主要包括驻波比(SWR)、回损(RL)、缆线损耗(CL 反映在一段频段内)、驻波比(SWR)和回损对设备和传输线的影响量的表达。缆线损耗(CL)是表达某频点传输线的插入损耗。

距离域测量：距离域测量通常称为 DTF 故障定位,包括 DTF-RL 和 DTF-SWR,两者都是为了找到故障点。

频谱分析：频谱分析通常用来测试带内干扰、天线特性和覆盖。使用如下功能很容易做测试：频率、量程、幅度、扫频。各种各样的标识功能如 MARKER TO PEAK、CENTER、DELTA MARKER 等提供对被测信号做快速和直接的测试,极限线可做一个快速、简单的合格/不合格测试。

功率测量：功率测量可以以绝对值或相对值表示,功率单位有 dBm 和 W 两种。对于大功率要用衰减器,其读数会加上衰减器值,归零调整功能可以去除噪声,然后显示读数。

SiteMaster 天馈线分析仪外形图如图 5-13 所示。

图 5-13　SiteMaster 天馈线分析仪外形图

> ✐ 小贴士　SiteMaster 天馈线分析仪在广东移动通信有限公司代维考试中属于实操范围考试内容。

下面具体地介绍一下 SiteMaster 天馈线分析仪的相关操作。

1. 开机步骤

按 ON/OFF 键,SiteMaster 要花 5min 去做自检测试,完成后,按 Enter 键继续,然后可做测试。

2. 校准步骤

以下步骤提供开路/短路/负载校准,此校准在 517、259、130 这 3 个数据点下都有效。

(1) 按 MODE 键,选择测量模式菜单,如 FREQ-SWR 或 RETURN LOSS。

(2) 选择频率范围：按 FREQ/DIST 键,输入 F1 起始和 F2 结束频率。

(3) 按 START CAL(面板键)键,屏幕显示 Connect open to RF OUT port。

(4) 然后依次连 OPEN、SHORT、TERMINATION 到 RF OUT。

(5) 如果这个校准是有效的,则屏幕上会显示"CAL ON"的字样。

(6) 按 AMPLITUDE 或 LIMIT 键调出坐标选单。

(7) 在 SWR 模式中,按 TOP 键并输入 1.10,然后按 Enter 键。

(8) 在 SWR 模式中,按 BOTTOM 键并输入 1.00,然后按 Enter 键。

（9）如果想改变数据点，可按 SWEEP 键，可以选 130、259 或 517 共 3 种分辨率。

关于校准：如要得到最好的测试结果，可用开路/短路/负载及稳相电缆线进行校准。

3. 回损/驻波比和缆线损耗测试

以下为驻波比（或回损）和缆线损耗在某段频率范围的测试。测试的结果决定了缆线或被测器件的质量和缆线损耗特性。

（1）需要的设备

① 型号为 S113B、S114B、S331B 或 S332B 主机的 SiteMaster。

② 22N50 或 OSLN50F 开路/短路校准件。

③ SM/PL 精密负载校准件。

④ 15NNF50-1.5A 固相电缆。其具体指标见表 5-1。

表 5-1　15NNF50-1.5A 固相电缆指标

类型	损耗@1.5m	传播速率	回损
15NNF50-1.5A	0.3dB@300MHz	0.86	≥21dB
	0.4dB@600MHz		
	0.5dB@900MHz		
	0.6dB@1200MHz		

（2）测试步骤

① 按 ON/OFF 键。

② 选择测试模式：按 MODE 键，用上下键选 FREQ-SWR 或 FREQ-RETURN LOSS 模式。

③ 按 Enter 键选择驻波比或回损测试。

④ 选择频率范围：按 FREQ/DIST 键，按 F1 键，输入 25MHz，按 F2 键，输入 1200MHz，检查一下屏幕所显示的与设置是否一致。

4. 缆线回损/驻波比测试

（1）将负载从测试端口取出，然后将加长缆线连上。

（2）将 LOAD 负载连到加长缆线的尾端。

（3）用标识（MARKER）和极限线观察驻波比或回损的测量结果。

（4）设置幅度坐标和报警线。

（5）按 AMPLITUDE 或 LIMIT 键调出坐标选单。

（6）在驻波比 SWR 方式下，按 TOP 键输入 13，然后按 Enter 键（在回损 RETURN LOSS 方式下则输入 0）。

（7）按 BOTTOM 键输入 1，然后按 Enter 键（在回损 RETURN LOSS 方式下则输入 54）。

（8）按 LIMIT EDIT 键，（在驻波比方式下输入 12，在回损方式下输入 21），然后按 Enter 键将 LIMIT LINE 设置好。

（9）设置标识。

（10）按 MARKER 键（面板键）。

（11）按 M1 键选择 M1 标识，按 EDIT 键输入 500。按 Enter 键将 M1 设为 500MHz。

（12）按 BACK 键返回到上级菜单。

（13）重复步骤（8）～（9），并将 M2 设置为 950MHz。

（14）可在测试屏幕上看见回损和驻波比测试结果。

5. 缆线损耗测试

（1）将负载 LOAD 从缆线的一端卸下，然后连上短路 SHORT。

（2）按 MODE 键。

（3）用上下键选择 CABLE LOSS-ONE PORT 模式。

（4）然后按 Enter 键选择缆线损耗测试模式。

（5）设置屏幕坐标的上下值。

（6）按 AMPLITUDE 键调出坐标选单。

（7）按 TOP 键输入 0，然后按 Enter 键。

（8）按 BOTTOM 键输入 2，然后按 Enter 键（也可以用 AUTO SCALE 键）。

（9）设置标识。

（10）按 MARKER 键调出标识选单。

（11）按 M1 键，按 EDIT 键输入 600，按 Enter 键将 M1 设置为 600MHz。

（12）按 BACK 键返回标识选单。

（13）重复步骤（9）～（10），并将 M2 设为 900MHz。在屏幕上可测得缆线损耗。

6. DTF(故障定位)测试

以下为 DTF 故障定位的测试。

（1）需要设备

① 型号为 S113B、S114B、S331B、S332B 主机的 SiteMaster。

② 22N50 或 OSLN50F 开路/短路校准件。

③ SM/PL 精密负载校准件。

④ 15NN50-1.5A 固相电缆。其具体指标见表 5-1。

（2）测试步骤

① 按 ON/OFF 键。

② 选择测试模式。

③ 按 MODE 键，选择 DTF-SWR 或 DTF-RETURN LOSS 模式。

④ 按 Enter 键选择驻波比或回损作距离测试（如果出现 CAL OFF，DTF AID 会提示：你可能改变了频率或 DTF 功能 D2 比最大距离还大，最大距离和分辨率有关）。

⑤ 用上下键选择 D2，然后按 Enter 键。

⑥ 输入 2，按 Enter 键设 D2（最大距离坐标）为 2。

⑦ 用上下键选择 F1，然后按 Enter 键设起始频率 F1。

⑧ 输入 300，然后按 Enter 键可将 F1 设为 300MHz。

⑨ 用上下键选择 F2，然后按 Enter 键设结束频率 F2。

⑩ 输入 1200，然后按 Enter 键可将 F2 设为 1200MHz。

⑪ 选择 PROV VEL,然后按 Enter 键设置传播速率(传播速率和缆线损耗可由缆线库中输入)。

⑫ 输入 0.86 并按 Enter 键将传播速率设为 0.86。

⑬ 按 Enter 键开始做校准(如果校准有效,请继续按 Enter 键;反之,请先做校准)。

7. DTF 测试(定缆线长度)

(1) 将负载 LOAD 从缆线的一端卸下,然后连上被测缆线。

(2) 将 SHORT 连到被测缆线的尾端。

(3) 设置屏幕坐标的上下值。

(4) 按 AMPLITUDE 或 LIMIT 键调出坐标选单。

(5) 在驻波比方式下,按 TOP 键输入 30,然后按 Enter 键。

(6) 按 BOTTOM 键输入 1,然后按 Enter 键(也可用 AUTO SCALE 键)。

(7) 设置标识。

(8) 按 MARKER 键调出标识选单。

(9) 按 M1 键选择 M1 标识。

(10) 按 MARKER TO PEAK 找到缆线的长度。

(11) 按 BACK 键或 ESCAPE 键返回到上一级选单。

8. DTF 测试(定缆线的质量)

(如果还没有做距离测试,请参阅 DTF(故障定位)测试中的步骤①~⑬,在做缆线质量测定之前去做校准)。设置屏幕坐标的上下值,具体步骤如下。

(1) 将 SHORT 从缆线的一端卸下,然后连上 LOAD 到被测缆线的尾端。

(2) 在驻波比方式下,按 TOP 键输入 1.05,然后按 Enter 键。

(3) 按 BOTTOM 键输入 1,然后按 Enter 键。

(4) 设置标识。

(5) 按 MARKER 键调出标识菜单。

(6) 按 M2 键选择 M2 标识功能。

(7) 按 MARKER TO PEAK 找到缆线的长度。

9. 功率测试

功率测试需用到 5400-71N50 检波器,SiteMaster 会将所测功率值以 dBm 或 W 显示。具体测试步骤如下。

(1) 按 MODE 键,选择 POWER MONITOR,然后按 Enter 键进入功率模式。

(2) 清零。

(3) 当没有功率加在被测物体上时,在功率模式下,按 ZERO 键,过几秒钟后 SiteMaster 就会完成归零,用户会看到 ZERO ADJ:ON 的字样在屏幕上显示出来。

(4) 测试高输入功率值。

(5) 在被测物和 RF 检波器之间加上衰减器,以保证输入 SiteMaster 的功率小于 20dBm(0.1W)。

(6) 按 OFFSET 键。

(7) 输入衰减器的 dB 值,然后按 Enter 键,屏幕上会显示 OFFSET:ON。

（8）将功率用 dBm 或 W 显示。

（9）按下 UNITS 键，以 W 来显示。

（10）显示相对功率值。

（11）将所要的基值功率输入 SiteMaster，然后按 REL 键，这时屏幕下方会显示 REL：ON，测到的功率读数会以 100% 来显示。

（12）按 UNITS 键，如原功率单位为 dBm，由于 REL 设为 ON，功率读数将显示为 dBr（相对于基值功率）。

10. 频谱仪测试模式

使用安立的 SiteMaster S114B 和 S332B 类似于使用通用的频谱分析仪。操作者仅需打开电源并将被测信号显示到屏幕上，当信号显示到屏幕上时，使用者仅需 4 个简单步骤就可测试信号的频率和幅度。这些步骤包括设置中心频率、频率量程、幅度和标识。示例测试 900MHz 信号步骤如下。

（1）打开 SiteMaster，然后按 Enter 键。

（2）将信号源输入 RF 输入端并设 -10dBm，900MHz（信号源）。

（3）进入频谱模式。

（4）按 MODE 键。

（5）使用上下键选择 SPECTRUM ANALYZER。

（6）按 Enter 键。

（7）设置中心频率。

（8）按 FREQ/DIST 键。

（9）按 Center 键，输入 900MHz，然后按 Enter 键将中心频率设为 900MHz。

（10）设置频率量程。

（11）按 SPAN 键。

（12）输入 15，然后按 Enter 键设量程为 15MHz。

（13）设置 MARKER 标识。

（14）将 M1 标识打开，按 MARKER TO PEAK 将 M1 设为最大。

（15）设置参考电平。

（16）按 AMPLITUDE 或 LIMIT 键。

（17）按 REF LEVEL 键，使用上下键输入 -10，将参考电平设为 -10dBm。

（18）观察屏幕波形。

5.5 功率计的使用

功率计在有光传输系统中使用，如光纤直放站就常用功率计来测量信号的强度和损耗。一般用于所有新建、扩容、搬迁工程。功率计的基本功能主要是用于测试载频的发射功率（P_f）和回波功率（P_r），其计算公式为

$$驻波比\ SWR = \frac{P_f\char`\^0.5 + P_r\char`\^0.5}{P_f\char`\^0.5 - P_r\char`\^0.5}$$

回波损耗 RL $=10\lg(P_r/P_f)$。

常用的功率有 BIRD 4304A：25～1000MHz；BIRD APM-16：400～960MHz、1700～2200MHz。

下面主要介绍通过式功率计的使用方法。

（1）为减少误差先调零，仪表垂直放置，如图 5-14 所示。

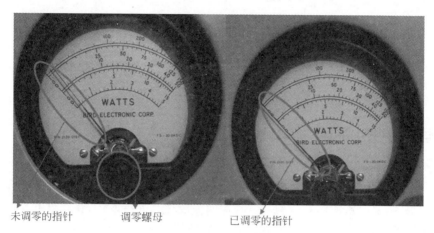

图 5-14　调零前后的功率计

（2）根据设备最大可能输出功率设定仪表挡位，功率值的读取应与挡位设置一致，如图 5-15 所示。

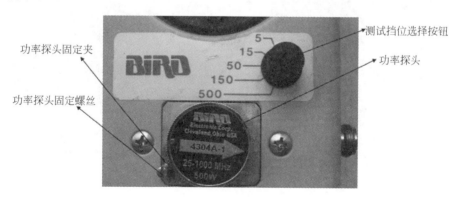

图 5-15　设定仪表挡位

（3）通过式功率计与设备连接，如图 5-16 所示。

图 5-16　通过式功率计与设备连接

注意	连接时,请注意探头上的测试方向标志,设备发送端接测试方向标志箭头的尾端,测试方向标志箭头处连接天馈口(馈管或跳线)。

(4) 开启设备,读出前项功率 PF。

(5) 用功率计测试 SWR。

① 关闭设备。

② 将 EBIRD 通过式功率计的探头方向旋转成反方向。

③ 再开启设备,则可以读出反向功率 P_r。

④ 根据 SWR 与功率的关系公式,计算 SWR。

5.6　指南针的使用

在无线网络优化中,使用指南针的目的就是确认天线方向角,无论在工程建设初期,还是在发展阶段,都会经常使用到指南针。在民间一般称其为指南针,在军事上其正式名称为指北针或军用指北针,在地质上的使用名称为地质罗盘仪。图 5-17 和图 5-18 所示分别为指北针和军用指北针。

图 5-17　指北针

图 5-18　军用指北针

1. 指南针的原理

指南针是利用地球磁场作用来指示北方的,其利用的是磁场同极性相斥、异极性相吸的原理,然后以北方为起始点,定其为 0°,顺时针方向依序确定各方位角,可由此来指示方向。定位上必须配合地图的运用来寻求相对位置才能明了自身的位置。

注意	指南针所指的北不是真北,而是磁北,这是因为地球南北极和地磁南北极不在一个位置上,而是有一个角度,这个角度叫磁偏角。不同地点的磁偏角一般是不同的,同一地点的磁偏角也因时而变。

2. 指南针的结构

指南针由提环、度盘座、磁针、俯仰角度表、测角器等部分组成。在度盘座上划有两种刻线：外圈为 360°分划制，每刻线为 1°；内圈为 6000（密位）分划制，圆周共刻 300 刻线，每刻线线值为 20（密位）。度盘内有磁针、测角器、俯仰角度表。磁针是由一种永久磁性的铁器制成的，其上涂有荧光剂的一端为磁针"N"极。俯仰角度表的分划单位为度，每刻线为 2.5°，可测量俯仰角度是 60°。

3. 指南针在网络规划优化中的使用

（1）规划选点中确定扇区天线的方位角

首先确定扇区的朝向，然后用指南针刻度盘上的北向对准所确定的方向，此时指北的指针所指的刻度读数就是天线方位角，如图 5-19 所示。

（2）优化中测量已安装天线的方位角

方法一：用指南针刻度盘的零度线对着天线后平面中轴线（或天线前平面的中轴线），利用天线的中轴线与指南针的照准和准星相重合，以保证指南指针垂直天线平面，指北指针的刻度读数即为天线方向角。若在前平面，则减去 180°就是天线方位角。

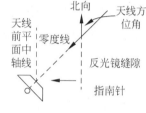

图 5-19 天线方位角

方法二：要测量或者定位天线的方位角，可以间接测量天线后平面底线的方位角，两者相差 90°而已。假定人正对着天线正前方，就可测量天线后平面底线左向的方位角，那么天线方位角就等于天线后平面底线的方位角加上或减去 90°。

5.7 GPS 的使用

在无线网络优化中，GPS 主要用来定位基站的具体位置以及在 DT 测试中较多使用。GPS 是 Global Position System（全球定位系统）的简称，由美国从 20 世纪 70 年代开始研究，于 1994 年全面建成，并向全球用户提供免费服务，主要用于定位和导航。该系统由空间星座、地面监控和用户设备三部分组成。

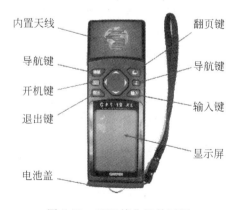

图 5-20 GPS 接收机前面板

1. GPS 接收机面板介绍

图 5-20 和图 5-21 所示分别为 GPS 接收机前面板和后面板。

2. 基本使用方法

（1）开机

GPS 的启动有 3 种状态，即首次自动定位、冷启动、热启动。首次自动定位指的是新机器的第一次开机，这个过程可能持续 2min 左右；冷启动是指在关机状态下进行了大范围的位移后再开机，需要大约 45s；热启动是指关机后没有进行大范围移动就

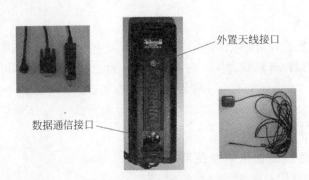

外置天线接口

数据通信接口

图 5-21　GPS 接收机后面板

开机,需要大约 15s。

按住电源键 2s 以上直到显示屏有显示,再按一下翻页键即可启动 GPS。开机以后,当锁定到 3 颗卫星时,可以确定当前的二维位置,即横坐标和纵坐标;当锁定到 4 颗以上卫星时,可以确定当前的三维位置,即坐标和高度。

(2) 关机

按住电源键 2s 以上直到显示屏无显示。

(3) 安装电池

机器显示屏下部是带一个旋转螺点的电池盖,逆时针旋转 90°,取下电池盖,按照电池正负指示安装电池。

(4) 坐标系设置

奇遇:按翻页键直到出现主菜单页,用鼠标选择"设置"→"单位"选项,"位置显示格式"选择"hddd°mm′ss. s″","地图基准"选择"WGS 84","距离/速度"选择"公制","高度/垂直速度"选择"米"。

GPS72:按"菜单"键两次进入主菜单,移动光标到"设置"选项,按"输入"键进入,选中"坐标"选项,"坐标格式"选择"度分秒","坐标系统"选择"WGS 84","北基准"选择"真北"。再选中"单位"选项,"高度"、"深度"选择"米","距离和速度"选择"公制","温度"选择"摄氏度","方向显示"选择"度数","速度过滤"选择"自动"。

(5) 存储采样点

奇遇:任何时候持续按住鼠标键将出现存点页面,可以修改该点的图标、名称(默认是用 4 位数字表示的序号),并显示了当前点的坐标、海拔高度、距离、方位等信息。在这里还可以手动修改该点的坐标值和高度值,但在测采样点时严禁进行此项操作。再单击"确定"按钮即将该点存入了 GPS。

GPS72:任何时候持续按住"输入"键将出现存点页面,可以修改该点的图标、名称(默认是用 4 位数字表示的序号),并显示了当前时间、当前点的坐标、海拔高度、深度等信息。在这里还可以手动修改该点的坐标值和高度值,但在测采样点时严禁进行此项操作。再单击"确定"按钮即将该点存入了 GPS。

5.8　水平尺的使用

在无线网络优化中,水平尺主要用来测量天线的下倾角,在无线网络优化中经常使用。图 5-22 所示为水平尺的外貌图。

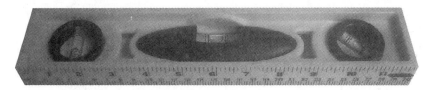

图 5-22　水平尺的外貌图

专业术语

缩略语	英文含义	中文含义
1X EV	1X Evolution	1X 增强
1X EV-DO	1X Evolution Data Only	1X 增强-数据
1X EV-DV	1X Evolution Data & Voice	1X 增强-数据与语音
1xEV-DO	1x Evolution Data Optimized	1x 演进数据优化
24PB	24V Power Board	24V 电源板
2G BTS	2G Base Station Transceiver	仅支持 IS-95 空中接口标准的 BTS
3G BTS	3G Base Station Transceiver	支持 IS-2000 空中接口标准的 BTS
A		
AAA	Authentication Authorization Accounting	认证、授权、记账
AAL	ATM Adaptation Layer	ATM 适配层
AAL2	ATM Adaptation Layer type 2	ATM 适配层 2
AAL5	ATM Adaptation Layer type 5	ATM 适配层 5
Abis Interface	Abis Interface—the interface of BSC—BTS	基站控制器和基站收发信机间接口
ABS	Air Break Switch	空气开关
ACCH	Associated Control Channel	随路控制信道
ACIR	Adjacent Channel Interference Ratio	相邻信道干扰比
ACK	Acknowledgement	应答
ACLR	Adjacent Channel Leakage Power Ratio	相邻信道泄漏功率比
ACS	Adjacent Channel Selectivity	相邻信道选择性
AESA	ATM End System Address	ATM 末端系统地址
AGC	Automatic Gain Control	自动增益控制
AICH	Acquisition Indicator Channel	捕获指示信道
AIUR	Air Interface User Rate	空中接口用户速率
AK	Anonymity Key	匿名密钥
ALCAP	Access Link Control Application Protocol	接入链路控制应用协议
AM	Acknowledged Mode	应答模式
AMP	Address Management Protocol	地址管理协议
AMR	Adaptive Multi-Rate	可采纳的多速率
AN	Access Network	接入网络
ANID	Access Network Identifiers	接入网标识
AP	Access Preamble	接入前缀
APB	ATM Process Board	ATM 接入处理板
APDU	Application Protocol Data Unit	应用协议数据单元
API	Application Programming Interface	应用程序接口

缩略语	英 文 含 义	中 文 含 义
A		
ARP	Address Resolution Protocol	地址解析协议
ARQ	Automatic Repeat Request	自动重发请求
AS	Access Stratum	接入层
ASC	Access Service Class	接入业务级
A-SGW	Access Signaling Gateway	接入信令网关
AT	Access Terminal	接入终端
ATM	Asynchronous Transfer Mode	异步传输模式
ATR	Answer To Reset	复位回答
ATT	Attenuator	衰减器
AUC	Authentication Center	鉴权中心
AUTN	Authentication token	鉴权标记
AWGN	Additive White Gaussian Noise	加性高斯白噪声
A Interface	A Interface—the interface of BSC-MSC	移动交换中心与基站子系统间接口
B		
BCCH	Broadcast Control Channel	广播控制信道
BCFE	Broadcast Control Functional Entity	广播控制功能实体
BCH	Broadcast Channel	广播信道
BER	Bit Error Ratio	误码率,比特差错率
BGT	Block Guard Time	块守护时间
B-ISDN	ISDN Broadband ISDN	宽带
BLER	Block Error Rate	误块率
BPSK	Binary Phase Shift Keying	二进制移相键控
BS	Base Station	基站
BSC	Base Station Controller	基站控制器
BSM	Base Station Management	基站管理系统
BSS	Base Station System	基站系统
BSSAP	Base Station Subsystem Application Part	基站子系统应用部分
BTS	Base Transceiver System	基站收发信机
C		
CA	Certificate Authentication	证书认证
CB	Cell Broadcast	小区广播
CBR	Constant Bit Rate	固定比特率
CBS	Cell Broadcast Service	小区广播业务
CC	Control Channel	控制信道
CCCH	Common Control Channel	公共控制信道
CCF	Call Control Function	呼叫控制功能
CCH	Control Channel	控制信道
CCPCH	Common Control Physical Channel	公共控制物理信道
CCTrCH	Coded Composite Transport Channel	编码合成传送信道
CDMA	Code Division Multiple Access	码分多址
CDSU	Channel/Data Service Unit	信道/数据服务单元
CE	Channel Element	信道单元

缩略语	英文含义	中文含义
	C	
CIB	Circuit-bearer Interface Board	电路承载通道接口板
CIC	Circle Identify Code	地面电路识别号
CLA	Class	级
CLK	Clock	时钟
CMB	Combiner	合路器
CN	Core Network	核心网
CNAP	Calling Name Presentation	主叫号码显示
CPCH	Common Packet Channel	公共分组信道
CPICH	Common Pilot Channel	公共导频信道
CRC	Cyclic Redundancy Check	循环冗余校验
CS	Circuit Switched	电路交换
CS-GW	Circuit Switched Gateway	电路交换网关
CSU/DSU	Channel Service Unit/ Digital Service Unit	信道数据服务单元
CTCH	Common Traffic Channel	公共业务信道
CTDMA	Code Time Division Multiple Access	码时分多址
	D	
DAC	Digital-to-Analog Converter	数-模转换器
DCA	Dynamic Channel Allocation	动态的信道分配
DCCH	Dedicated Control Channel	专用控制信道
DCH	Dedicated Channel	专用信道
DL	Downlink (Forward Link)	下行链路前向链路
DLC	Data Link Control	数据链路层控制
DPCH	Dedicated Physical Channel	专用物理信道
DPDCH	Dedicated Physical Data Channel	专用物理数据信道
DRAC	Dynamic Resource Allocation Control	动态的资源分配控制
DRC	Data Rate Control	数据速率控制
DRNC	Drift Radio Network Controller	变动的无线网络控制器
DRNS	Drift RNS	变动的 RNS
DRX	Discontinuous Reception	非连续接收
DS-CDMA	Direct-Sequence Code Division Multiple Access	直扩-码分多址
DSCH	Downlink Shared Channel	下行共享信道
DTCH	Dedicated Traffic Channel	专用业务信道
DTMF	Dual Tone Multiple Frequency	多音频拨号音
DTX	Discontinuous Transmission	非连续传输
DUP	Duplexer	双工器
	E	
EDGE	Enhanced Data rates for GSM Evolution	GSM 改进型的增强数据速率
E-GGSN	Enhanced GGSN	增强的 GGSN
EGPRS	Enhanced GPRS	增强的 GPRS
E-HLR	Enhanced HLR	增强的 HLR

续表

缩略语	英 文 含 义	中 文 含 义
	F	
F/R-CCCH	Forward / Reverse Common Control Channel	前反向公共控制信道
F/R-DSCH	Forward/Reverse Dedicated Signal Channel	前反向专用信令信道
F/R-DCCH	Forward / Reverse Dedicated Control Channel	前反向专用控制信道
F/R-FCH	Forward / Reverse Fundamental Channel	前反向基本信道
F/R-PICH	Forward / Reverse Pilot Channel	前反向导频信道
F/R-SCCH	Forward / Reverse Supplemental Code Channel	前反向补充码信道
F/R-SCH	Forward / Reverse Supplemental Channel	前反向补充信道
FACH	Forward Access Channel	前向业务信道
F-APICH	Dedicated Auxiliary Pilot Channel	前向专用辅助导频信道
F-ATDPICH	Auxiliary Transmit Diversity Pilot Channel	辅助发射分级导频信道
FAUSCH	Fast Uplink Signaling Channel	快速上行链路信令信道
FAX	Facsimile	传真
F-BCCH	Broadcast Control Channel	前向广播控制信道
F-CACH	Common Assignment Channel	前向公共指配信道
FCI	File Control Information	文件控制信息
FCP	Flow Control Protocol	流量控制协议
F-CPCCH	Common Power Control Channel	前向公共功率控制信道
FCS	Frame Check Sequence	帧校验序列
FD	Full Duplex	全双工
FDD	Frequency Division Duplex	频分双工
FDMA	Frequency Division Multiple Access	频分多址
FEC	Forward Error Correction	前向纠错
FER	Frame Erasure Rate/Frame Error Rate	误帧率
FLPC	Forward Link Power Control	前向链路功率控制
FM	Fault Management	故障管理
FN	Frame Number	帧号
F-PCH	Paging Channel	前向寻呼信道
F-QPCH	Quick Paging Channel	前向快速寻呼信道
F-SYNCH	Sync Channel	前向同步信道
F-TDPICH	Transmit Diversity Pilot Channel	前向发射分集导频信道
FTP	File Transfer Protocol	文件传输协议
	G	
GMSC	Gateway MSC	网关 MSC
GMSK	Gaussian Minimum Shift Keying	最小高斯移位键控
GP	Guard Period	保护时间
GPSR	Global Position System Receiver	全球定位系统接收机
GPSTM	GPS Timing Module	GPS 定时模块
GSM	Globe System for Mobil Communication	全球移动通信系统
GSN	GPRS Support Nodes	GPRS 支持的节点
GTP	GPRS Tunneling Protocol	GPRS 隧道传输协议

缩略语	英 文 含 义	中 文 含 义
H		
HA	Home Agent	归属代理
HCS	Hierarchical Cell Structure	分层小区结构
H-CSCF	Home CSCF	归属 CSCS
HDLC	High-level Data Link Control	HDLC 协议
HDR	High Data Rate	高速数据速率
HHO	Hard Hand Over	硬切换
HLR	Home Location Register	归属位置寄存器
HN	Home Network	归属网络
HO	Hand Over	切换
HPA	High Power Amplifier	高功放
HPLMN	Home Public Land Mobile Network	归属公共陆地移动网络
HPS	Hand Over Path Switching	切换路径交换
HRPD	High Rate Packet Data	高速率分组数据
HRR	Handover Resource Reservation	切换资源预留
HSCSD	High Speed Circuit Switched Data	高速电路交换数据
HSS	Home Subscriber Server	归属用户服务器
HTTP	Hyper Text Transfer Protocol	超文本传输协议
HTTPS	Hyper Text Transfer Protocol	安全的超文本传输协议
I		
I/O	Input/Output	输入/输出
ICGW	Incoming Call Gateway	呼入网关
ID	Identifier	识别符
IF	Intermediate Frequency	中频
IM	Intermodulation	互调失真
IMA	Inverse Multiplexing on ATM	ATM 上的反向复用
IMAB	IMA Board	IMA/ATM 协议处理板
IMEI	International Mobile Equipment Identity	国际移动设备识别
IMGI	International Mobile Group Identity	国际移动组织识别
IMSI	International Mobile Subscriber Identity	国际移动用户识别
IMT-2000	International Mobile Telecommunications 2000	国际移动电信 2000
IMUN	International Mobile User Number	国际移动用户号
IN	Intelligent Network	智能网
INAP	Intelligent Network Application Part	智能网应用部分
ISO	International Standardization Organization	国际标准化组织
ISP	Internet Service Provider	Internet 业务提供商
ISUP	ISDN User Part	ISDN 用户部分
ITU	International Telecommunications Union	国际电信联盟
IUI	International USIM Identifier	国际 USIM 识别符

续表

缩略语	英 文 含 义	中 文 含 义
K		
Kbps	kilo-bits per second	每秒千位
Ksps	kilo-symbols per second	每秒千符号
L		
L1	Layer 1（Physical Layer）	层 1（物理层）
L2	Layer 2（Data Link Layer）	层 2（数据链路层）
L3	Layer 3（Network Layer）	层 3（网络层）
L3Addr	Layer 3 Address	第三层地址
LAC	Link Access Control	链路接入控制
LAI	Location Area Identity	位置区域识别
LAN	Local Area Network	本地网
LCP	Link Control Protocol	链路控制协议
LCS	Location Services	定位业务
LE	Local Exchange	本地交换机
LEN	Length	长度
LLC	Logical Link Control	逻辑链路控制
LMF		本地管理功能
LMT	Local Management Terminal	本地维护终端
LNA	Low Noise Amplifier	低噪声放大器
LOMC	Local OMC	本地操作维护中心
LOS	Line Of Sight	视距
LPA	Linear Power Amplifier	线性功放
LPF	Low Pass Filter	低通滤波器
LSA	Localised Service Area	本地化的业务区
M		
M&C	Monitor and Control	监控
MA	Multiple Access	多址
MAC	Message Authentication Code （Encryption Context）	消息鉴权码（保密）
MAP	Mobile Application Part	移动应用部分
MC	Message Center	短消息中心（SMC）
MCC	Mobile Country Code	移动国家码
Mcps	Mega-chips per second	每秒兆码片
MCU	Media Control Unit	媒质控制单元
MDUP	Duplex	双工器
ME	Mobile Equipment	移动设备
MEHO	Mobile Evaluated Hand Over	移动台估计的切换
MER	Message Error Rate	误消息率
MGPS	Micro GPS	微基站 GPS
MGT	Mobile Global Title	移动全球称号
MGW	Media GateWay	媒质关卡
MHz	Mega Hertz	兆赫兹

续表

缩略语	英文含义	中文含义
	M	
MIN	Mobile Identification Number	移动台识别码
MIP	Mobile IP	移动 IP
MIPS	Million Instructions Per Second	每秒百万次指令
MLNA	Micro Low Noise Amplifier	低噪声放大器
MM	Mobility Management	移动性管理
MMI	Man Machine Interface	人-机接口
MML	Man Machine Language	人-机语言
MNC	Mobile Network Code	移动网络码
MO	Mobile Originated	移动台启呼
MOF	MO administration Function	MO 管理功能
MOHO	Mobile Originated Hand Over	移动台启呼的切换
MPA	Micro Power Amplifier	微基站功放
MS	Mobile Station	移动台
MSC	Mobile Switching Center	移动交换中心
MSID	Mobile Station Identifier	移动台识别符
MSIN	Mobile Station Identification Number	移动台识别号码
MTP	Message Transfer Part	消息传递部分
MTP3-B	Message Transfer Part level 3	消息传递部分级别 3
	N	
NAD	Node Address byte	节点地址字节
NAI	Network Access Identifier	网络接入标识
NAS	Non-Access Stratum	非接入层 NBAP
NBAP	NodeB Application Part	NodeB 应用部分
NDC	National Destination Code	国际目的码
NDUB	Network Determined User Busy	网络用户忙
NE	Network Element	网元
NMC	Network Management Center	网管中心
NMSI	National Mobile Station Identifier	国家移动台识别符
NNI	Network-Node Interface	网络—节点接口
NPA	Numbering Plan Area	编号计划地区
NPI	Numbering Plan Identifier	编号计划识别符
NRT	Non-Real Time	非实时
NSS	Network Subsystem	网络子系统
NT	Non Transparent	非透明的
NUI	National User / USIM Identifier	国家的用户/USIM 识别符
NW	Network	网络
	P	
PA	Power Amplifier	功率放大器
PBX	Private Branch Exchange	私人分支交换
PC	Power Control	功率控制
PCB	Protocol Control Byte	协议控制字节
PCCH	Paging Control Channel	寻呼控制信道

续表

缩略语	英 文 含 义	中 文 含 义
P		
PCCPCH	Primary Common Control Physical Channel	基本公共控制物理信道
PCF	Packet Control Function	分组控制功能
PCH	Paging Channel	寻呼信道
PCP	Packet Consolidation Protocol	包封装协议
PCPCH	Physical Common Packet Channel	物理公共分组信道
PCS	Personal Communication System	个人通信系统
PD	Power Divider	功分器
PDH	Plesiochronous Digital Hierarchy	准同步数字系列
PDN	Public Data Network	公共数据网
PDP	Packet Data Protocol	分组数据协议
PDSCH	Physical Downlink Shared Channel	物理下行链路共享信道
PDSN	Packet Data Serving Node	分组数据服务节点
PDU	Protocol Data Unit	协议数据单元
PG	Processing Gain	处理增益
PHS	Personal Handphone System	个人手持机系统
PHY	Physical Layer	物理层
PhyCH	Physical Channel	物理信道
PI	Page Indicator	寻呼指示
PICH	Pilot Channel	导频信道
PID	Packet Identification	分组识别
PL	Physical Layer	物理层
PLMN	Public Land Mobile Network	公共陆地移动网
PN	Pseudo Noise	伪随机噪声
PNP	Private Numbering Plan	个人编号计划
PPP	Point-to-Point Protocol	点对点协议
PRACH	Physical Random Access Channel	物理随机接入信道
PS	Packet Switched	分组交换
PSCH	Physical Shared Channel	物理共享信道
PSPDN	Packet Switched Public Data Network	公共分组交换数据网
PSTN	Public Switched Telephone Network	公共交换电话网
PTM	Power Transition Module	二次电源变换器(24/−48)
PTM-G	PTM Group Call	PTM 群呼
PTM-M	PTM Multicast	PTM 多点广播
PTP	Point to Point	点到点
PU	Payload Unit	开销单元
PUSCH	Physical Uplink Shared Channel	物理上行链路共享信道
PVD	Power VSWR Detect Board	功率驻波比检测板
PWRD	POWER Distributor	电源分配
PWS	Power System	电源系统
R		
R00	Release 2000-01-18	2000-01-18 版
R99	Release 1999	1999 版

缩略语	英 文 含 义	中 文 含 义
R		
RA	Routing Area	路由区
RAB	Reverse Activity Bit	反向活动指示位
RAC	Reverse Access Channel	反向接入信道
R-ACH	Access Channel	反向接入信道
RACH	Random Access Channel	随机接入信道
RAI	Routing Area Identity	路由区域识别
RAN	Radio Access Network	无线接入网络
RANAP	Radio Access Network Application Part	无线接入网络应用部分
RB	Radio Bearer	无线承载
RC	Radio Configuration	无线配置(指无线信道的工作模式,每种 RC 支持一套数据速率,不同 RC 物理信道的各种参数不同,包括调制特性和扩谱速率 SR 等,RC1、RC2 即常说的速率集 1、速率集 2)
R-EACH	Enhanced Access Channel	反向增强接入信道
RF	Radio Frequency	无线频率
RL	Radio Link	无线链路
RLC	Radio Link Control	无线链路控制
RLCP	Radio Link Control Protocol	无线链路控制协议
RLP	Radio Link Protocol	无线链路协议
RN	Radio Network	无线网络
RNC	Radio Network Controller	无线网络控制器
RNS	Radio Network Subsystem	无线网络子系统
RNSAP	Radio Network Subsystem Application Part	无线网络子系统应用部分
RPC	Reverse Power Control	反向功率控制
RPT	Repeater	直放站
RT	Real Time	实时
RTC	Reverse Traffic Channel	反向业务信道
RTOS	Real Time Operate System	实时操作系统
RTP	Real Time Protocol	实时协议
S		
S/N	Signal/Noise	信噪比
SAAL	Signaling ATM Adaptation Layer	ATM 适配层信令
SACCH	Slow Associated Control Channel	慢速随路功控
SAP	Service Access Point	业务接入点
SAR	Segmentation and Reassembly	分段和重组
SCCH	Synchronization Control Channel	同步控制信道
SCCP	Signaling Connection Control Part	信令连接控制部分
SCCPCH	Secondary Common Control Physical Channel	辅助公共控制物理信道
SCH	Synchronization Channel	同步信道
SDCCH	Stand-Alone Dedicated Control Channel	独立专用控制信道

续表

缩略语	英 文 含 义	中 文 含 义
S		
SF	Spreading Factor	扩频因子
SGSN	Serving GPRS Support Node	主 GPRS 支持节点
SHA	Secure Hash Algorithm	安全 Hash 算法
SHCCH	Shared Channel Control Channel	共享信道控制信道
SIM	GSM Subscriber Identity Module	GSM 用户识别模块
SINR	Signal to Interface Plus Noise Ratio	信号与干扰加噪声比
SIP	Session Initiated Protocol	会议初始协议
SIR	Signal-to-Interference Ratio	信噪干扰比
SLP	Signaling Link Protocol	信令链路协议
SME	Small Message Entity	短消息实体
SMS	Short Message Service	短消息业务
SMS-CB	SMS Cell Broadcast	SMS 小区广播
SN	Serving Network	服务网络
SNM	Switching Network Module	交换网络模块
SNP	Signaling Network Protocol	信令网络协议
SoLSA	Support of Localized Service Area	本地化业务区的支持
SP	Switching Point/Service Provider	交换点/业务提供商
SR1	Spreading Rate 1	扩频速率 1
SRNC	Serving Radio Network Controller	服务无线网络控制器
SRNS	Serving RNS	服务 RNS
SS7	Signaling System No. 7	7 号信令
STTD	Space Time Transmit Diversity	空间时间发射分集
T		
TC	Transmission Convergence	传输聚合
TCH	Traffic Channel	业务信道
TCP	Transmission Control Protocol	传输控制协议
TCP/IP	Transmission Control Protocol/Internet Protocol	传输控制协议/因特网协议
TD-CDMA	Time Division-Code Division Multiple Access	时分—码分多址
TDD	Time Division Duplex	时分复用
TDMA	Time Division Multiple Access	时分多址
TE	Terminal Equipment	终端设备
TF	Transport Format	传送格式
TFC	Transport Format Combination	传送格式组合
TFCI	Transport Format Combination Indicator	传送格式组合指示
TFCS	Transport Format Combination Set	传送格式组合集
TFI	Transport Format Indicator	传送格式组合
TMSI	Temporary Mobile Subscriber Identity	临时移动用户识别
TrCH	Transport Channel	传送信道
TRX	Transmitter and Receiver	收发信机
U		
UL	Uplink (Reverse Link)	上行链路(反向链路)
UP	User Plane	用户平面

续表

缩略语	英文含义	中文含义
	U	
UPT	Universal Personal Telecommunication	全球个人电信
URAN	UMTS Radio Access Network	UMTS 无线接入网
USCH	Uplink Shared Channel	上行链路共享信道
UTRA	Universal Terrestrial Radio Access	全球陆地无线接入
UTRAN	Universal Terrestrial Radio Access Network	全球陆地无线接入网络
UUS	Uu Stratum	Uu 层
	V	
VA	Voice Activity Factor	语音激活因子
Variable-Rate	Variable Data Rate	可变的数据速率
VBR	Variable Bit Rate	可变的位速率
VBS	Voice Broadcast Service	语音广播业务
VC	Virtual Circuit	虚拟电路
VLR	Visitor Location Register	拜访位置寄存器
VMS	Voice Mail Systems	语音信箱系统
VoIP	Voice Over IP	IP 上传的语音
VPLMN	Visited Public Land Mobile Network	可访问的公共陆地移动网
VPM	VLR Processing Module	VLR 处理模块
VPN	Virtual Private Network	虚拟专用网
VSWR	Voltage Standing Wave Ratio	电压驻波比
	W	
WAP	Wireless Application Protocol	无线应用协议
WCDMA	Wideband Code Division Multiple Access	宽带码分多址
WIN	Wireless Intelligent Network	无线智能网

"2011年全国职业院校技能大赛"高职组赛项样题

2011 年三网融合与网络优化技能大赛

竞赛项目

（CDMA2000 网络优化部分）

任务书

目　录

1 竞赛项目内容介绍

CDMA2000 网络优化赛项包含 CDMA2000 测试、CDMA2000 测试数据分析及故障案例分析三部分。

(1) CDMA2000 测试部分:根据网络测试的任务书,利用 CDMA2000 测试设备进行网络测试,获得覆盖网络的重要指标基本信息、测试过程中问题点的分析及环境状况记录等。主要是考核参赛选手对于测试设备应用的掌握程度以及是否具有实际操作及发现问题的能力。

(2) CDMA2000 测试数据分析部分:根据测试数据分析任务书,利用 CDMA2000 测试数据分析软件 CNA 进行测试数据分析,获得无线网络覆盖各项重要指标及重要问题点状态。主要是考核参赛选手对于测试分析设备的应用程度以及是否具有发现问题、解决问题的能力。

(3) 故障案例分析部分:根据故障案例,利用 CDMA2000 网络优化理论知识及网络优化工具的操作知识,分析实际故障产生的原因并提出解决方案。主要是考核参赛选手对网络优化知识的实际应用能力。

评分标准见表 B-1。

表 B-1 评分标准

一级指标	比列	二级指标	比列	说　明
CDMA2000 网络测试	10%	设备连接测试	3%	手机能够正常检测,地图信息正确导入,基站信息表正确导入
		呼叫模型建立	1%	建立符合呼叫要求的呼叫模型
		网络测试过程	3%	测试过程合理
		测试分析报告	3%	指标分析完整、分析描述完整
CDMA2000 网络测试数据分析	10%	数据分析	10%	找到问题数据点、找到相关问题信令、分析原因
故障案例分析	15%	案例分析	15%	根据所学内容,分析故障原因,提出解决方案

2 CDMA2000 网络优化需要完成的工作任务

CDMA2000 网络优化任务包括 3 个子任务:CDMA 测试任务(DT 语音测试)、CDMA 测试数据分析、故障案例分析。

3 个子任务按照先后顺序进行:CDMA 测试任务(DT 语音测试)→CDMA 测试数据分析→案例分析。(共 210min)

竞赛准备:CDMA 测试软件 CNT1 5.9 版本,CDMA 测试分析软件 CNA 1 7.04,笔记本电脑(按照每组配置一台配置,自带,Windows XP 操作系统),测试手机(推荐 LG KX 266 型号的 CDMA 手机)两部(主备用),基站信息表,电子地图等。

2.1 室内测试任务

参赛队伍根据组委会提供的测试路线进行实际的测试工作。在规定路线进行测试之后,输出规定格式的测试报告。

1. 考试流程

考试流程图如图 B-1 所示。

(1) 基站信息的维护以及室内测试路径的选择。

根据任务书要求,对基站信息表、室内测试路径进行选择,具体要求如下。

① 能够根据提供的基站的相关信息把 Excel 文件转化为 .ZRC 文件供 CNT 和 CNA 使用。

② 根据现场提供的数据修改相关的 PN 设置、站点类型等。

③ 根据室内现场情况选择测试路径等信息。

(2) 设备连接以及调试,具体要求如下。

① 正确载入当地测试地图。

② 正确载入由步骤(1)所制作的基站信息表。

③ 正常识别手机终端,并且在 CNT 里检测到测试手机。

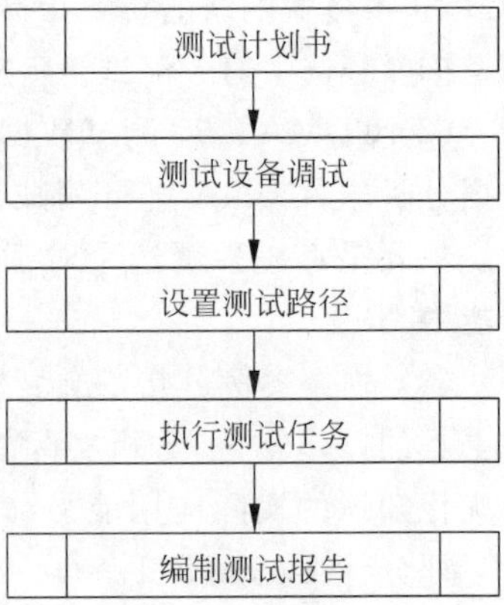

```
┌─────────────────┐
│   测试计划书     │
└─────────────────┘
        ↓
┌─────────────────┐
│   测试设备调试   │
└─────────────────┘
        ↓
┌─────────────────┐
│   设置测试路径   │
└─────────────────┘
        ↓
┌─────────────────┐
│   执行测试任务   │
└─────────────────┘
        ↓
┌─────────────────┐
│   编制测试报告   │
└─────────────────┘
```

图 B-1　考试流程图

(3) 根据现场建筑物室内分布的情况和测试需求,确定打点测试路径,具体要求如下。

① 预设打点测试:在测试之前根据对建筑物内的房间、楼道、电梯等部分的分析,确定打点的位置和路径。

② 自由路径打点测试:在对建筑物情况不是很了解的情况下,在移动过程中根据需要设置打点位置;打点要求 1~3m 一个点,且路径不能重复,整体打点要均匀;重要的测试点必须要设置打点。

(4) 按照要求确定呼叫模型。每个测试小组根据裁判组的要求确定室内呼叫的模型(短时呼叫或者长时呼叫),呼叫建立/呼叫质量、导频污染、窗口切换、电梯口切换等需求。

(5) 进行室内测试。按照室内 CQT 的打点测试路径进行测试,并成功保存数据,包括数据格式、名称、时间、地点等。

> **⚠ 注意**
>
> 在完成测试之后,提交相应的测试数据,数据命名统一格式如下。
>
> CDMA-参赛队编号-测试区域号.APT

(6) 测试报告。根据第(5)步获得的测试数据,并且结合影响的站点信息表,输出标准格式的测试报告。

测试报告模板: 网络测试数据分析模板.docx

报告标准命名格式为:CDMA-参赛队编号-测试报告.DOC。

2. 考核项目

具体考核项目见表 B-2。

表 B-2　考核项目(1)

序号	考核项目	备　　注
1	设备维护	针对基站信息表、室内测试路径的选择给分
2	测试设备调试	根据设备的调试情况给参赛选手打分
3	设置测试模式	根据测试任务设置的测试方式选择、测试路径的选择、打点方式的选择给分
4	执行测试任务	根据测试任务进行相应的测试,是否正确设置测试参数
5	编制测试报告	对测试报告的格式、测试内容、指标是否满足覆盖需求、现场问题描述是否准确进行评分

2.2　网络测试数据分析

参赛选手在完成测试工作之后,至组委会领取考试数据。考试数据为 3 组独立的分析数据,每一组数据中包含测试数据、站点信息以及地图信息。参赛选手对 3 组数据进行分析,并且给出标准的问题分析报告。

1. 测试数据分析考试流程

图 B-2 所示为测试数据分析考试流程图。

(1)获取考试数据

参赛选手根据任务书要求获取比赛用测试数据、站点信息、电子地图等数据,如图 B-3 所示。

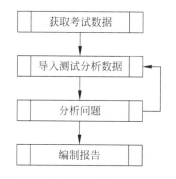

分析数据一.ZIP　分析数据二.ZIP

图 B-2　测试数据分析考试流程图　　　　图 B-3　考试数据

(2)导入测试分析数据

将相应的测试数据、站点信息、电子地图等信息导入测试软件。

(3)分析问题

根据已经导入的数据,参赛选手使用测试分析软件分析测试数据,查看基站相应参数并进行问题分析。

(4)编制报告

参赛选手结合覆盖指标和站点信息表,编制标准格式的问题分析报告。

分析模板：
F:\
CDMA相关工作资料\

报告标准名称为：CDMA-参赛队编号-优化报告. DOC。

2. 考核项目

具体考核项目见表 B-3。

表 B-3　考核项目（2）

序号	考核项目	备　注
1	报告总体得分	根据报告格式要求，如未满足要求则扣分
2	测试数据	从给出数据中，获得该数据中网络故障的部分，并且给出相应的信令流程、EC/IO/TX/RX/FER 等指标，并将相应截图附在分析报告中

2.3　故障案例分析

给参赛选手分发一份考试试卷。考试题为多个案例故障描述题目，根据题目要求和相关描述及截图完成对故障点的分析，给出故障处理建议。

具体注意事项如下。

（1）竞赛时间到，参赛选手提交所有任务单及输出报告。

（2）参赛选手在测试过程中出现测试数据未保存等状况，可以重新进行测试，但是不增加比赛时间。

（3）文档和脚本内的一些命名等不准带有参赛队任何相关信息的字符，否则相应单项成绩作零分处理。

3　附件样题

3.1　附件一：测试任务书

测试任务书如表 B-4 所示。

表 B-4　测试任务书

主　题	CDMA2000 测试任务书
任务详细描述	根据给定的测试任务，选用 CDMA2000 测试设备进行相应的测试
注意事项	在完成测试任务计划之后，将计划书以"测试计划书. doc"的文件格式命名并提交至 FTP 服务器/CDMA 网络优化/参赛编码上 按任务书要求命名并提交至 FTP 服务器/CDMA 网络优化/参赛队目录中 将报告命名为"测试报告. doc"并提交至 FTP 服务器/CDMA 网络优化/参赛队目录中

3.1.1　测试任务总体描述

在中兴通讯培训中心的大楼内进行覆盖率的测试。中兴通讯培训大楼为 5 层楼高，CDMA 语音业务使用量较大，工作时间段人口密集、话务繁忙。考虑到作为工作场所的特殊性,因此主要针对 CDMA2000 系统进行语音业务的覆盖率进行测试。1 楼室内分布图如图 B-4 所示。

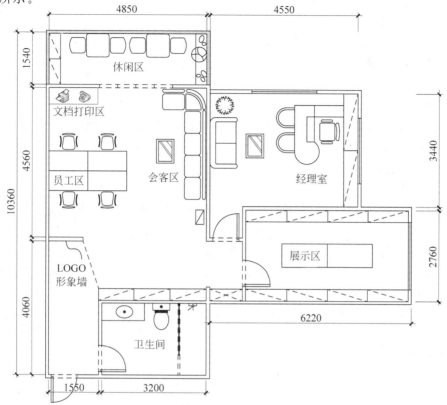

图 B-4　1 楼室内分布图

3.1.2　测试

1. 基站信息的维护

(1) 按照要求更改相关站点的 PN 码。

(2) 按照要求更改站点的地理位置。

(3) 按照要求修改相关扇区的方向角等。

2. 设备连接以及调试

(1) 按照测试要求,连接测试终端设备并能够正常使用。

(2) 按照测试要求,上载基站信息表、电子地图,并能够正常使用。

3. 根据现场建筑物室内分布的情况和测试需求,确定打点测试路径

4. 按照要求确定呼叫模型

(1) 本次测试需求如下:本次需要测试室内分布系统的呼叫质量,包括小区切换、覆盖情况两个方面。

(2) 本次测试方式:CQT 语音测试。

(3) 本次呼叫方式:周期呼叫;呼叫时间:_____;重播间隔:_____;应答时间:_____。

注意	应按照要求确定呼叫模型。

5. 进行室内测试

根据测试需求,进行室内的打点测试。

6. 测试报告

进行室内测试。

在测试完成后,根据测试结果完成一个测试报告,测试报告中必须包含目的、测试方式、测试设备、测试路线、测试结果、整改建议等部分。

(1) 测试目的: _____。

(2) 本次测试的测试方式: _____。

(3) 测试设备: _____(使用的设备以及软件版本均需要再次说明)。

(4) 测试路线: _____。

(5) 测试结果: _____(必须有测试图、主要指标)。

(6) 整改建议: _____(包括故障点截图、故障点指标、信息、分析、优化建议等)。

3.2　附件二:测试数据分析任务书

测试数据分析任务书如表 B-5 所示。

表 B-5　测试数据分析任务书

主　　题	测试数据分析任务书
任务详细描述	根据给定的测试数据、地图信息、站点信息表等完成相应的网络优化的测试
注意事项	根据任务书要求命名,并将数据分析报告提交至 FTP 服务器中/CDMA 网络优化/参赛队目录中

3.2.1　获取测试数据

参赛队根据任务书要求,在 FTP 服务器/ZXPOS/CNA 目录下下载测试数据、地图信息、站点信息表 3 个文件,如图 B-5 所示。

分析数据一. ZIP　分析数据二. ZIP　Z20090524_111047 下载.APT

图 B-5　测试数据

3.2.2　导入测试数据并且分析问题

首先导入测试数据、地图、站点信息 3 个部分,然后进行分析。

3.2.3　输出测试报告

(1) 优化项目简介 _____。

(2) 整体网络部分

网络情况: _____

(RX\TX\FER\EC/IO和掉话率、接通率等以及数据掉话、接入失败等问题点分析及处理方案)。

（3）实际故障问题

网络故障分析（包括故障类型、故障描述、信令、测试图、问题分析、解决方法等）：

_____。

3.3 故障案例分析

案例1

1. 现象描述

2004年7月19日晚，某业务区有大量用户投诉语音质量断续、杂音、掉话等现象，打开业务历史数据观察发现，语音呼叫均正常，语音呼叫成功率在95％左右，但语音切换成功率为30％左右，失败原因均为"该导频未被配置"。

切换失败主要来源于6、19、32、34、37号BTS，这几个站点均为相邻站点，邻接小区进行了互配，其中19号站点有GPS预热告警。

通过报告的详细内容发现，19号站切换时要加入的PN为465、321、297，32号站切换时要加入的PN为51、219、387。

2. 案例分析

（1）分析定位

通过性能统计中的切换观察发现，平时语音切换成功率都在98％以上，因此从这一点判定邻区的配置应该不存在问题。然后，对业务区两个SUC的参数进行了核对，发现这些切换时要加入的PN码均非系统内的PN码。因此，初步判定是其他厂家设备或外网的干扰。

（2）问题解决

立即和联通网络优化人员到安溪业务区进行测试查找干扰源，刚刚进入县城扫频仪即扫到51和219这两个干扰PN，关掉了两个县城内的直放站后干扰的PN仍然存在，因此基本排除是直放站的干扰。车行至19号县城城关站时，突然又出现了一个干扰PN为387，不难看出51、219、387应该属于同一个三扇区站的3个PN，而城关站点为一个4载频三扇区站，同时该站点GPS有告警，因此猜测会不会是该站点引起的PN混乱。将县城城关站点断电后，发现所有的未知PN码均消失了，后台观察切换成功率恢复到了98％以上。下午施工队更换GPS蘑菇头后，该问题彻底解决。

案例2

1. 现象描述

在某业务区测试中发现，每次测试车行驶到白水岭基站南面的一个约20m长的小山包旁（见图B-6），都会掉话。

做长呼叫的测试手机384导频信号会出现快衰落，384导频很快被"踢出"激活集，而当测试车刚驶过该土坡后，384导频信号又会突然变强，很多情况下384导频来不及被加到有效集，对原本已较差的有效集信号形成强干扰，移动台就出现掉话。在该处掉话点优化前的10次来回测试中（车速为30km/h），出现了4次掉话。

图 B-6　某业务测试区地图

2. 案例分析

考虑到此处信号快衰落区域的特殊情况，即 384 导频在被"踢出"激活集分段的时间内（2s 左右），384 导频又会突然变强，因此可考虑如下解决办法。

（1）通过调整 T_DROP 来延长 384 导频呆在激活集中的时间，即让 384 导频在信号较差时（如<−16dB）仍能呆在激活集一段时间，但 384 导频及周边小区的 T_DROP 已设置为 −16dB，没有必要对该参数再做调整。

（2）适当加大 T_TDROP 也能达到此目的。

APPENDIX C

中国电信CDMA网优服务人员认证考试大纲及样卷

中国电信CDMA网优服务人员认证考试大纲
（2010 年版）

中国电信集团无线网络优化中心

2010-07-01

第一章　总　则

第一节　网络服务人员工程师资质认证考核的目的

为加强对网络服务人员的管理,建立完善的网优服务企业 CDMA 网优技术人员技能评估及管理体系,建设 CDMA 网络优化人才库,特采取考试认证、答辩等方式,从技术角度对网优服务人员的优化技能规范评级。

第二节　网优工程师认证等级及方式

中国电信对网优服务人员的技术等级分为初级网优工程师、中级网优工程师、高级网优工程师三级。认证要求如下。

(1) 集团公司每年定期组织认证考试。在初次参加集团公司组织的工程师认证前,各考生应根据认证要求及自己的工作能力、技术水平报名参加相应级别的认证考试,通过后定级。

(2) 参加高级网优工程师认证的考生,通过笔试考核后须再通过电信集团组织的专家组答辩,答辩内容不超过大纲规定范围,要求理论与实践相结合。

(3) 参加高级认证考试的考生,如笔试通过但后续的高级答辩未通过,则获得中级证书;如考生通过了高级的笔试与答辩,则获得高级网优工程师证书。

第三节　各等级网优工程师技能要求

1. 初级网优工程师能力目标

(1) 具备省级或者本地网级 C 网优化经验。

(2) 精通 DT/CQT 测试、熟悉中国电信 DT/CQT 测试技术规范,能根据不同测试目标和目的,制定测试方案和测试路线,确保测试数据的科学性、准确性和完备性,能对路测数据进行详细分析和报告制作。

(3) 能根据路测现场情况对基站或天馈故障进行简单的问题定位。

(4) 具备无线语音覆盖和质量的基础(导频污染、接入、切换和保持性能)优化能力,能够根据路测数据做出合理 RF 调整方案、邻区优化等。

(5) 能够熟练使用频谱仪、天馈测试仪表等设备进行扫频和天馈故障排查等工作。

(6) 能够及时处理现场投诉,具备基本的技术解答能力。

(7) 具备基本沟通能力。

2. 中级网优工程师(日常优化工程师)能力目标

(1) 不低于 3 年的省级或者本地网级 C 网优化经验,熟练掌握至少一种主流设备维护和优化,熟练使用各种网优测试仪表。

(2) 熟悉日常优化处理、网管话统,能够根据路测、网管话统等数据,依托一定的平台和工具,对系统侧提供合理优化建议。

(3) 具备一定设计网路设计能力,有能力使用规划软件对天馈和功率参数的调整先做模拟效果,减少调整带来的网络风险;能够提出后期建设和规划建议。

3. 高级优化工程师(专项及系统优化工程师)能力目标

(1) 不低于 5 年的省级网络或者大本地网级 C 网优化经验,精通至少一种主流设备维护和优化,熟练使用各种网优路测仪表。

(2) 精通 DT/CQT 测试、路测数据分析、报表制作。

(3) 精通日常优化处理、网管话统,能够根据路测、网管话统等数据,依托一定的平台和工具,对系统侧提供合理化优化建议。

(4) 具有丰富的专项、专题优化经验,如住宅小区、高铁、海域、边界、室内分布、EV-DO 数据、网格 RF 优化等。

(5) 具有网络疑难问题解决能力和综合分析能力;能对网络核心网、无线网的无线参数、RNC/BSC/LAC/RAC 等网元参数设置进行全方位评估;结合规划,能对网络的整体优缺点进行分析和总结,并提出后期建设和维护建议。

(6) 有较强的理论水平和沟通能力,能够对电信网优员工进行培训。培训包括优化方法和技术、CDMA 规范和信令、无线和核心网设备维护、优化工具使用、网优实施案例等培训。

(7) 具备一定的项目管理能力,能配合省、地市公司制定优化作业流程、协助各级公司有效地开展优化工作,建立、整理网优案例数据库。

(8) 具备一定网络设计能力,能使用规划软件对天馈和功率参数的调整进行模拟实验,减少网络调整带来的网络风险;能够提出后期建设和规划建议。

(9) 高级分析能力和新技术专项研究。

第二章　初级网优工程师考试大纲

第一节　初级网优工程师考试知识点

第一部分:移动通信基础知识

1. 移动通信基本概念(如爱尔兰、阻塞率、GOS、频率及小区、调制、编码、移动通信系统构成、编号、多址接入、漫游、切换等)

2. 移动通信电波传播特性

(1) 无线电波传播方式。

(2) 无线电波衰落。

(3) 多径效应、阴影效应、多普勒频移。

3. 移动通信抗干扰、抗衰落技术

(1) 邻频干扰、同频干扰、互调干扰。

(2) 常用的抗干扰、抗衰落技术。

第二部分:CDMA 技术原理

1. CDMA 基础

(1) CDMA 技术的发展及演进。

(2) 多址技术。

(3) 扩频通信原理。

（4）CDMA 码序列。

（5）CDMA 关键技术（软切换、功率控制、RAKE 接收、呼吸效应等）。

2. CDMA 空中接口协议及信道结构

（1）CDMA 空中接口协议架构及层次结构。

（2）IS-95 信道。

（3）CDMA2000 1X 信道。

3. CDMA 空口信令流程

（1）CDMA 移动台状态及变迁。

（2）CDMA 始呼和被呼、位置登记、切换、语音业务释放、1X 数据业务等流程。

4. CDMA2000 1X EV-DO RelA 原理

（1）1X EV-DO RelA 前、反向信道。

（2）1X EV-DO RelA 空中接口关键技术（前向时分复用、前向自适应调制和编码技术、前向 HARQ、前向快速扇区选择和虚拟切换、前向链路调度算法等）。

第三部分：天馈知识

1. 天线基础知识

（1）无线电波传播的基本理论。

（2）天线的参数（如增益、极化、方向角、带宽、阻抗、波瓣角、下倾、驻波比等）。

2. 天线的种类及选型

（1）天线的种类。

（2）天线选型的一般原则。

（3）室内分布系统的天线选型。

3. 天馈线常见的故障处理

第四部分：CDMA 无线网络优化

（1）无线网络优化流程。

（2）DT 测试工作内容、要求及测试方法。

① DT 测试指标及要求。

② DT 测试方法，包括 CDMA 1X 语音及数据、DO 数据等。

（3）CQT 测试工作内容、要求及测试方法。

① CQT 测试指标及要求。

② CQT 测试方法，包括 CDMA 1X 语音及数据、DO 数据等。

（4）掌握路测仪器、仪表，包括前台仪表、后台仪表、频谱分析仪、天馈测试仪的操作及使用。

（5）根据测试数据进行简单分析，解决常见的导频污染、越区覆盖、覆盖不足等问题。

（6）站点勘察与选择。

（7）网优工具的使用，如 MapInfo、GoogleEarth 等。

第二节　初级网优工程师考试难度

初级网优工程师认证考试难度适中，原理部分侧重移动通信基础和 CDMA 基本原理及

EV-DO 原理。技能部分重点考察路测仪器、仪表的操作及使用能力，考察网优服务人员根据测试数据和 CDMA 原理解决无线网络中基本的导频污染、越区覆盖等常见问题。

第三章　中级网优工程师考试大纲

第一节　中级网优工程师考试知识点

中级网优工程师（日常优化工程师）除应具备初级网优工程师具备的知识点之外，还应具备如下基本知识。

第一部分：CDMA 技术原理

1. CDMA 空中接口原理

（1）CDMA 空中接口协议架构及层次结构。

（2）CDMA 信道类型。

（3）CDMA 起呼和被呼、位置登记、切换、语音业务释放、1X 数据业务等流程。

（4）深入了解切换、功控、接入过程及原理。

2. CDMA 1X EV-DO RelA 技术原理

（1）了解 1X EV-DO RelA 前、反向信道。

（2）了解 1X EV-DO RelA 空中接口关键技术（前向时分复用、前向自适应调制和编码技术、前向 HARQ、前向快速扇区选择和虚拟切换、前向链路调度算法等）。

（3）了解 CDMA2000 1X EV-DO RelA 各类数据业务流程（如呼叫整体流程、会话建立、连接建立、连接释放、会话释放、配置协商、虚拟软切换等流程）。

第二部分：CDMA 无线设备

1. CDMA BSS 设备硬件结构。

2. CDMA BSS 设备网优参数配置及优化。

3. CDMA BSS 网管性能统计数据分析。

第三部分：无线网络优化技术

1. 无线网络优化流程。

2. CDMA 各类无线参数的含义、配置。

3. CDMA 无线网络性能评估及分析。

（1）无线网络 KPI 指标含义及要求。

（2）无线网络性能分析的方法及思路（如 KPI 指标、话统数据、路测数据等）。

4. CDMA 日常优化方法及思路。

（1）KPI 指标分析及优化方法。

（2）覆盖优化的方法及思路。

（3）容量优化的方法及思路。

（4）干扰优化的方法及思路。

（5）天馈系统优化调整。

（6）坏小区分析与处理（含 TOPN 小区）。

（7）邻区优化。

（8）参数优化。

（9）投诉分析及处理。

5．CDMA 专题优化方法及思路。

（1）接入专题优化。

（2）切换专题优化。

（3）功控专题优化。

（4）掉话专题优化。

（5）数据业务专题优化。

6．直放站、室内分布系统的优化。

（1）直放站、室内分布系统的原理。

（2）直放站、室内分布系统的优化方法。

第二节　中级网优工程师考试难度

中级网优工程师考试难度偏大，知识点范围广。原理部分要求掌握空中接口流程及EV-DO 数据业务流程的详细过程；掌握接入、切换、功控的深入原理。同时，要求至少掌握一种厂家 BSS 设备与网优相关的知识。在网络优化技术方面，要求具备日常优化的基础，掌握日常优化的方法，同时对专题优化应有初步了解。

第四章　高级网优工程师考试大纲

第一节　高级优化工程师考试知识点

高级网优工程师（专项及系统优化工程师）除应具备初级、中级网优工程师具备的知识点之外，还应具备如下基础知识。

第一部分：CDMA 技术原理

1．CDMA 空中接口协议的深层次原理

（1）掌握 Um 接口、Abis 接口、A 接口协议结构及功能，并能够对以上接口进行信令跟踪及信令分析。

（2）掌握 CDMA 各类业务流程详细过程，包括呼叫流程、补充业务流程、短消息流程、移动性管理流程等。

（3）掌握 CDMA 详细接入算法、切换算法、功率控制算法。

2．CDMA2000 1X EV-DO RelA 技术原理

（1）了解 1X EV-DO RelA 前、反向信道。

（2）了解 1X EV-DO RelA 空中接口关键技术（前向时分复用、前向自适应调制和编码技术、前向 HARQ、前向快速扇区选择和虚拟切换、前向链路调度算法等）。

（3）了解 CDMA2000 1X EV-DO RelA 各类数据业务流程（如呼叫整体流程、会话建立、连接建立、连接释放、会话释放、配置协商、虚拟软切换等流程），能够进行信令跟踪及

分析。

第二部分：CDMA 无线设备

1. CDMA BSS 设备硬件结构。

2. CDMA BSS 设备网优参数配置及优化。

3. CDMA 网管性能统计数据分析。

第三部分：CDMA 无线网络规划

1. 无线网络规划流程。

2. 覆盖规划、容量规划。

3. PN 规划及邻区列表设置。

第四部分：CDMA 网络数据域优化基础

1. TCP/IP 参数设置及优化。

2. RLP 参数原理及优化。

3. IP 信令分析软件的使用（如 Erthreal 等）。

第五部分：CDMA 无线网络优化（专项及系统优化）

要求掌握以下专项及系统优化所要求的方法及思路。

1. CDMA 各类无线参数设置及优化。

2. 无线网络性能指标 KPI 及优化。

3. 语音质量专题优化。

4. EV-DO 网络数据业务专项优化。

5. 大型室内系统优化。

6. RF 精确覆盖专项优化。

7. 特殊场景优化。

8. 跨厂家或省边界优化。

9. 多载波边界优化。

10. 重要活动专题优化。

11. REG_ZONE 优化。

12. 资源拥塞专题优化。

13. 全网综合分析的系统优化（包括核心网、无线网、终端行为等）。

第二节　高级优化工程师考试难度

高级优化工程师考试同中级网优工程师相比进一步增加难度，主要考查考生处理问题的方法及思路。知识面广且有相当深度。在 CDMA 技术原理部分，要求对协议有较深入的了解，能够进行各接口协议的信令分析；在网络优化技术部分，增加了无线网络规划知识，同时对各种场景和专题优化、系统级优化要有极深的造诣。高级优化工程师的考试重点考察考生的 CDMA 的核心原理、高级参数和深层协议、专题专项和系统优化的能力和水平。

中国电信 CDMA 无线网络优化服务商人员技术认证考试试卷（初级工程师）样卷

考试时间：60 分钟（闭卷）

- 应考人员在答题前，请核对计算机显示姓名、单位名称是否准确。
- 应考人员应严格遵守考场纪律，服从监考人员的监督和管理，凡考场舞弊不听劝阻或警告者，监考人员有权终止其考试资格，以 0 分处理。

备注：判断、单选、多选题型包括辅助设备、移动通信、CDMA 原理、网络优化、测试软件、通信仪表和辅助工具等知识点，样卷仅供各方对试题难度进行界定和参考，样卷试题数目少于实际考试试题数目。

一、判断题（每题所给的选项中只有一个正确答案。请将正确答案的字母标号填在与题号相对应的括号内。每题×分，共××分）

1. EV-DO Rev A 前向峰值数据速率为 3.1Mbps，反向峰值数据速率为 307.2Kbps。（　　）
　　A. 正确　　　　　　　　　　　　　　B. 错误

2. 无线电波的频率越高，路径损耗越小。（　　）
　　A. 正确　　　　　　　　　　　　　　B. 错误

3. 在一个新开通的 CDMA2000 1X 网络下进行 DT 路测时，采用手机互拨或手机拨打固话的方式模拟普通用户通话行为进行测试即可，无须使用 Markov 呼叫进行测试。（　　）
　　A. 正确　　　　　　　　　　　　　　B. 错误

4. 用来扫频的常用仪表是扫频仪，用来测经纬度的仪表为指南针。（　　）
　　A. 正确　　　　　　　　　　　　　　B. 错误

5. MapInfo 支持将地图导出成 AutoCAD 格式。（　　）
　　A. 正确　　　　　　　　　　　　　　B. 错误

6. 天线通常是无源器件，它并不放大电磁信号。（　　）
　　A. 正确　　　　　　　　　　　　　　B. 错误

7. ……

二、单项选择题（每题所给的选项中只有一个正确答案。请将正确答案的字母标号填在与题号相对应的括号内。每题×分，共××分）

1. 在 CDMA2000 1X 系统中，移动台是通过（　　）信道获取载频信息的。
　　A. 导频　　　　　　B. 同步　　　　　　C. 寻呼　　　　　　D. 快寻呼

2. 中国电信 CDMA800M 网络共使用了（　　）个载波。
　　A. 5　　　　　　　　B. 6　　　　　　　　C. 7　　　　　　　　D. 8

3. 某临海城市，在测试海域的信号质量时，测试方法最接近海域上多数用户需求的是（　　）。
　　A. 测试软件的呼叫时长设置为 30min，间隔 15s 循环呼叫，主叫是移动终端，被叫是固话

B. 测试软件的呼叫时长设置为 5min,间隔 20s 循环呼叫,主被叫均是移动终端

C. 测试软件的呼叫时长设置为 15min,间隔 10s 循环呼叫,主被叫均是移动终端

D. 测试软件的呼叫时长设置为 180s,间隔 15s 循环呼叫,主叫是移动终端,被叫是固话

4. 在 CDMA 系统中,Ec/Io 值衡量的是(   )的覆盖强度。

    A. 导频信道   B. 同步信道   C. 寻呼信道   D. 业务信道

5. 测量基站天线方位角的仪表是(   )。

    A. 手持测试终端   B. 指南针(罗盘)   C. GPS 测试仪   D. 频率计

6. 用来测试干扰情况及定位干扰源的仪表为(   )。

    A. 功率计   B. 手持测试终端   C. 手持频谱仪   D. 干扰测试仪

7. GoogleEarth 工具能识别(   )格式数据。

    A. .kml   B. .txt   C. .tab   D. .xls

8. 在郊区农村,用户较少但又需要大面积覆盖,宜选用(   )。

    A. 定向天线   B. 高增益全向天线   C. 八木天线   D. 吸顶天线

9. 不同的电缆馈线粗细不同,所以损耗也不同。假设某基站将安装连接基站射频模块和天线间的馈线,备选的有 $\frac{1}{2}''$、$\frac{7}{8}''$、$1\frac{5}{8}''$ 3 种规格。考虑性能、成本和施工的方便性,下列描述与实际最相符合的是(   )。

    A. 设计图纸给出的天线与基站设备间距离有 80m,宜选用 $\frac{1}{2}''$ 的馈线

    B. 设计图纸给出的天线与基站设备间距离有 3m,宜选用 $1\frac{5}{8}''$ 的馈线

    C. 设计图纸给出的天线与基站设备间距离有 80m,宜选用 $1\frac{5}{8}''$ 的馈线

    D. 设计图纸给出的天线与基站设备间距离有 3m,宜选用 $\frac{7}{8}''$ 的馈线

10. ……

三、多项选择题(在以下各题的备选答案中,有两个或两个以上答案是正确的,错选、多选、少选均不得分。请将正确答案的字母标号填在相对应的括号内。每题×分,共××分)

1. 在 CDMA2000 1X 系统中,同时采用了(   )两种纠错码。

    A. WALSH 码   B. PN 码   C. 卷积码   D. Turbo 码

2. 在 CDMA2000 1X 通信系统中,使用较多的有(   )。

    A. 单极化天线   B. 双极化天线   C. 三极化天线   D. 四极化天线

3. 在 CDMA2000 1X 系统中,切换分为(   )。

    A. 软切换   B. 空闲切换   C. 硬切换

    D. 接入切换   E. 更软切换

4. 在进行路测时,必须准备的工具包括(   )。

    A. 计算机   B. 测试软件   C. GPS   ,   D. 测试终端

5. 基站机房的现场安装时,需要安装的传感器有(　　)。

  A. 温湿度传感器 B. 水淹传感器 C. 烟雾传感器 D. 机架门禁传感器

6. 一个典型的 MapInfo 表是由(　　)文件组成的。

  A. TAB   B. DAT   C. MAP

  D. ID   E. IND

7. 馈线安装完成后,检查馈线安装的线序正确与否的方法有(　　)。

  A. 核对馈线两端贴敷的标签

  B. 分别打开各扇区的功放,在对应方向上测量无线信号

  C. 根据馈线线缆上自带的长度标记,推断馈线长度,与实际长度对比

  D. 给馈线的金属外壳加上电压,测量另一端是否有电压

8. 为收缩某基站扇区的覆盖范围,以下措施可能有效的是(　　)。

  A. 将该扇区天线的电子俯仰角从 5°调为 10°

  B. 将该扇区的天线从铁塔(如果有)位于 20m 高的第二级平台搬到 40m 高的第一级平台

  C. 在增益、方位角、俯仰角不变的情况下,用水平波瓣 65°的天线替换原 90°水平波瓣的天线

  D. 在俯仰角、方位角、水平波瓣不变的情况下,用高增益天线替换原低增益天线

9. DT/CQT 测试无线信号质量的过程中,对测得指标的准确性可能有影响的是(　　)。

  A. 测试终端的电气特性

  B. 测试仪表(如 GPS、MOS 盒、HUB 等)及连线的电气特性

  C. 测试电脑的配置及系统设置

  D. 测试卡欠费

10. ……

参考文献

[1] 王哲,侯冲.GSM DT/CQT 测试指导书[Z].深圳：华为技术有限公司,2008.

[2] 运行维护部.中国联通 WCDMA 无线网络优化 DT/CQT 测试技术指导书[Z].北京：中国联通集团移动网络公司,2009.

[3] 中国电信集团公司.中国电信 CDMA 网络 DT/CQT 测试技术规范(09 年修订稿)[Z].北京：中国电信集团公司,2009.

[4] 云南省移动分公司.2007 年与竞争对手网络质量对比测试规范城市话音 DT 测试部分[Z].昆明：云南省移动分公司,2007.

[5] 云南省移动分公司.2007 年与竞争对手网络质量对比测试规范高速公路 DT 测试部分[Z].昆明：云南省移动分公司,2007.

[6] 云南省移动分公司.2007 年与竞争对手网络质量对比测试规范铁路 DT 测试部分.昆明：云南省移动分公司,2007.

[7] 中兴通信股份有限公司.ZXPOS CNT1(V5.92)CDMA 无线网络优化测试软件用户手册[Z].深圳：中兴通信股份有限公司.

[8] 运行维护部.中国联通 WCDMA 无线网络优化实施方案[Z].北京：中国联通集团移动网络公司,2009.

[9] 中国移动通信集团.GPRS 测试流程[Z].北京：中国移动通信集团,2013.

[10] 郭宝.GPRS DT/CQT 测试中异常问题分析[J].现代通信.2006(10).25-27.

[11] 中国移动通信集团.中国移动通信企业标准 QB-A-003-2010《TD-LTE 网络性能测试规范》版本号：1.0.0[Z].北京：中国移动通信集团,2010.

[12] 中兴通信股份有限公司.CDMA 网络优化篇[Z].深圳：中兴通讯股份有限公司,2002.

[13] 云南振华邮电通信工程有限公司.中国移动通信集团云南有限公司日常网络优化工作手册(试行版)[Z].昆明：云南振华邮电通信工程有限公司,2007.

[14] 中山市华生通讯有限公司.华生内部培训优化案例 v2[Z].中山：中山市华生通讯有限公司,2011.

[15] 烽火通信科技股份有限公司.烽火公司新员工培训教程(V0.2)[Z].武汉：烽火通信科技股份有限公司,2008.

[16] 运行维护部.中国联通 2/3G 互操作分场景参数设置指导书[Z].北京：中国联通集团移动网络公司,2009.

[17] 中兴通信股份有限公司.GSM 话务统计分析(第一册)[Z].深圳：中兴通信股份有限公司,2007.

[18] 鼎桥通信技术有限公司.TD-SCDMA 信令分析指导书[Z].北京：鼎桥通信技术有限公司,2009.

[19] 中国联通公司.中国联通 GSM/WCDMA 网络性能评估规程——部级分册(V1.0)[Z].北京：中国联通公司,2010.

[20] www.huawei.com.

[21] www.zte.com.cn.

[22] www.mscbsc.com.

[23] www.c114.net.